典藏版

蕾丝披肩和围巾精选 90款

日本主妇之友社　编著
项晓笈　译

河南科学技术出版社
·郑州·

目录

钩织前必读……4

PINEAPPLE CROCHET
菠萝花样

No* 1 两用正方形披肩……6
No* 2 菠萝花样花边围巾……8
No* 3 简单排列的菠萝花样围巾……9
No* 4 枣形针菠萝花样三角披肩……10
No* 5 阶梯形三角披肩……11
No* 6 菠萝花样边缘装饰围巾……12
No* 7 菠萝花样横条纹围巾……14
No* 8 经典菠萝花样围巾……15
No* 9 简约菠萝花样梯形披肩……16
No*10 小巧菠萝花样三角披肩……17
No*11 荷叶边三角披肩……18
No*12 变化的菠萝花样三角披肩……20
No*13 菠萝花样装饰边三角披肩……21
No*14 育克风菠萝花样披肩……22
No*15 大型菠萝花样梯形披肩……23
No*16 菠萝花样排列围巾……24
No*17 菠萝花样大围巾（1）……25
No*18 菠萝花样围巾……26
No*19 菠萝花样竖条纹围巾……27
No*20 菠萝花样大围巾（2）……28
No*21 菠萝花样流苏围巾……31
No*22 菠萝花样披肩……33
No*23 菠萝花样迷你长围巾……34
No*24 荷叶边迷你围巾……35
No*25 枣形针菠萝花样迷你围巾……36
No*26 波浪形迷你围巾……37
No*27 贝壳形菠萝花样迷你围巾……38
No*28 超迷你菠萝花样围巾……39
No*29 小巧菠萝花样迷你围巾……40
No*30 麻叶花样围巾……41
No*31 菠萝花样花边三角披肩……42
No*32 枣形针菠萝花样围巾……43
No*33 菠萝花样迷你围巾……44
No*34 方眼花样菠萝花样三角披肩……45
No*35 大小菠萝花样围巾……46
No*36 菠萝花样花边迷你围巾……47
No*37 镂空花样菠萝花样迷你围巾……48
No*38 简洁菠萝花样迷你围巾……49
No*39 几何风菠萝花样围巾……50
No*40 大小菠萝花样斗篷披肩……51
No*41、42、43、44 迷你围巾……53
No*45 带花饰菠萝花样迷你围巾……54

MOTIF CROCHET
连接花片

No*46 立体花片L形披肩……56
No*47 正方形花片梯形披肩……58
No*48 双色花片梯形披肩（1）……59
No*49 自然色围巾……60
No*50 雏菊形花片围巾……61
No*51 菱形花片三角披肩……62
No*52 正方形花片围巾……63
No*53 带流苏的花片围巾……64
No*54 大小花片连接围巾……65
No*55 菠萝花样花片梯形披肩……66
No*56 菠萝花样花片迷你围巾……67

No*57 小六边形花片梯形披肩 …… **68**

No*58 花片连接梯形披肩 …… **69**

No*59 六边形花片梯形披肩 …… **70**

No*60 迷你菠萝花样花片围巾 …… **71**

No*61 围巾兼带袖披肩 …… **72**

No*62 双色花片梯形披肩（2）…… **74**

No*63 梯形披肩兼短上衣 …… **75**

No*64、65、66 三角披肩 …… **76**

No*67 双色花片迷你围巾 …… **78**

No*68 网眼花片围巾 …… **79**

No*69 网眼花片梯形披肩（1）…… **80**

No*70 网眼花片梯形披肩（2）…… **81**

No*71 拼接花样围巾 …… **82**

PATTERN CROCHET

镂空花样

No*72 大型镂空花样梯形披肩 …… **84**

No*73 方眼花样迷你围巾 …… **86**

No*74 简单花样围巾 …… **87**

No*75 贝壳形边缘三角披肩 …… **88**

No*76 简单花样梯形披肩 …… **89**

No*77 扇形花样围巾 …… **90**

No*78 镂空花样三角披肩（1）…… **91**

No*79 花朵梯形披肩 …… **92**

No*80 镂空花样大围巾 …… **93**

No*81 变化的松叶针梯形披肩 …… **94**

No*82 之字形花样三角披肩 …… **95**

No*83 镂空花样梯形披肩 …… **96**

No*84 自然风彩色条纹围巾 …… **97**

No*85 带立体花饰的迷你围巾 …… **98**

No*86 镂空花样迷你围巾 …… **99**

No*87 方眼花样三角披肩 …… **100**

No*88 条纹迷你围巾 …… **101**

No*89 简约怀旧风围巾 …… **102**

No*90 镂空花样三角披肩（2）…… **103**

花样的钩织方法 …… **104**

钩织针法指南 …… **218**

作品的尺寸

本书中的作品都标注有具体的尺寸，除此之外，还区分了L、M、S码，以及表示细长款的SL码。可以根据尺寸查找想要钩织的作品。

围巾（长方形）

Ⓛ码 / 长175cm以上、宽30cm以上

Ⓜ码 / 长150~175cm、宽30cm以上

Ⓢ码 / 长150cm以下、宽30cm以上

SL码 / 长70cm以上、宽30cm以下

披肩（除长方形以外）

Ⓛ码 / 长170cm以上，或边长大于115cm的正方形

Ⓜ码 / 长130~170cm

Ⓢ码 / 长130cm以下

钩织前必读

本书中没有专门介绍线材的品牌，而是归纳了线材的粗细和类型。

选择想要钩织的作品后，请先确认线的粗细和类型及钩针的粗细，使用同样粗细的钩针和同样类型的线材，就可以钩织出与作品尺寸相近的成品。

●关于线材

线材粗细的标准请参照右侧表格和下方实物大图示。

同一类型的线材，由于品牌的不同，产品可能会有粗细和长度的区别。使用较细的线材钩织时，作品的尺寸会比较小；使用较粗的线材钩织时，作品的尺寸就会比较大。

想要钩织出同样大小的成品，

就有必要在钩织作品前进行试钩，测量钩织密度。

所谓钩织密度，就是织物在指定尺寸中的针数和行数。

各作品的钩织方法部分均有指定钩织密度。

本书中使用的线材粗细和钩针针号

	粗细	50g的长度	使用的钩针针号
细	中细	200~260m	2/0号 3/0号 4/0号
↓	中粗	120~230m	3/0号 4/0号 5/0号 6/0号
粗	粗	120~180m	4/0号 5/0号 6/0号 7/0号

●钩织密度的测量方法

【钩织花样（连续花样）的情况】

先钩织出边长约15cm的正方形织物，在位于中央的10cm×10cm的面积内数出针数和行数。再和指定的钩织密度比较：如果测量出的针数和行数更多，就需要选择更粗的钩针；如果测量出的针数和行数更少，就需要选择更细的钩针。

【连接花片的情况】

钩织一片花片。和指定的花片尺寸比较：如果尺寸过大，就需要选择更细的钩针；如果尺寸过小，就需要选择更粗的钩针。

中细平直毛线

中粗平直毛线

粗平直毛线

●钩针和其他工具

所有的织物都使用1根钩针钩织。除此以外，还需要提前准备一些其他工具。

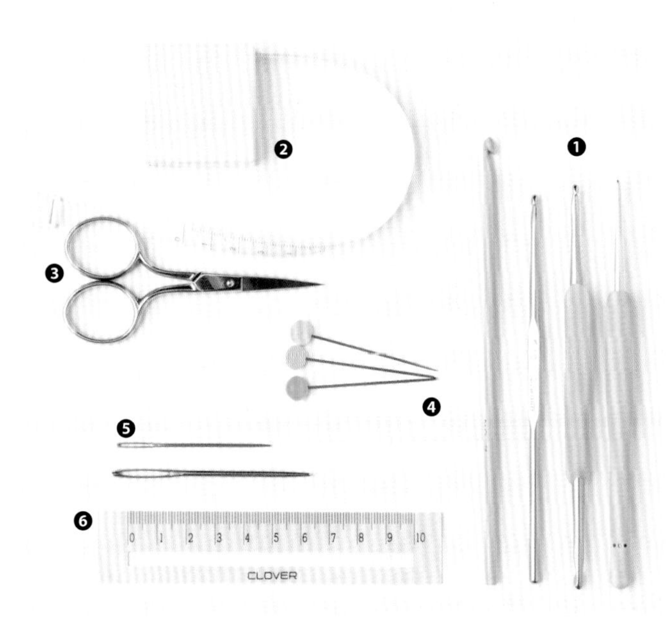

❶钩针

针尖为钩状，用“针号”表示粗细，从2/0号到10/0号，数字越大，钩针越粗。按照线材的粗细选择合适的钩针型号。有单头钩针和两头不同针号的双头钩针，推荐初学者使用单头钩针。针尖多为金属材质，也有塑料或竹制的。有的钩针安装有握柄，钩织时能更方便舒适地持针。请根据自己的习惯和喜好选择合适的钩针。

❷卷尺　❻直尺

用于测量织物的钩织密度、花片的尺寸等。

❸剪刀　推荐使用尖细锋利的手工专用剪刀。

❹毛线用固定珠针

与普通珠针相比长度更长，针尖圆润。用于缝合时的临时固定，也可以用于做标记。

❺毛线用缝针

与手缝针相比，针尖圆润。用于处理线头、缝合织物。请选择适合线材粗细的缝针。

此外，熨斗和熨烫台也是必需的。熨烫时将熨斗稍微提起，离开织物表面，从织物背面仅使用蒸汽熨烫(不同线材的熨烫方法会有差异，具体请参照线材标签上的熨烫注意事项)。

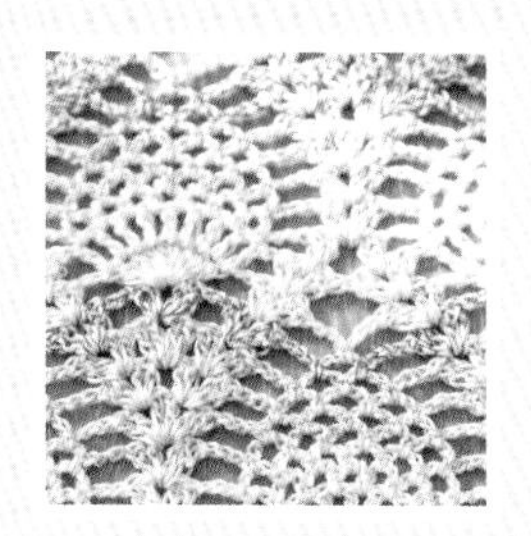

PINEAPPLE CROCHET

菠萝花样

菠萝花样，是从过去到现在都深受大家喜爱的钩针花样。

在网眼钩织中配合长针等针法钩织，最终呈现出大方雅致的花样，设计和钩织的过程都让人乐在其中。

菠萝花样优雅华丽，是绝佳的领口装饰。

简单的搭配就很亮丽出彩。

从奢华的大尺寸围巾到轻便的迷你尺寸作品，还有多种多样的搭配方式，书中都会一一介绍。

NO* 1 Ⓛ码

两用正方形披肩

边长115cm，边缘钩织了大型的菠萝花样，相当有存在感。
使用时可以沿对角线折叠成三角形，也可以对折成长方形。
如果对折时错开边缘，可以展现出双重菠萝花样，更华丽。
边缘钩织的第一行，需要根据图解确认每一边“山状”的数量，使边缘更自然、顺滑。

尺寸 / 边长115cm正方形
线材 / 中细平直毛线
钩织方法 / 114、115、116页
设计 / 河合真弓

PINEAPPLE CROCHET

NO* 2 Ⓛ码

菠萝花样花边围巾

围巾的两端钩织出菠萝花样，雅致大方。
菠萝花样的部分，每一个花样分别加线钩织完成，最终形成锯齿形的边缘。
厚厚地围在脖子上，很有堆叠感。

尺寸／宽41cm、长188cm
线材／中粗平直毛线
钩织方法／113页
设计／河合真弓

PINEAPPLE CROCHET

NO* 3 Ⓢ码

简单排列的菠萝花样围巾

在简洁的菠萝花样中钩织枣形针，再将小巧的花样排列组合。
两侧的菠萝花样像是翻涌的波浪，粉色的色调也增添了罗曼蒂克的情趣。

尺寸／宽31cm、长142cm
线材／中粗平直毛线
钩织方法／117页
设计／河合真弓

PINEAPPLE CROCHET

NO* 4 Ⓜ码

枣形针菠萝花样三角披肩

圆鼓鼓的枣形针和长针组合，钩织成甜美可爱的菠萝花样。
这款披肩没有设计边缘，完成主体部分就大功告成了。

尺寸／宽58cm、长133cm
线材／中粗平直毛线
钩织方法／118、119页
设计／河合真弓

PINEAPPLE CROCHET

NO* 5 Ⓜ码

阶梯形三角披肩

钩织时从长边起针，两端分别减针，即少织一个花样。一层一层逐步减针，最后边缘呈现出阶梯的样子。
钩织锁针和引拔针，减针完成花样，钩织锁针的狗牙拉针作为边缘，成品可爱又别致。

尺寸／宽40cm、长130cm
线材／中粗平直毛线
钩织方法／120页
设计／河合真弓

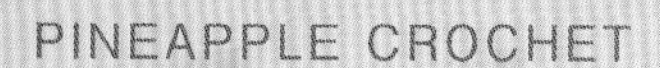

NO* 6 Ⓜ码

菠萝花样边缘装饰围巾

围巾的边缘装饰了大型的菠萝花样，华丽大方。
在长方形围巾的3条边上，钩织一朵一朵连接起来的菠萝花样。左右两个角上各钩织一朵更大的菠萝花样。
使用轻巧又柔软的线材钩织，效果会更好哦！

尺寸 / 宽40cm、长173cm
线材 / 中粗平直毛线
钩织方法 / 122、123页
设计 / 河合真弓

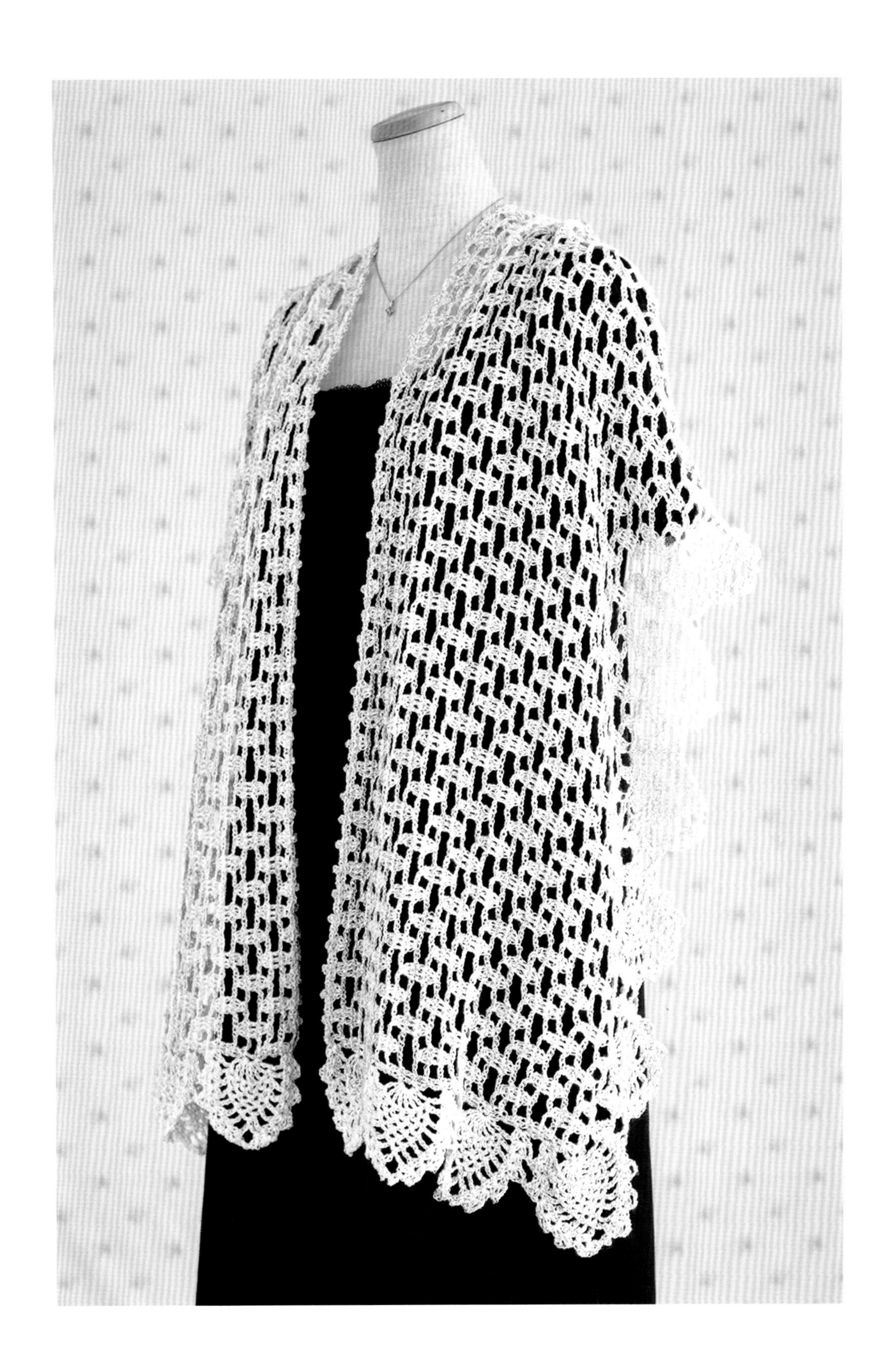

PINEAPPLE CROCHET

NO* 7 Ⓛ码

菠萝花样横条纹围巾

菠萝花样横向连成排，再和方眼花样交替排列。
钩织每一排花样时，很容易熟悉地记住针法。增减花样也很方便，可以轻松地调整围巾长度。

尺寸 / 宽39.5cm、长175.5cm
线材 / 粗平直毛线
钩织方法 / 121页
设计 / 河合真弓

PINEAPPLE CROCHET

NO* 8 Ⓜ码

经典菠萝花样围巾

主体设计简单，仅仅是一种花样的重复钩织。
但是两端边缘的设计很特别，钩织完成后，会自然卷曲成螺旋状。钩织方法中配有图示进行示范。

尺寸／宽40cm、长163cm
线材／中粗平直毛线
钩织方法／124、125页
设计／河合真弓

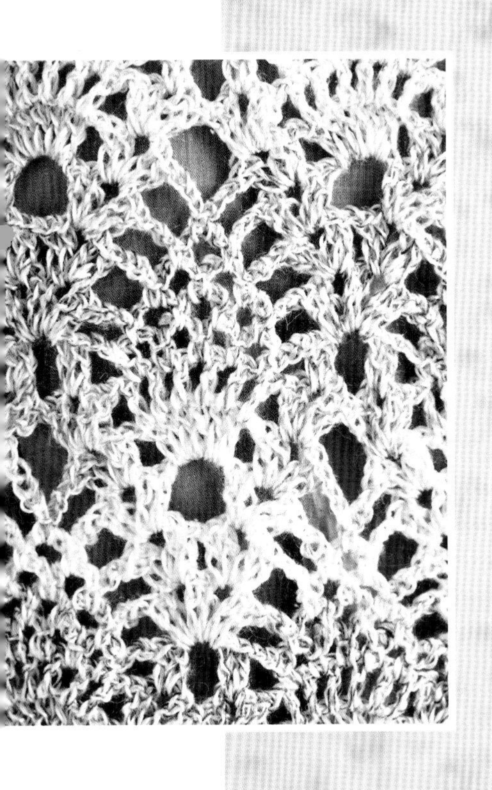

PINEAPPLE CROCHET

NO* 9  码

简约菠萝花样梯形披肩

大量精巧的菠萝花样排列在一起，设计特别巧妙。

花样之间仅钩织了锁针连接，让整体花样更明显。

尺寸 / 宽41cm、长144cm

线材 / 中粗平直毛线

钩织方法 / 126、127页

设计 / 河合真弓

PINEAPPLE CROCHET

NO* 10 Ⓜ码

小巧菠萝花样三角披肩

减少了花样之间的间隔，把菠萝花样一朵一朵紧密地钩织在一起。
主体和边缘的菠萝花样分别使用了不同的钩织方法，两种花样相得益彰。

尺寸／宽61cm、长130cm
线材／中细平直毛线
钩织方法／128、129页
设计／河合真弓

PINEAPPLE CROCHET

NO* 11 Ⓜ码

荷叶边三角披肩

主体部分朴素简洁，两侧边缘的菠萝花样华丽大气，厚厚地堆叠成荷叶边的样子。
使用温柔的粉色线钩织，既成熟稳重，又不失可爱。

尺寸 / 宽54.5cm、长138cm
线材 / 中粗平直毛线
钩织方法 / 130、131页
设计 / 风工房

PINEAPPLE CROCHET

NO* 12 Ⓜ码

变化的菠萝花样三角披肩

从中间开始，上下对称着钩织菠萝花样。
柔和的橙色系，给人又轻又软的印象。

尺寸 / 宽37cm、长139cm
线材 / 中细平直毛线
钩织方法 / 132、133页
设计 / 河合真弓

PINEAPPLE CROCHET

NO* 13 Ⓜ码

菠萝花样装饰边三角披肩

把菠萝花样作为装饰边，从中心位置开始挑针钩织花样。
第一行从装饰边的中心位置挑针，每一行钩织完成后在左右两侧挑针，加针钩织花样，慢慢完成三角形的披肩。

尺寸 / 宽39cm、长131cm
线材 / 中粗平直毛线
钩织方法 / 134、135页
设计 / 河合真弓

PINEAPPLE CROCHET

NO* 14 Ⓛ码

育克风菠萝花样披肩

充分利用了菠萝花样边缘的线条，绕在脖子上，菠萝花样呈放射状展开，好像育克的风格。推荐挑选颜色较浅的线材，钩织完成的披肩也会显得更轻柔雅致。

尺寸 / 宽39cm、长176cm
线材 / 中细平直毛线
钩织方法 / 136、137页
设计 / 河合真弓

NO* 15 Ⓜ码

大型菠萝花样梯形披肩

几近完美的大型菠萝花样，富丽奢华。即便在宴会上，也一定是最亮眼的存在。

尺寸 / 宽39cm、长138cm
线材 / 中粗平直毛线
钩织方法 / 138、139页
设计 / 河合真弓

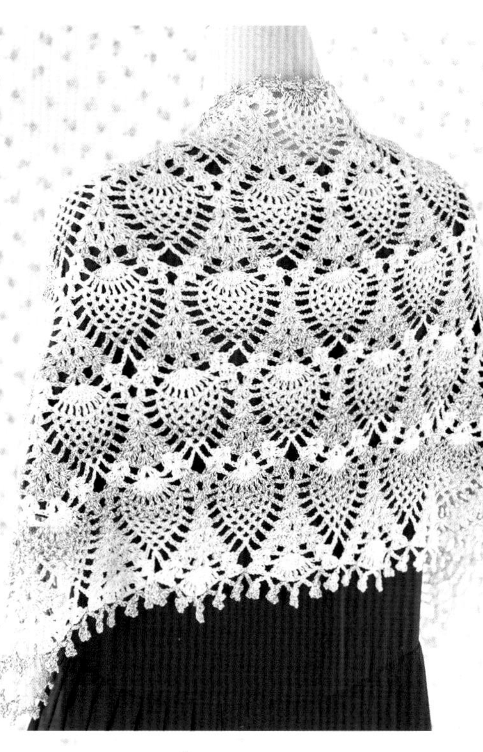

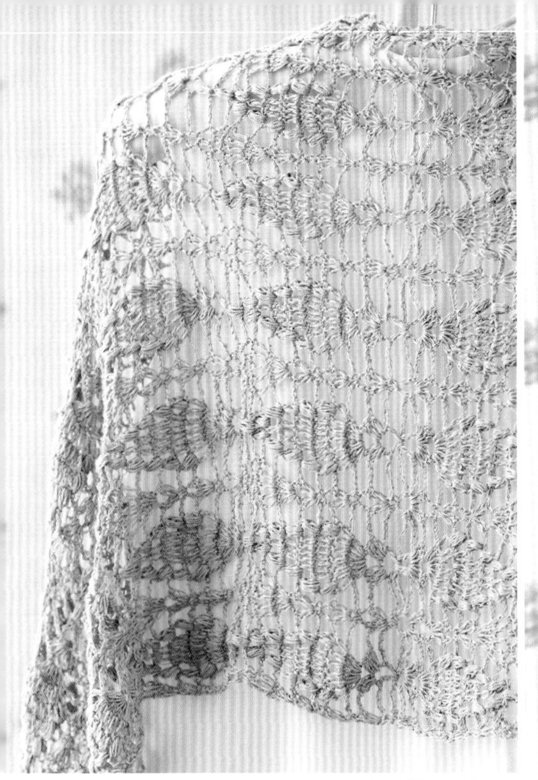

PINEAPPLE CROCHET

NO* 16 Ⓜ码

菠萝花样排列围巾

使用变化的中长针的枣形针针法，清晰地展现了菠萝花样的轮廓，同时也不失轻柔的触感。
运用常见的锁针针法钩织网眼，在花样中表现出微妙的差别。

尺寸 / 宽42cm、长170cm
线材 / 中粗平直毛线
钩织方法 / 140页
设计 / 河合真弓

NO* 17 Ⓛ码

菠萝花样大围巾（1）

在方眼花样中填充菠萝花样，花样的线条特别显眼。
选择柔软且有光泽的线材，完成的作品手感一流，温润清雅。

尺寸／宽38cm、长185cm（含流苏）
线材／粗平直毛线
钩织方法／141页
设计／河合真弓

PINEAPPLE CROCHET

NO* 18 Ⓜ码

菠萝花样围巾

围巾全部由菠萝花样钩织而成，高雅大方。选择沉稳又便于搭配的颜色，让它成为一件可以长久使用的单品。

尺寸 / 宽47cm、长155cm
线材 / 中细平直毛线
钩织方法 / 142页
设计 / 风工房

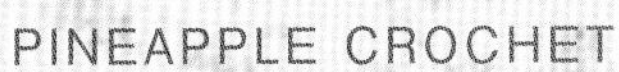

PINEAPPLE CROCHET

NO* 19 Ⓜ码

菠萝花样竖条纹围巾

重复钩织菠萝花样和小巧的镂空花样，自然地形成条纹图案。
用来搭配简单的服装，展现出有序列感的美，是非常有品位的装扮。

尺寸／宽41cm、长167cm
线材／中粗平直毛线
钩织方法／144、145页
设计／河合真弓

NO* 20 Ⓛ码

菠萝花样大围巾（2）

围巾上方钩织菠萝花样，下摆钩织叶片代替常用的流苏。
作品集合了不同的钩织元素，满满的奢华感。

尺寸 / 宽52cm、长176cm
线材 / 中粗平直毛线
钩织方法 / 146、147页
设计 / 冈本启子

PINEAPPLE CROCHET

NO* 21 Ⓜ码

菠萝花样流苏围巾

在简单的织物两端钩织大型的菠萝花样，是特别设计的流苏风格。
菠萝花样是在钩织花样的中途加线，一个一个分别完成的。

尺寸 / 宽42cm、长159cm
线材 / 中粗平直毛线
钩织方法 / 148、149页
设计 / 风工房

PINEAPPLE CROCHET

NO* 22 L码

菠萝花样披肩

这是一款宽度不大但长度相当长的设计。
就这么一圈圈地绕在脖子上，给颈部增添了华彩。也可以使用胸针固定前侧垂下的部分，把披肩当作优雅的装饰领来使用。

尺寸／宽16.5cm、长176cm
线材／中细平直毛线
钩织方法／143页
设计／河合真弓

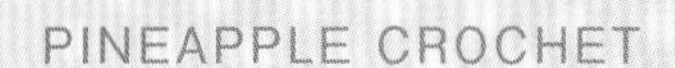

NO* 23 SL码

菠萝花样迷你长围巾

一款比较窄的围巾，长度足以在脖颈上绕两三圈。主体和边缘都是菠萝花样，虽然造型迷你但不失华贵感。
也可以钩织成短款的装饰领风格围巾。

尺寸 / 宽19cm、长159cm
线材 / 中粗平直毛线
钩织方法 / 150页
设计 / 河合真弓

PINEAPPLE CROCHET

NO* 24 SL 码

荷叶边迷你围巾

主体钩织了大量的迷你菠萝花样，3条边的边缘钩织得比较厚重，呈现出层层叠叠的荷叶边效果。这条围巾可以当成领口华丽的装饰。

尺寸 / 宽27.5cm、长104cm
线材 / 中粗平直毛线
钩织方法 / 152、153页
设计 / 河合真弓

PINEAPPLE CROCHET

NO* 25 SL码

枣形针菠萝花样迷你围巾

使用立体的枣形针钩织经典的菠萝花样。

在菠萝花样之间钩织规律的方眼花样，是容易记忆又方便钩织的作品。

边缘的荷叶边同样设计了华丽的菠萝花样。

尺寸／宽（花样）19cm、长165cm

线材／中粗平直毛线

钩织方法／151页

设计／河合真弓

NO* 26 SL 码

波浪形迷你围巾

左右交替钩织波浪形的小巧菠萝花样。每一行的开始，钩织5针锁针形成网格作为边缘。不同于寻常的左右对称的花样，钩织时需要特别注意参照编织图。

尺寸 / 宽 13cm、长 120cm
线材 / 中粗平直毛线
钩织方法 / 154 页
设计 / 河合真弓

PINEAPPLE CROCHET

NO* 27 SL码

贝壳形菠萝花样迷你围巾

仅在围巾的一侧钩织了菠萝花样，这条装饰边正是设计的亮点。
菠萝花样稍微倾斜着排列，勾勒出好似贝壳的优雅线条，流动着韵律美。

尺寸／宽18cm、长182cm
线材／中粗平直毛线
钩织方法／155页
设计／河合真弓

PINEAPPLE CROCHET

NO* 28 SL码

超迷你菠萝花样围巾

在迷你的菠萝花样之间，使用了蓬松立体的爆米花针法钩织。
在围巾的一侧，也是使用爆米花针法，钩织出可爱的小圆球垂下来，是颇有动感的设计。

尺寸 / 宽21cm、长145cm
线材 / 中细平直毛线
钩织方法 / 156页
设计 / 河合真弓

PINEAPPLE CROCHET

NO* 29  码

小巧菠萝花样迷你围巾

钩织6行就可以完成的小巧菠萝花样，完成的围巾精巧雅致。3条边的边缘钩织锁针,很好地表现了镂空的效果。可以根据自己的喜好增减花样，来改变围巾的长度。

尺寸／宽17cm、长165cm
线材／中粗平直毛线
钩织方法／157页
设计／河合真弓

PINEAPPLE CROCHET

NO* 30 Ⓜ码

麻叶花样围巾

镂空的花样是日式传统的“麻叶”图案，由锁针、短针、长长针钩织而成。
两侧钩织了厚厚的菠萝花样，外边缘采用爆米花针，大大增加了流苏边的立体感。

尺寸／宽32cm、长155cm
线材／中粗平直毛线
钩织方法／158页
设计／河合真弓

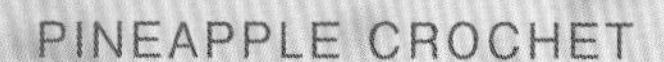

NO* **31** Ⓜ码

菠萝花样花边三角披肩

两条边的边缘钩织菠萝花样，特别突出了边缘的线条。
主体多使用锁针，钩织镂空花样。
整体行数不多，是简单易钩织的设计。

尺寸 / 宽34cm、长134cm
线材 / 中粗平直毛线
钩织方法 / 160、161页
设计 / 河合真弓

PINEAPPLE CROCHET

NO* 32 SL码

枣形针菠萝花样围巾

中间是方眼花样，两侧钩织枣形针的菠萝花样，蓬松立体。
边缘钩织一周锁针的狗牙拉针。只有一行，一定要注意钩织整齐。

尺寸 / 宽23cm、长143cm
线材 / 中细平直毛线
钩织方法 / 159页
设计 / 河合真弓

PINEAPPLE CROCHET

NO* 33 Ⓢ码

菠萝花样迷你围巾

围巾是轻巧便携的尺寸。
每一行的花样都是由不同长度的针目钩织组合而成，
钩织过程会很有趣味。

尺寸 / 宽30cm、长135cm
线材 / 中粗平直毛线
钩织方法 / 147、162页
设计 / 风工房

PINEAPPLE CROCHET

NO* 34 Ⓢ码

方眼花样菠萝花样三角披肩

在方眼花样中加入小巧的菠萝花样。
配合菠萝花样的尺寸，两条边的边缘点缀了同样精致的荷叶边装饰。

尺寸 / 宽 50cm、长 126cm
线材 / 粗平直毛线
钩织方法 / 163 页
设计 / 河合真弓

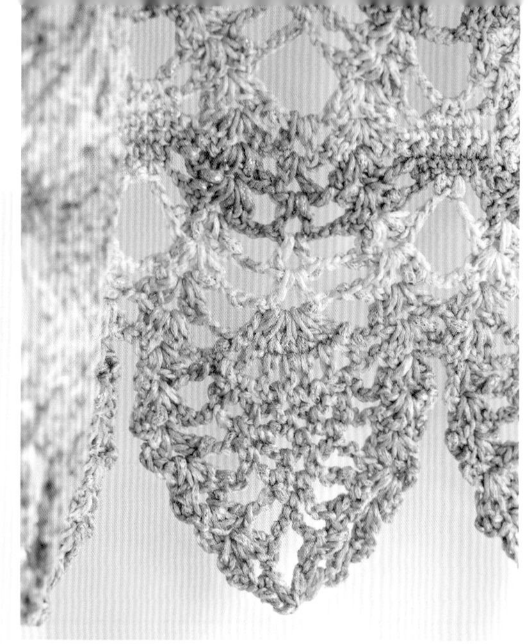

PINEAPPLE CROCHET

NO* 35 Ⓜ码

大小菠萝花样围巾

基础的菠萝花样和仅用短针钩织成的迷你菠萝花样组合在一起，织物有一定的密度，是空调房里保温的好选择。

尺寸／宽32cm、长168cm
线材／中细平直毛线
钩织方法／104、105页
设计／河合真弓

PINEAPPLE CROCHET

NO* **36** SL 码

菠萝花样花边迷你围巾

主体钩织的是简单的花样，亮点在于两端的菠萝花样。
分别钩织每一个花样，呈现菠萝花样的样子。
作品轻巧便携，简单地在脖颈上绕一圈就很漂亮。

尺寸 / 宽18cm、长111.5cm
线材 / 中细平直毛线
钩织方法 / 166页
设计 / 河合真弓

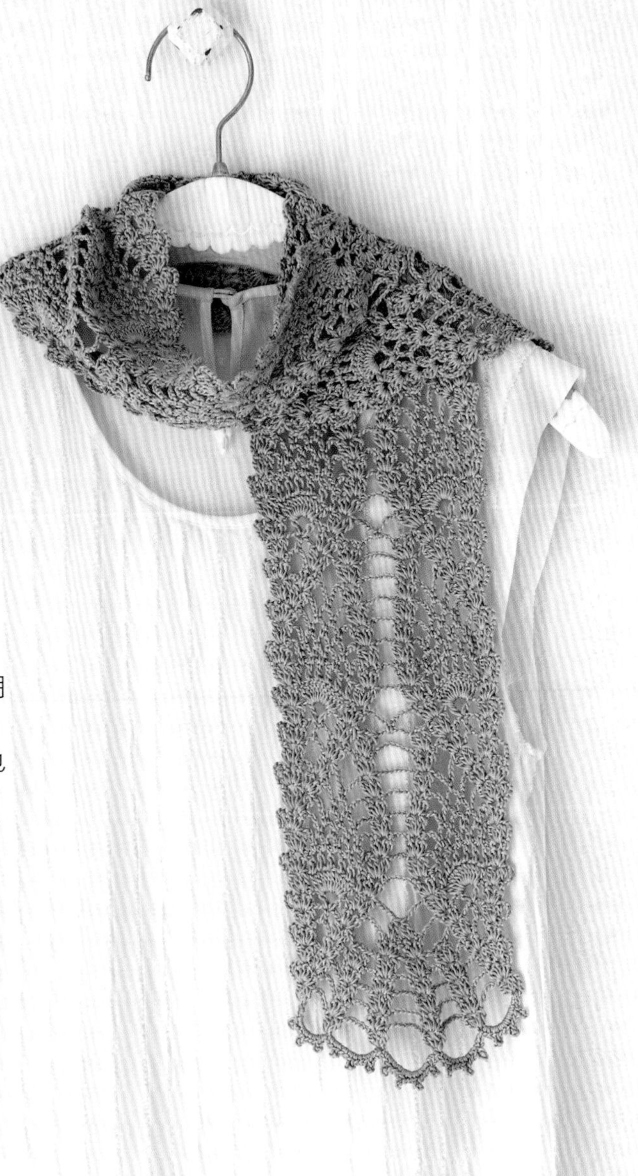

PINEAPPLE CROCHET

NO* 37 SL 码

镂空花样菠萝花样迷你围巾

钩织两片相同的织物，再对齐连接，使两侧的花样都朝向中间。

佩戴的方法多种多样。可以在脖颈上随意地绕一圈，也可以像上图一样，将一侧穿过镂空花样的空隙固定。

尺寸 / 宽 14cm、长 104cm
线材 / 中粗平直毛线
钩织方法 / 167 页
设计 / 河合真弓

PINEAPPLE CROCHET

NO* 38 SL码

简洁菠萝花样迷你围巾

非常迷你的尺寸，宽度正好是一个菠萝花样的宽度，
重点突出了花样轮廓的曲线。
可以作为一件饰品，搭配没有领子的衣服。

尺寸 / 宽10cm、长112.5cm
线材 / 粗平直毛线
钩织方法 / 168页
设计 / 河合真弓

PINEAPPLE CROCHET

NO* 39 Ⓜ码

几何风菠萝花样围巾

在网眼钩织中加入长针，呈现出小巧的几何风菠萝花样。
两端也钩织了素雅的菠萝花样，朴素可爱。

尺寸／宽30cm、长151cm
线材／中粗平直毛线
钩织方法／108页
设计／河合真弓

NO* 40 Ⓜ码

大小菠萝花样斗篷披肩

靠近领口的菠萝花样较小，越靠近下摆，花样越大，形成扇形伸展开来。
在下摆一侧分别加线，一个一个钩织边缘的菠萝花样，完成斗篷风格的披肩。

尺寸／宽25cm、长160m
线材／中细平直毛线
钩织方法／169页
设计／河合真弓

41
42
43

PINEAPPLE CROCHET

NO* 41、42、43、44 SL码

迷你围巾

作品41~44是完全一样的针数和行数，仅仅改换了线材的粗细和颜色。
在脖颈上简单地绕一圈，菠萝花样的线条自然地衬托出优雅大气的气质。
将一端穿过另一端花样的空隙，可以很好地展现完整的菠萝花样。

尺寸／41、42 宽12cm、长83cm
43、44 宽11cm、长83cm
线材／41、42 中粗平直毛线
43、44 中细平直毛线
钩织方法／170页
设计／河合真弓

PINEAPPLE CROCHET

NO* 45 SL码

带花饰菠萝花样迷你围巾

在一侧制作穿围巾口，用来穿过另一侧的围巾。
在穿围巾口上装饰立体的花朵和叶片，为领口添加了华彩。

尺寸／宽13cm、长74.5cm
线材／中细平直毛线
钩织方法／145、171页
设计／河合真弓

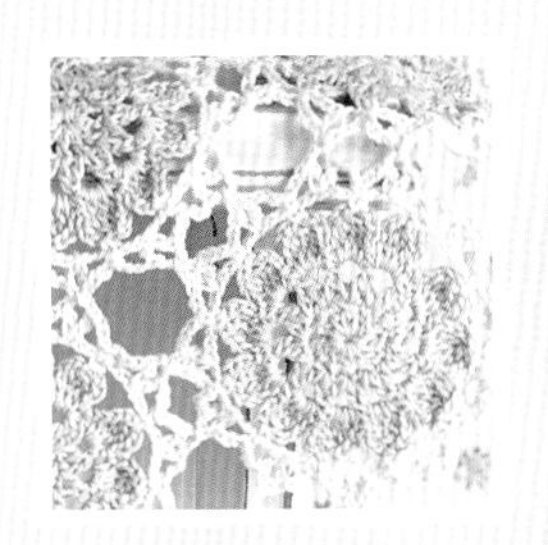  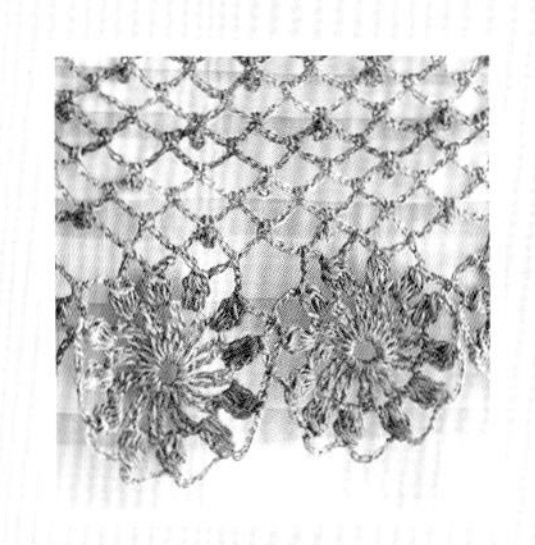 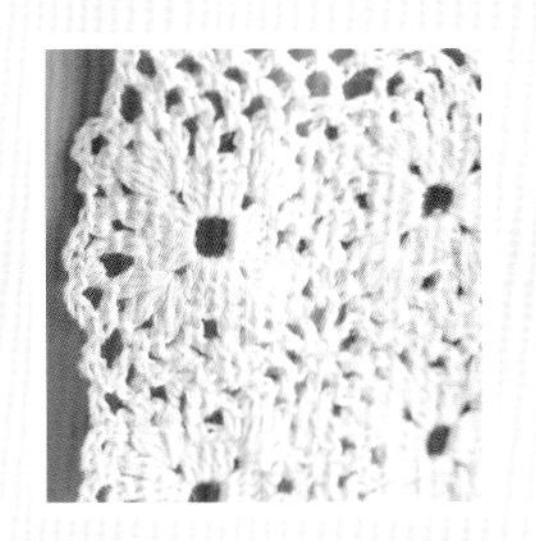

MOTIF CROCHET

连接花片

连接花片，就是在钩织过程中连接新的花片，逐步加大尺寸，使作品更华丽。

花片的种类很多，有花朵、星星等具象形状的花片，有精细雅致的蕾丝花片，有圆形、正方形、多边形等几何形状的花片。用不同花片编织而成的围巾和披肩，尺寸大小也各不相同。花片是否钩织得整齐、大小一致，是能否很好地完成作品的关键点。

从79页开始，还介绍了一些组合的作品，在网眼钩织或连续花样上进行花片的连接。

MOTIF CROCHET

NO* 46 Ⓛ码

立体花片L形披肩

钩织出所需数量的正方形花片，连接成大的L形的披肩。
两端自然地垂在胸前，中间没有多余的织物，清爽干练。
也可以一端垂下而另一端搭在肩膀上，很自然地装饰了领口。

尺寸／宽28.5cm、长190cm
花片尺寸／边长9.5cm正方形
线材／中粗平直毛线
钩织方法／172页
设计／河合真弓

MOTIF CROCHET

NO* 47 Ⓜ码

正方形花片梯形披肩

正方形的菠萝花样花片，每条边有9处和相邻的花片连接。两个侧边钩织三角形花片，最终组合成梯形。不用钩织边缘，只需连接完成即可。

尺寸 / 宽48cm、长144cm
花片尺寸 / 边长12cm正方形、腰长12cm等腰三角形
线材 / 中粗平直毛线
钩织方法 / 174、175页
设计 / 河合真弓

MOTIF CROCHET

NO* 48 Ⓢ码

双色花片梯形披肩（1）

钩织圆形的花片，中心为深色，周围搭配浅色。
选择沉稳的同色系，雅致大方。

尺寸 / 宽47cm、长120cm
花片尺寸 / 直径8cm
线材 / 粗平直毛线
钩织方法 / 173页
设计 / 冈本启子

MOTIF CROCHET

NO* 49 S码

自然色围巾

正方形花片是细腻精致的蕾丝风格。
最后一行钩织长针松叶针，即使没有钩织边缘，也能呈现出自然的曲线轮廓。
花片的尺寸比较大，钩织连接的过程并不复杂。

尺寸 / 宽42cm、长147cm
花片尺寸 / 边长10.5cm正方形
线材 / 中粗平直毛线
钩织方法 / 176页
设计 / 风工房

MOTIF CROCHET

NO* 50 Ⓢ码

雏菊形花片围巾

钩织连接大小两种尺寸的花片，完成的围巾简单大气。
先钩织大花片，再在空出的位置填充小花片。
可以使用较为华丽的线材钩织，完成的围巾更惊艳。

尺寸 / 宽42.5cm、长144.5cm
花片尺寸 / 大　直径8.5cm
　　　　　小　直径2.5cm
线材 / 粗平直毛线
钩织方法 / 177页
设计 / 风工房

MOTIF CROCHET

NO* 51 Ⓜ码

菱形花片三角披肩

经典的正方形花片，在钩织方法上花些心思，将花片呈菱形排列。花片的中心钩织出可爱的花朵，周围的网眼突出了整体的轻巧通透。

尺寸 / 宽51.5cm、长156cm
花片尺寸 / 长对角线14cm、短对角线9cm菱形，底边长14cm、高4.5cm三角形
线材 / 中细平直毛线
钩织方法 / 105、107页
设计 / 风工房

MOTIF CROCHET

NO* 52 L码

正方形花片围巾

正方形花片围巾的亮点，就是在连接的过程中会呈现出新的图案。这条围巾也是如此，随着花片的钩织连接，逐渐浮现出大十字的花样。

尺寸 / 宽40cm、长183cm
花片尺寸 / 边长13cm正方形
线材 / 中细平直毛线
钩织方法 / 178页
设计 / 河合真弓

MOTIF CROCHET

NO* **53** Ⓛ码

带流苏的花片围巾

正方形花片的中心是黄色，周围使用原白色钩织，是非常自然的配色。
从花片中心朝向4个方向进行钩织，精致的菠萝花样图案既成熟又不失可爱。

尺寸 / 宽42cm、长196cm（含流苏）
花片尺寸 / 边长10.5cm正方形
线材 / 中粗平直毛线
钩织方法 / 179页
设计 / 河合真弓

MOTIF CROCHET

NO* 54 Ⓛ码

大小花片连接围巾

圆形的大花片直径达到15cm，8片花瓣勾勒出优美雅致的花朵图案。
在圆形花片连接的空隙钩织直径6 cm的小花片填充，很好地保持了图案的平衡。

尺寸／宽45cm、长180cm
花片尺寸／大　直径15cm
　　　　　小　直径6cm
线材／中细平直毛线
钩织方法／180页
设计／河合真弓

MOTIF CROCHET

NO* 55 Ⓜ码

菠萝花样花片梯形披肩

3种温和沉稳的颜色，大小不同的花片，将它们组合在一起。
8组立体的爆米花针菠萝花样，从中心呈放射状展开，组成华丽的大花片。
钩织的过程需要花费不少时间，但披肩完成时的成就感，让这一切都很值得。

尺寸 / 宽44cm、长154cm
花片尺寸 / 大　直径11cm
小　根据空隙填充
线材 / 中细平直毛线
钩织方法 / 106页
设计 / 河合真弓

MOTIF CROCHET

NO* 56 SL码

菠萝花样花片迷你围巾

每一片花片就是一个菠萝花样，从一角开始，往返钩织成正方形，最后钩织一周网眼，调整形状，花片会变成菱形。
从围巾的中心位置开始，上下对称连接花片，要注意连接的方向。

尺寸 / 宽18cm、长144cm
花片尺寸 / 边长9cm 正方形
线材 / 中粗平直毛线
钩织方法 / 181页
设计 / 河合真弓

NO* 57 Ⓢ码

小六边形花片梯形披肩

钩织大量的小六边形花片连接起来。
选择略有弹性的线材，可以清晰地展现花样的样子。

尺寸 / 宽 42cm、长 119.5cm
花片尺寸 / 宽 6cm 高、5.2cm 六边形
线材 / 中粗平直毛线
钩织方法 / 182 页
设计 / 风工房

MOTIF CROCHET

NO* 58 Ⓜ码

花片连接梯形披肩

按照顺序，一片片钩织连接花片，不用钩织边缘，是相当简单的款式。
连接过程中，花片与花片之间的空隙会自然呈现出美丽的镂空花样。

尺寸 / 宽38cm、长144.5cm
花片尺寸 / 直径8.5cm
线材 / 中粗平直毛线
钩织方法 / 183页
设计 / 河合真弓

MOTIF CROCHET

NO* 59 Ⓜ码

六边形花片梯形披肩

六边形的花片，好似星星的形状。
对齐尖尖的锐角连接，清爽利落。

尺寸 / 宽36cm、长137cm
花片尺寸 / 直径8cm
线材 / 中粗平直毛线
钩织方法 / 184页
设计 / 川路祐三子

MOTIF CROCHET

NO* 60 SL 码

迷你菠萝花样花片围巾

一片花片中钩织了6个菠萝花样，呈放射状展开。
通过菠萝花样的尖端连接，形成大大的镂空花样，更加凸显花片的形状。

尺寸 / 宽21.5cm、长155cm
花片尺寸 / 直径11.5cm
线材 / 中粗平直毛线
钩织方法 / 185页
设计 / 河合真弓

MOTIF CROCHET

NO* 61 Ⓢ码

围巾兼带袖披肩

长方形的围巾，缝上纽扣就成为带袖披肩。
纽扣需要和钩织围巾的线材搭配协调，不至于在使用时过分抢眼。
围巾沿长边钩织，从一侧袖口开始，钩织至另一侧的袖口。
可以先试穿，调整长度或宽度，确定纽扣的位置，最后完成最适合自己的作品。

尺寸／宽35cm、长137cm
花片尺寸／边长8.5cm正方形
线材／中细平直毛线
钩织方法／110页
设计／风工房

W

MOTIF CROCHET

NO* 62 Ⓜ码

双色花片梯形披肩（2）

原白色和粉色搭配钩织而成的花片，可爱雅致。
花片之间通过六边形的角连接，可以清晰地看到花片的形状。
作品的风格完全由配色决定，请试着选择自己喜欢的配色来钩织吧。

尺寸 / 宽47.5cm、长136.5cm
花片尺寸 / 边长3.8cm 六边形
线材 / 中细平直毛线
钩织方法 / 111页
设计 / 川路祐三子

MOTIF CROCHET

NO* 63 Ⓢ码

梯形披肩兼短上衣

梯形披肩的两端缝制纽扣固定，立刻变身为一件短上衣。
不用特地钩织扣眼，可以直接利用镂空花样的空隙作为扣眼。

尺寸 / 宽约39cm、长102cm
花片尺寸 / 边长5.7cm六边形
线材 / 中细平直毛线
钩织方法 / 186页
设计 / 川路祐三子

MOTIF CROCHET

NO* 64、65、66 Ⓢ码

三角披肩

钩织六边形花片最后一行时完成花片的连接，是相当简单的钩织方法。
作品64和65为单色，优雅大方。作品66搭配了双色，自然雅致。
3个作品花片的片数都是相同的，作品65使用了稍粗的线材，完成尺寸会略大一些。

尺寸 / 64、66　宽36cm、长109cm
　　65　宽40m、长120cm
花片尺寸 / 64、66　边长4.5cm六边形
　　65　边长5cm六边形
线材 / 64、66　中粗平直毛线
　　65　粗平直毛线
钩织方法 / 187页
设计 / 河合真弓

64

66
65

MOTIF CROCHET

NO* 67 SL 码

双色花片迷你围巾

用清新自然的两种颜色钩织出富有情调的圆形花片，迷你的尺寸，刚好在脖颈绕上一圈。不用钩织边缘，只需钩织更多的花片，就可以加大围巾的尺寸。不妨在钩织时设计自己喜欢的大小吧！

尺寸／宽 24cm、长 135cm
花片尺寸／直径 9cm
线材／中粗平直毛线
钩织方法／188 页
设计／川路祐三子

MOTIF CROCHET

NO* **68** Ⓜ码

网眼花片围巾

先钩织正方形的花片，再钩织网眼进行连接。
花片与网眼的组合，形成了随性的条纹图案，是这条围巾设计的亮点。

尺寸 / 宽45.5cm、长161.5cm
花片尺寸 / 边长6.5cm正方形
线材 / 粗平直毛线
钩织方法 / 189页
设计 / 冈本启子

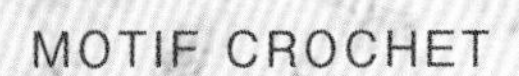

MOTIF CROCHET

NO* 69 Ⓜ码

网眼花片梯形披肩（1）

六边形的花片像是一大朵盛开的花，钩织几片再横向连成一排，每排之间钩织网眼。
两种图案呈条纹状间隔，相互映衬，更添华美。

尺寸／宽36.5cm、长135cm
花片尺寸／直径7.5cm
线材／粗平直毛线
钩织方法／190、191页
设计／川路祐三子

MOTIF CROCHET

NO* 70 Ⓜ码

网眼花片梯形披肩（2）

主体是镂空的网眼花样，轻薄通透，绕在脖颈上，自然地垂搭在肩部。
3条边上钩织的花片华贵高雅。

尺寸 / 宽44.5cm、长143cm
花片尺寸 / 直径6.5cm
线材 / 中细平直毛线
钩织方法 / 192、193页
设计 / 河合真弓

MOTIF CROCHET

NO* 71 Ⓢ码

拼接花样围巾

在连续的花样中加入花片，带来不同的变化。
段染线和单色线的搭配，使作品呈现出更丰富的色彩变化。

尺寸 / 宽39.5cm、长147.5cm
花片尺寸 / 直径5.5cm
线材 / 中粗、中细平直毛线
钩织方法 / 194、195页
设计 / 河合真弓

 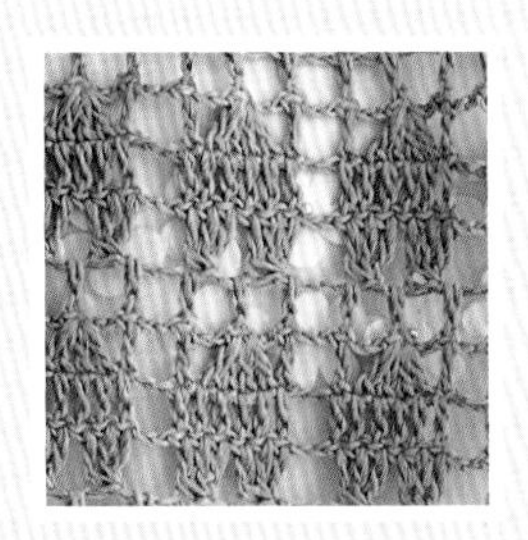  

PATTERN CROCHET

镂空花样

简单的重复钩织，形成了优雅大方的镂空花样。

虽然只是一条看似普通的围巾或披肩，却也美丽雅致，适合在大部分场合穿戴，是每个人都会喜爱和珍惜的作品。

钩织网眼花样或方眼花样作为主体，即使是大尺寸，也比想象的容易完成。小的作品更是可以改换颜色多钩织几款，用来搭配不同的服饰，颇有趣味。

PATTERN CROCHET

NO* 72 Ⓜ码

大型镂空花样梯形披肩

在网眼钩织的镂空花样之间，加入长针和枣形针钩织而成的叶片图案。叶片和网眼的组合温柔大气。披在身上，背影一定让人印象深刻。

尺寸 / 宽55cm、长145cm
线材 / 粗平直毛线
钩织方法 / 196、197页
设计 / 冈本启子

PATTERN CROCHET

NO* 73 SL 码

方眼花样迷你围巾

主体为方眼花样，再使用长针钩织出心形的图案。
钩织的方法不算复杂，花样的重复间隔也很短，初学者也可以轻松地上手钩织。

尺寸 / 宽28cm、长141cm
线材 / 中粗平直毛线
钩织方法 / 198页
设计 / 冈本启子

PATTERN CROCHET

NO* 74 Ⓜ码

简单花样围巾

仅使用最基础的钩织针法，可以又快又好地完成作品。
2针长针的枣形针和边缘的狗牙拉针，让整条围巾看起来清爽利落。

尺寸／宽48cm、长160cm
线材／中粗平直毛线
钩织方法／199页
设计／风工房

PATTERN CROCHET

NO* 75 Ⓜ码

贝壳形边缘三角披肩

披肩的边缘钩织大型的花样，呈现出自然高雅的贝壳形线条。

边缘部分是这款披肩的主角，所以主体部分就相对朴素一些，仅仅是重复钩织了简单的网眼花样。

尺寸 / 宽41cm、长156cm

线材 / 粗平直毛线

钩织方法 / 200、201页

设计 / 河合真弓

PATTERN CROCHET

NO* 76 Ⓜ码

简单花样梯形披肩

小巧的镂空花样，一个花样只需要钩织两行。
主体和边缘都加入了锁针的狗牙拉针，在精致中增添了一份可爱。

尺寸 / 宽46cm、长142cm
线材 / 中粗平直毛线
钩织方法 / 202页
设计 / 川路祐三子

PATTERN CROCHET

NO* 77 Ⓢ码

扇形花样围巾

光线透过镂空的空隙，更凸显出藏青色的花样。用深色线材钩织的过程中不容易看清针目，边缘的点状线条可以帮助钩织时更好地分辨针目。

尺寸 / 宽43cm、长147cm
线材 / 中细平直毛线
钩织方法 / 203页
设计 / 风工房

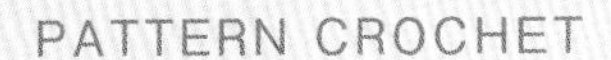

镂空花样三角披肩(1)

小型紧凑的尺寸，非常方便随身携带。
在锁针的网眼中加入长针，钩织出特别的条纹花样。

尺寸 / 宽40cm、长129cm
线材 / 中粗平直毛线
钩织方法 / 204页
设计 / 冈本启子

PATTERN CROCHET

NO* 79 Ⓜ码

花朵梯形披肩

规律地钩织枣形针完成的立体花朵图案，优雅精致。
一周钩织小巧的贝壳形边缘，可以平衡厚实有分量的主体。

尺寸 / 宽50cm、长151cm
线材 / 中粗平直毛线
钩织方法 / 205页
设计 / 冈本启子

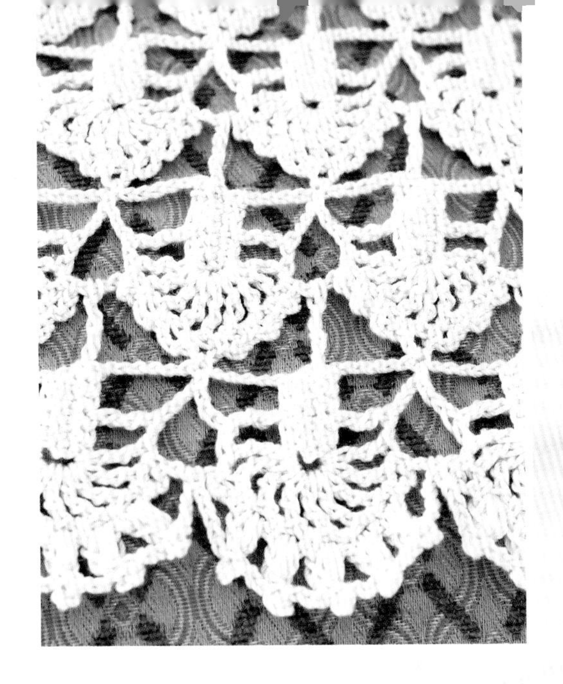

PATTERN CROCHET

NO* 80 Ⓛ码

镂空花样大围巾

镂空的花样是特别的大树图案，相当有个性，花样的钩织顺序也和寻常不同。
在前一行上挑针，一行中每个花样往返钩织。
作品有一些难度，却能在过程中体会到钩针钩织的魅力。

尺寸 / 宽46cm、长192cm
线材 / 中粗平直毛线
钩织方法 / 206、207页
设计 / 河合真弓

PATTERN CROCHET

NO* **81** Ⓜ码

变化的松叶针梯形披肩

7针长针钩织成松叶针花样。
挑选较稳重的颜色，既可以搭配自然风格的服饰，也非常适合优雅风格的装扮。

尺寸 / 宽41cm、长138.5cm
线材 / 粗平直毛线
钩织方法 / 208页
设计 / 川路祐三子

PATTERN CROCHET

NO* 82 Ⓜ码

之字形花样三角披肩

按照编织图钩织，就能看到之字形的图案一点点显现出来，是相当有趣的设计。

主体部分主要以长针来展示线条，钩织锁针的狗牙拉针，使边缘平整，也突出了狗牙拉针的小巧可爱。

尺寸 / 宽55cm、长132cm

线材 / 中粗平直毛线

钩织方法 / 209页

设计 / 冈本启子

PATTERN CROCHET

NO* 83 S码

镂空花样梯形披肩

美丽的扇形花样，给人留下高贵优雅的印象。
尺寸合适，两端可以在胸前打结或用别针固定，绝对是值得拥有的珍品。

尺寸 / 宽35.5cm、长122cm
线材 / 中细平直毛线
钩织方法 / 212页
设计 / 河合真弓

PATTERN CROCHET

NO* 84 Ⓜ码

自然风彩色条纹围巾

先钩织细长条状的装饰边，在此基础上继续钩织连接下一条装饰边。
改变每一条装饰边的颜色，形成渐变的条纹花样。
试着搭配自己喜欢的颜色吧!

尺寸 / 宽37cm、长174cm
线材 / 中粗平直毛线
钩织方法 / 210、211页
设计 / 河合真弓

PATTERN CROCHET

NO* 85 SL 码

带立体花饰的迷你围巾

在围巾的一侧制作穿围巾口，将另一侧的围巾从这里穿过。长时间佩戴也不会变形走样。

在穿围巾口上装饰立体的花饰，为这条围巾增彩不少。

尺寸 / 宽 15cm、长 72.5cm

线材 / 中粗平直毛线

钩织方法 / 213页

设计 / 川路祐三子

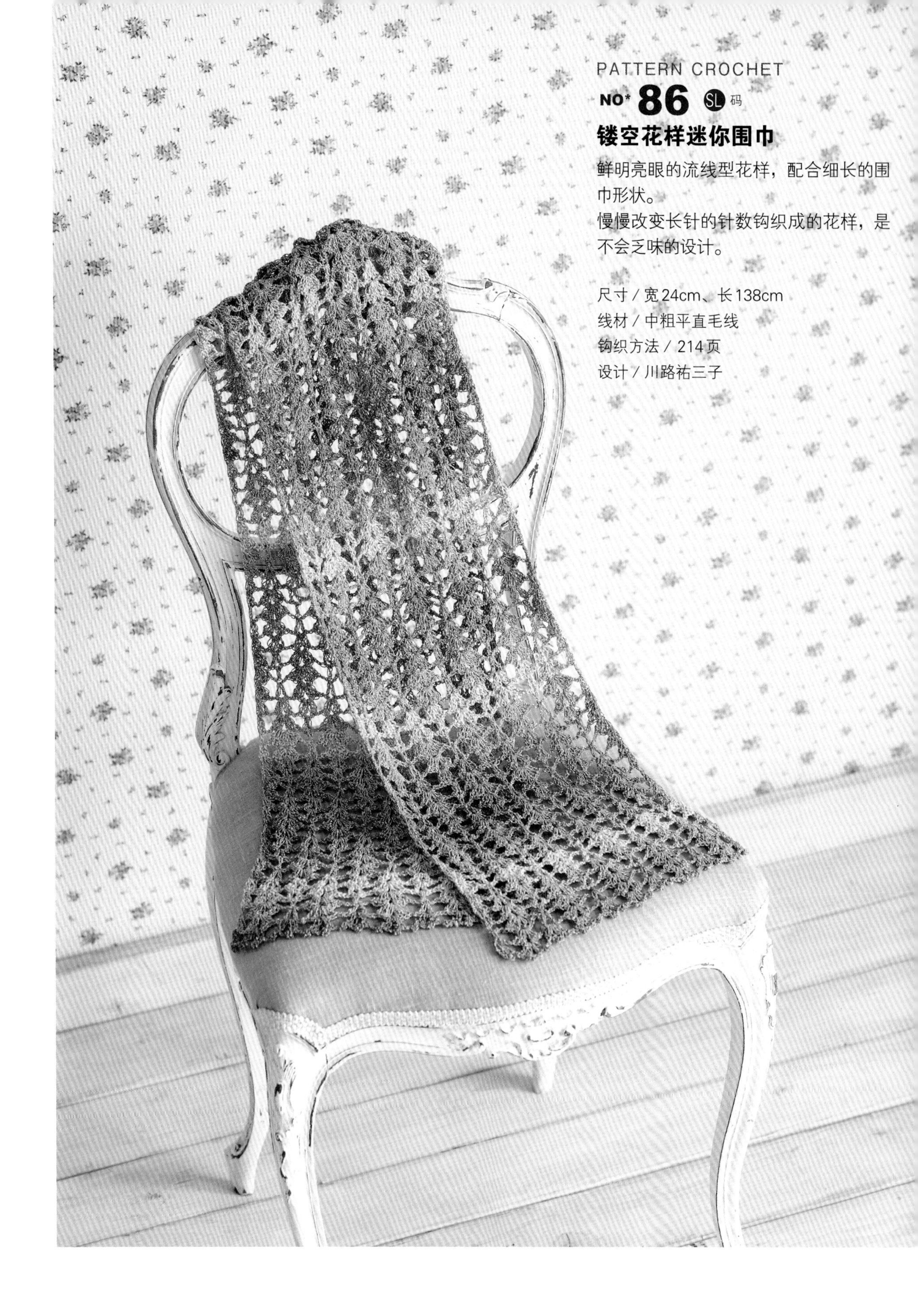

PATTERN CROCHET

NO* 86 SL码

镂空花样迷你围巾

鲜明亮眼的流线型花样，配合细长的围巾形状。
慢慢改变长针的针数钩织成的花样，是不会乏味的设计。

尺寸 / 宽 24cm、长 138cm
线材 / 中粗平直毛线
钩织方法 / 214 页
设计 / 川路祐三子

PATTERN CROCHET

NO* 87 Ⓜ码

方眼花样三角披肩

主体为简洁干练的格子花样，边缘的装饰边钩织了圆形的图案。
钩织的过程就像在画连笔画，趣味十足。

尺寸 / 宽40.5cm、长138cm
线材 / 中粗平直毛线
钩织方法 / 215页
设计 / 河合真弓

PATTERN CROCHET

NO* **88** SL码

条纹迷你围巾

和97页的自然风彩色条纹围巾相同，变换线材的颜色，纵向钩织长条的条纹。
两端圆鼓鼓的可爱装饰由爆米花针钩织而成。

尺寸 / 宽18cm、长161cm
线材 / 中细平直毛线
钩织方法 / 112页
设计 / 河合真弓

PATTERN CROCHET

NO* 89 Ⓜ码

简约怀旧风围巾

在方眼花样中钩织小巧的枣形针的连续花样，是相当怀旧的一款设计。边缘钩织了大量的狗牙拉针，精致可爱。这个尺寸也很适合作为盖毯。

尺寸 / 宽44cm、长162cm
线材 / 中细平直毛线
钩织方法 / 216页
设计 / 风工房

PATTERN CROCHET

NO* 90 Ⓜ码

镂空花样三角披肩(2)

利用“长长针”的特点，钩织出大大的镂空花样，清爽干练。
两边垂坠的装饰边会随着行动轻轻摇摆，别具风情。

尺寸 / 宽62.5cm、长150cm
线材 / 中粗平直毛线
钩织方法 / 217页
设计 / 川路祐三子

花样的钩织方法（205页的花朵梯形披肩）

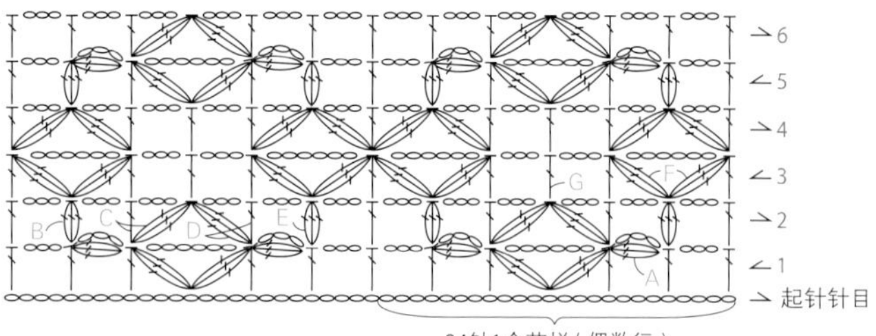

参照编织图，重复24针（偶数行）、6行1个花样，钩织披肩（披肩为梯形，两端的钩织针法参照205页）。需要注意第1～3行钩织A～G时钩针的插入位置。这里会详细说明第2行以后，钩针在前一行枣形针上的插入位置。第4行以后，都是按照A～G的顺序钩织，请牢记。

为了便于理解，这里使用了不同颜色的线材，并减少了针数进行示范。文中的“枣形针”，即为“3针长针的枣形针”。完整的编织图参照205页。

1 第1行。钩织A（枣形针），钩针挂线，沿箭头方向插入长针针目的右下方，钩织3针未完成的长针。

2 钩3针未完成的枣形针，沿左边第1个箭头方向，钩1针未完成的长针；沿左边箭头方向，钩3针未完成的长针；然后一次钩过针上的全部线圈。

3 枣形针A钩织完成（同时也钩织了其他的长针和枣形针）。

4 钩织第1行，注意两处A的钩织位置。

5 第2行。钩织B（枣形针），钩针挂线，插入第1行枣形针和长针针目的右侧（锁针和里山之间）。

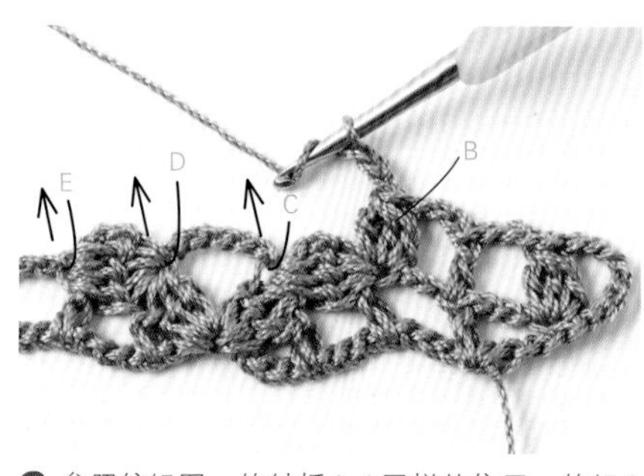

6 参照编织图，钩针插入A同样的位置，钩织C（长针和枣形针）和E（枣形针）；插入B同样的位置，钩织D（枣形针和长针）。

7 钩织第2行，注意B～E的钩织位置。

8 第3行。沿箭头方向，钩针插入步骤**5**中B同样的位置，在第2行枣形针上钩织F（枣形针）、G（长针）。

9 F和G编织终点。

10 第6行编织终点。第2行以后，钩织时需要注意前一行是枣形针时的入针位置。

NO* 51 菱形花片三角披肩

成品图→62页

★说明：在本书中“=”意思是“相当于”。
“49.5cm=5.5片”是指钩织5.5片花片的长度相当于49.5cm。

●**尺寸** 宽51.5cm 长156cm

●**材料**

线／中细平直毛线 白色系160g

钩针／4/0号钩针

●**花片尺寸** A 长对角线14cm、短对角线9cm菱形

B 底边长14cm、高4.5cm三角形（A菱形的一半）

●**钩织方法** 使用1股线钩织。

❶从花片①（第1片）开始，按编号顺序钩织花片。花片A、B分别钩织锁针起针，钩织引拔针绕成环状，参照编织图继续钩织。

❷从花片②（第2片）开始，一边钩织，一边在最后一行（第5行）上钩织引拔针连接。

❸按编号顺序钩织连接66片花片。

❹在连接完成的花片一周钩织边缘。

整体图

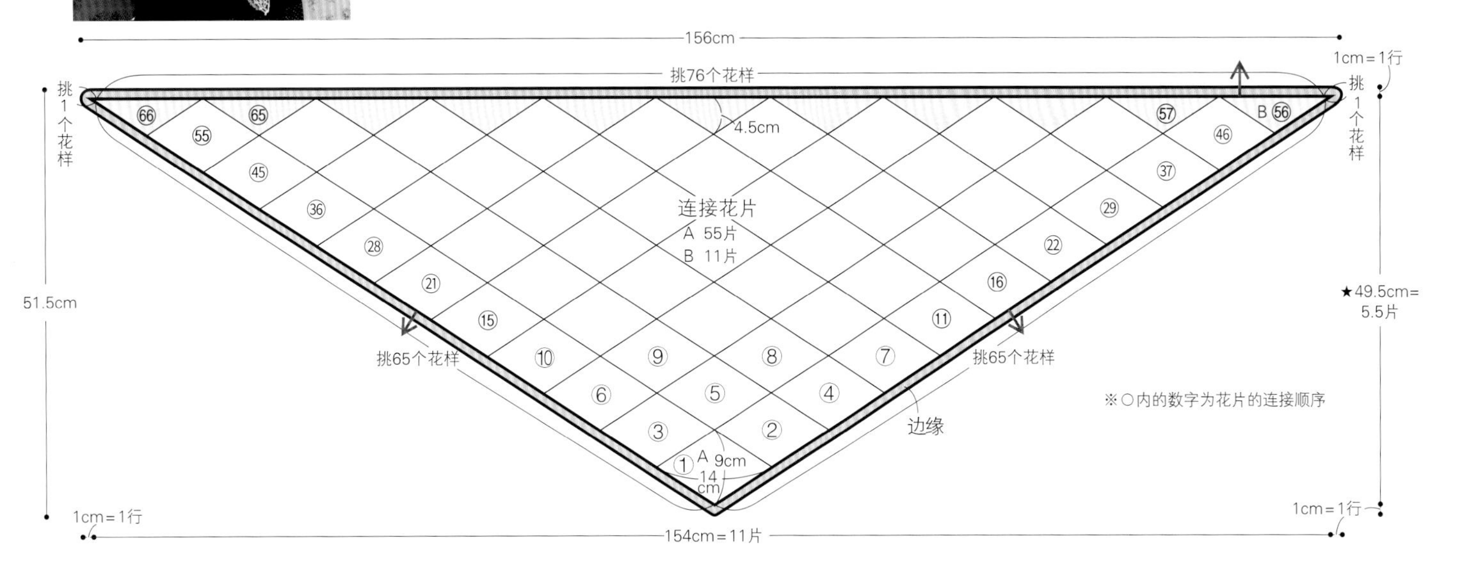

编织图和连接方法

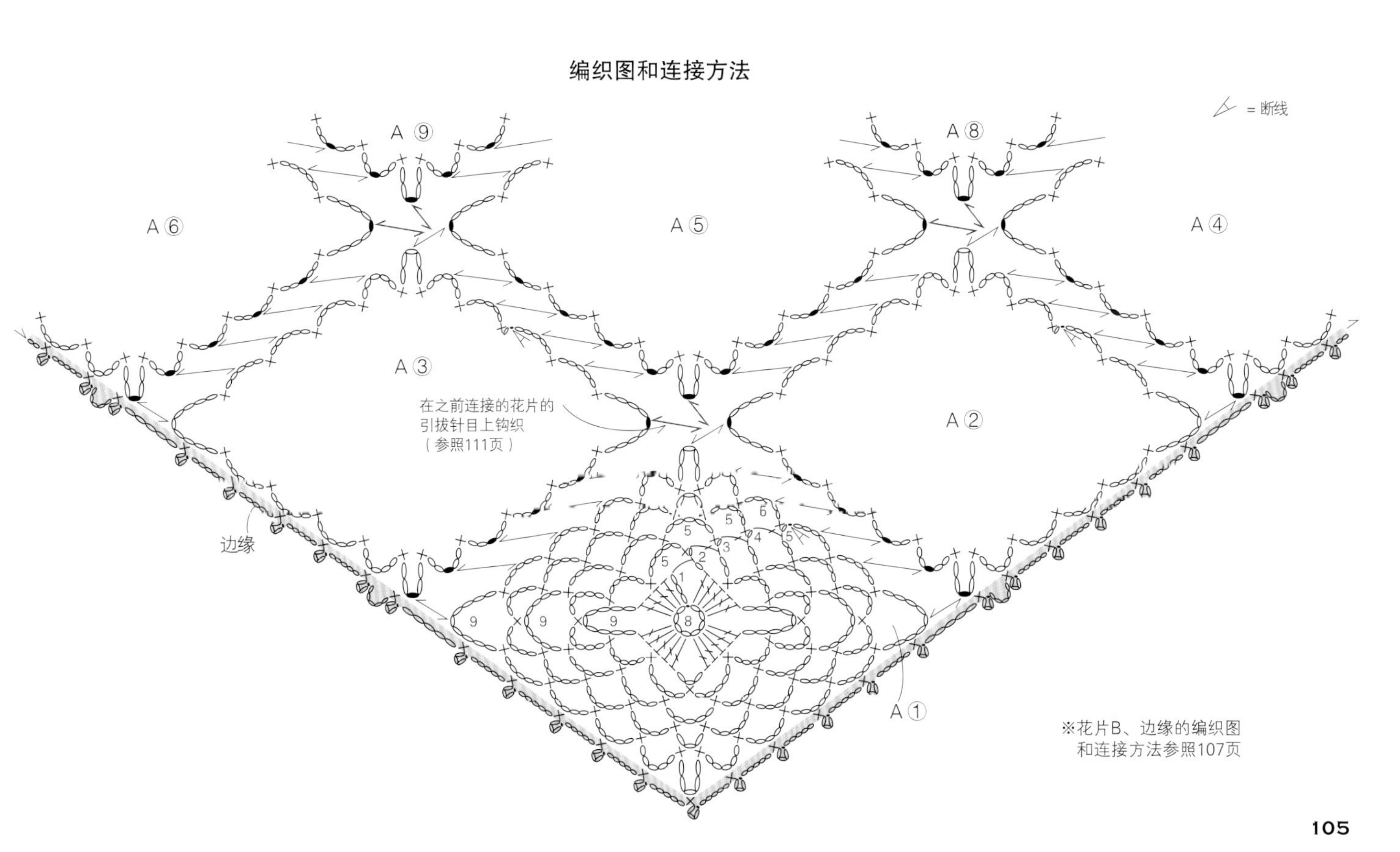

MOTIF CROCHET

NO* 55

成品图→66页

菠萝花样花片梯形披肩

●**尺寸**　宽44cm　长154cm

●**材料**

线／中细平直毛线

米黄色和灰茶色各120g、浅灰色25g

钩针／3/0号钩针

●**花片尺寸**　（大）A　直径11cm

（小）B　根据空隙填充

整体图

※○内的数字为花片A的连接顺序

154cm＝A 14片

40 39 38 37 36 35 34 33 32 31 30 29 28 27

26 25 24 23 22 21 20 19 18 17 16 15

14 13 12 11 10 9 8 7

6 5 4 3 2

44cm＝A 4片

A 11cm　B浅灰色

灰茶色 米黄色

66cm＝A 6片

连接花片

A…米黄色、灰茶色各20片

B…浅灰色31片

编织图和连接方法

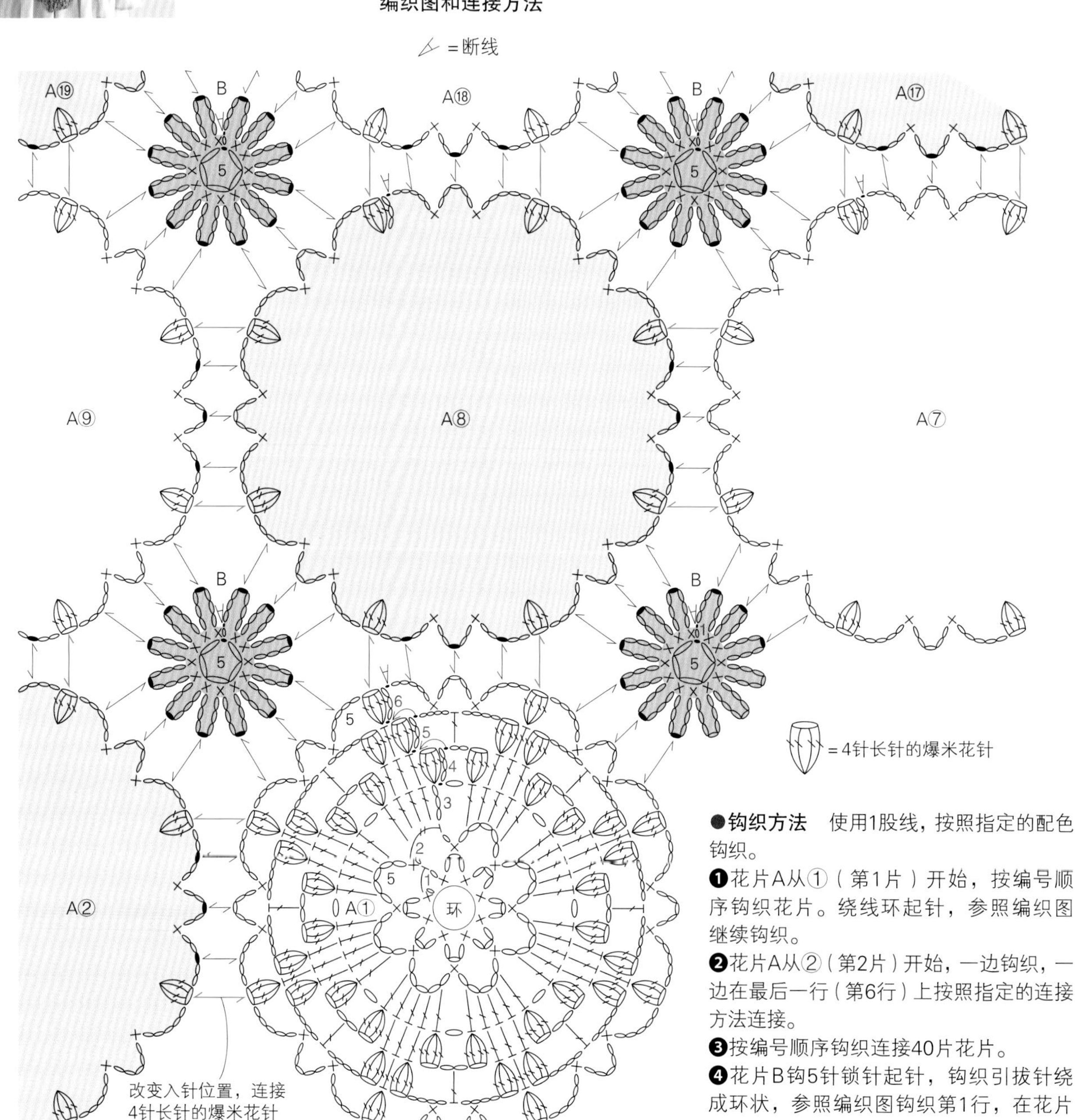

●**钩织方法**　使用1股线，按照指定的配色钩织。

❶花片A从①（第1片）开始，按编号顺序钩织花片。绕线环起针，参照编织图继续钩织。

❷花片A从②（第2片）开始，一边钩织，一边在最后一行（第6行）上按照指定的连接方法连接。

❸按编号顺序钩织连接40片花片。

❹花片B钩5针锁针起针，钩织引拔针绕成环状，参照编织图钩织第1行，在花片A上钩织引拔针连接。一共钩织连接31片花片。

●上接106页

钩织连接爆米花针（连接花片）

参照106页的编织图。

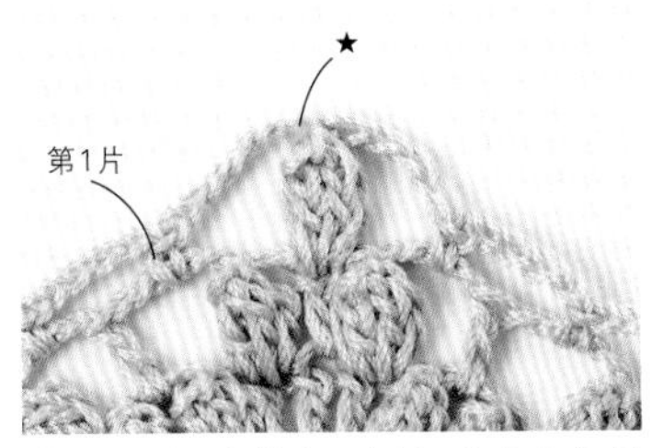

1 钩织第2片花片，在第1片花片的爆米花针的针目（★）上连接。

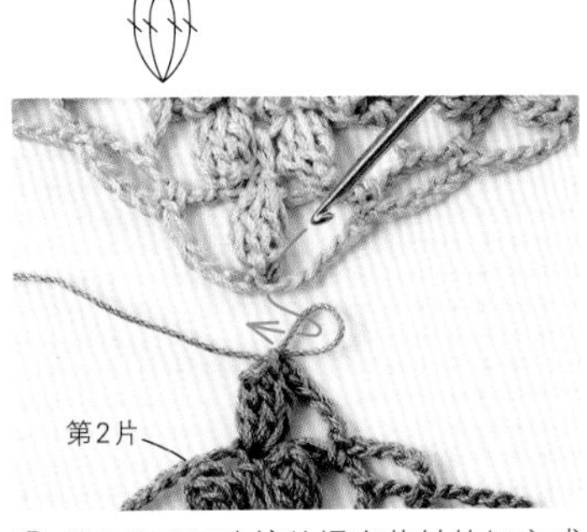

2 第2片需要连接的爆米花针钩织完成后，退出钩针，插入步骤**1**的★位置，再插入之前退出的位置。

3 从第1片花片引拔，完成爆米花针的连接。

4 继续钩织第2片花片。

●上接181页

花片的钩织方法

参照181页的编织图。※为了便于理解，使用了不同颜色的线材示范

1 从花片的一角开始钩织，两端加针（图示为第4行编织终点）。

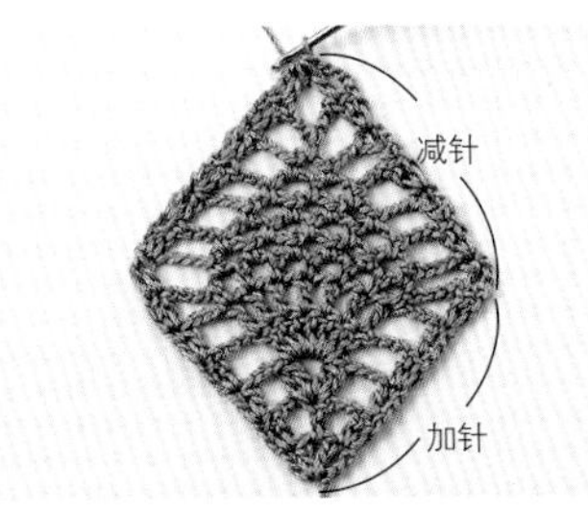

2 以步骤**1**同样的方法钩织至第7行，第8～13行按照编织图减针。

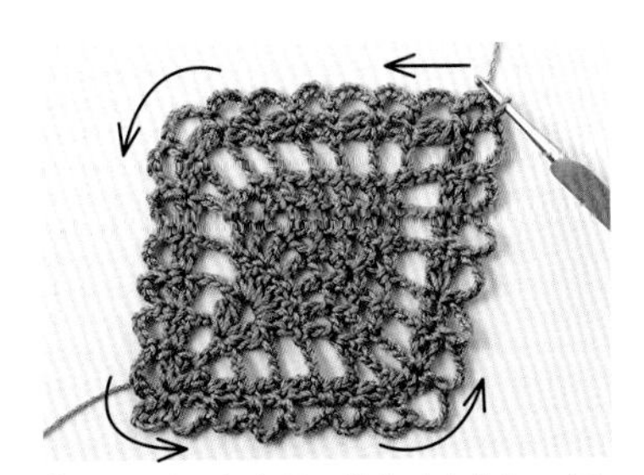

3 第14行，在步骤**2**的基础上钩织一周。花片钩织完成。

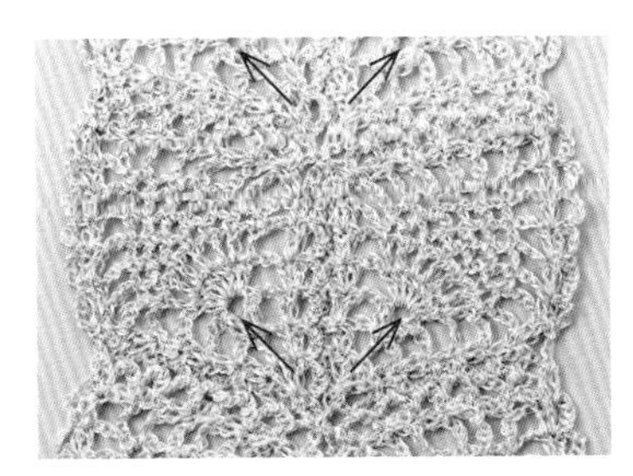

图示为实际的作品。从第2片花片开始，钩织到第14行时在之前完成的花片上钩织引拔针连接。连接时注意花片的方向（箭头方向。参照181页的整体图）。

●上接105页

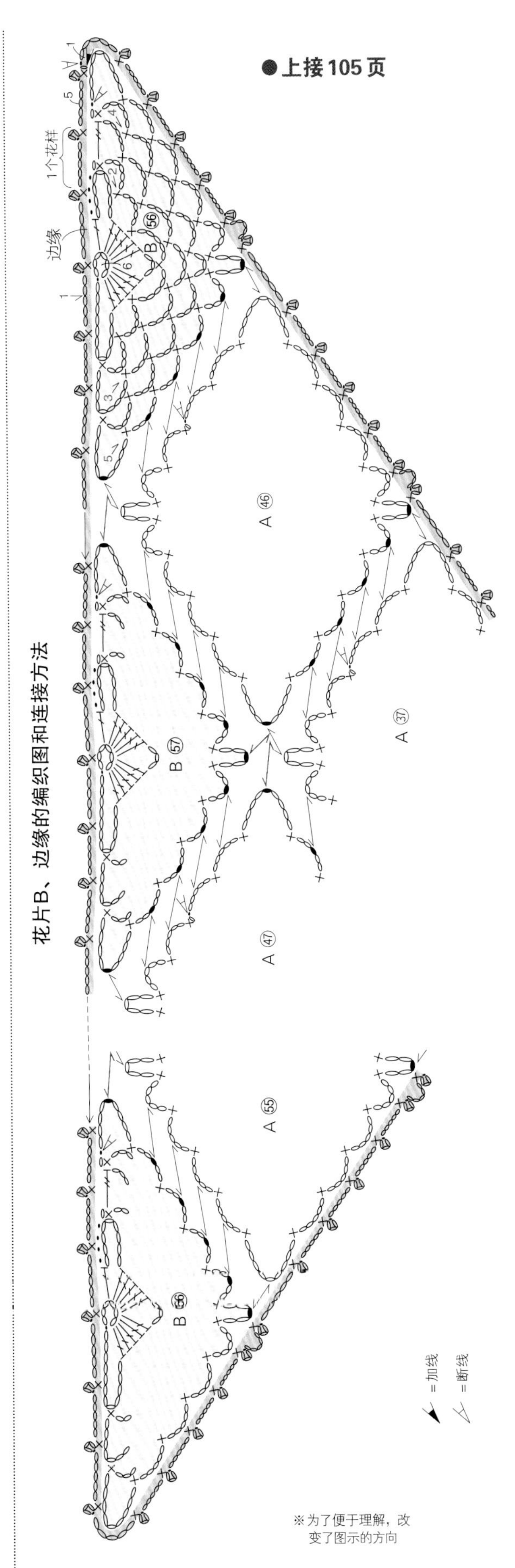

花片B、边缘的编织图和连接方法

※为了便于理解，改变了图示的方向

NO* 39 几何风菠萝花样围巾

成品图→50页

●**尺寸** 宽30cm 长151cm

●**材料**

线 / 中粗平直毛线

原白色175g

钩针 / 3/0号钩针

●**钩织密度**

花样 1个花样（宽）=6cm 12行=8.5cm

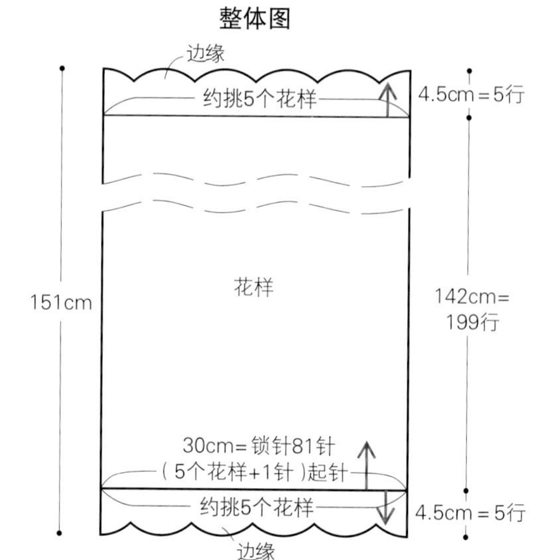

●**钩织方法** 使用1股线钩织。

❶钩81针锁针起针。

❷钩织199行花样，没有加减针。

❸不断线，继续钩织边缘。

❹在起针针目的另一侧加线，钩织边缘。

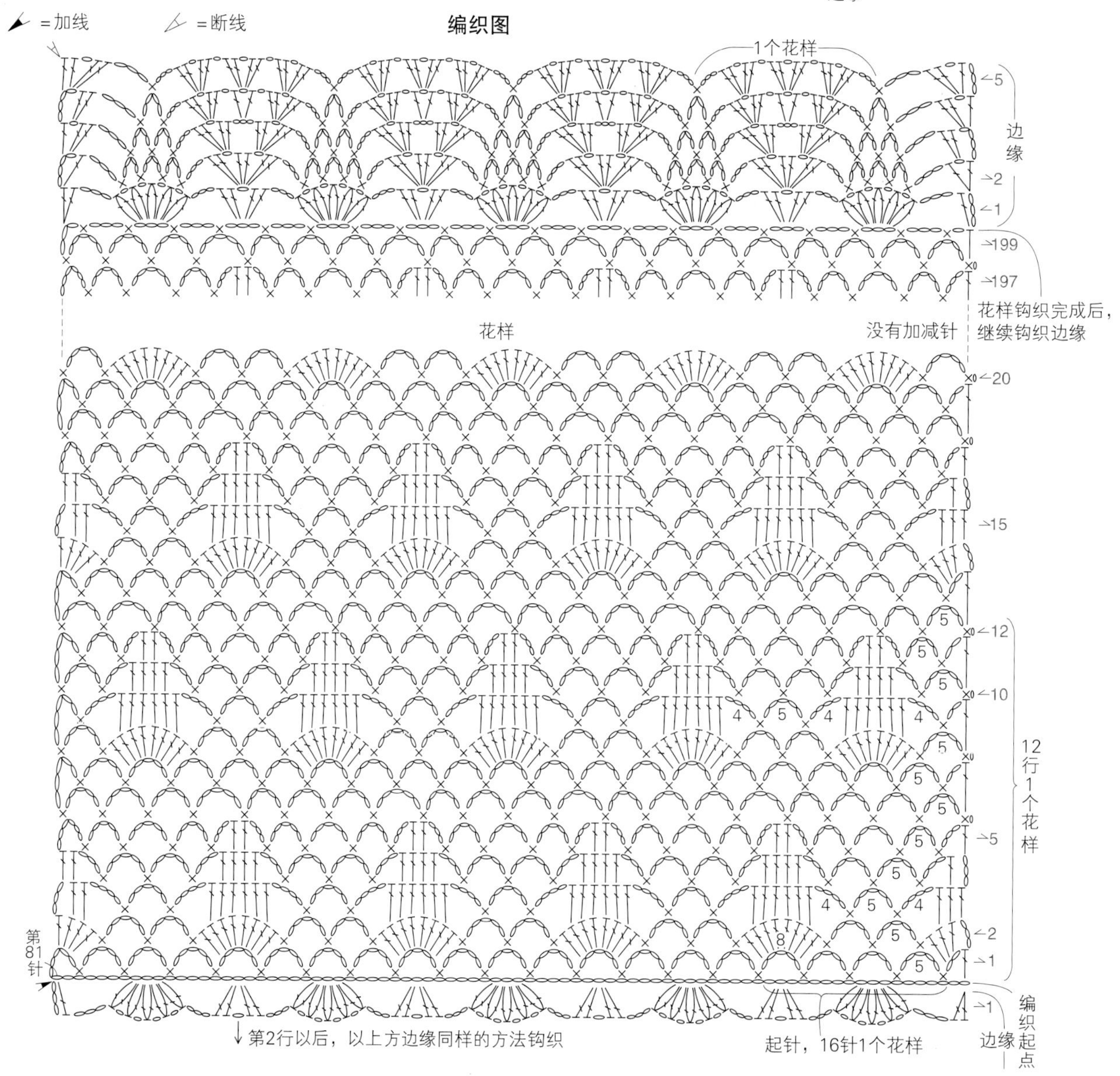

●上接112页
※为了便于理解，减少了钩织的针数进行示范（参照112页的编织图）

花样的钩织方法

1

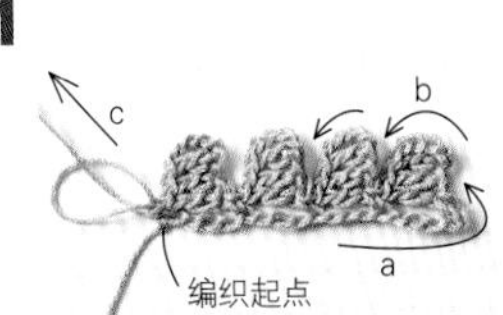

使用草绿色的线钩织。钩织锁针起针（a），第1行沿箭头方向（b）钩织，回到编织起点处。钩针插入起针的锁针的里山，钩织短针。一行完成后，退出钩针，将线团穿过拉大的线圈，抽紧（c），暂时不断线。

2

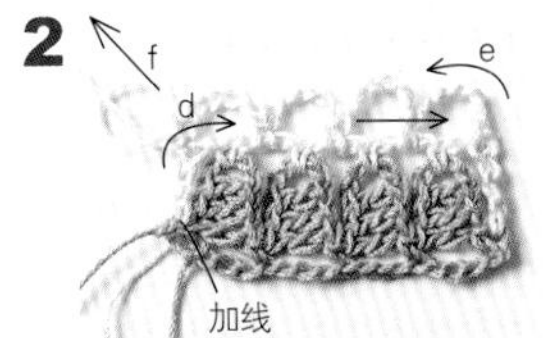

第2行使用原白色的线，翻转织物，背面朝前钩织（d），第3行正面朝前钩织（e）。第3行钩织完成后，和c一样抽紧线，暂时不断线（f）。

3

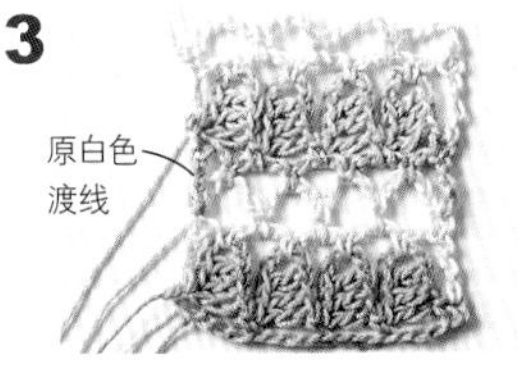

参考a和b的方法，按照指定的配色继续钩织。用原白色的线渡线钩织（渡线方法参照223页）。

边缘的钩织方法

1

编织图左侧的边缘，使用之前留出的线钩织花样。用草绿色的线渡线，钩织边缘的第1行（3针锁针和1针长针）。

2

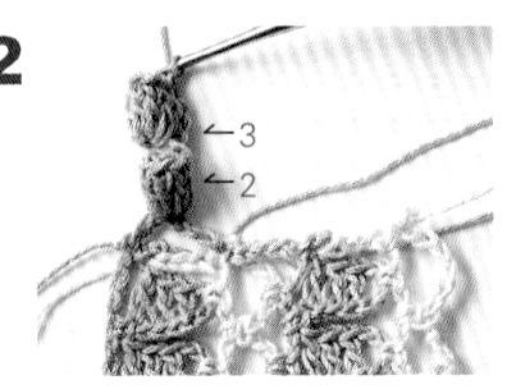

第2行和第3行，都是织物的正面朝前，钩4针锁针作为立针，再钩织7针长针的爆米花针。右侧的边缘加线，以同样的方法钩织。

加钩短针的方法（145页、213页的花饰）

使花片变得立体的方法，具体的编织图参照213页。
145页的花饰和这里的编织图不同，但方法是类似的。
※为了便于理解，使用了不同颜色的线材来示范

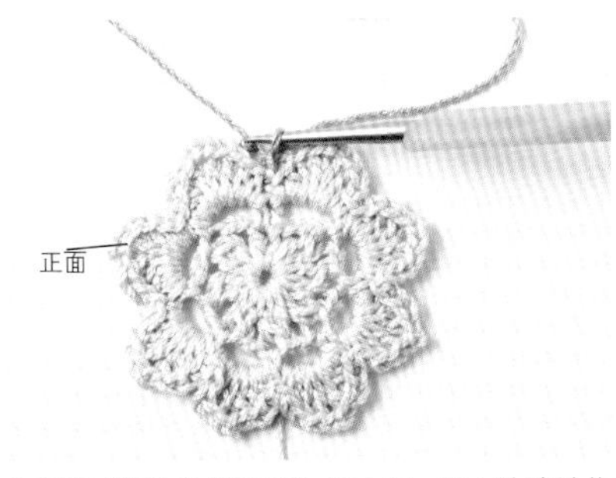

1 213页“花饰的编织图”第4行。钩1针锁针作为立针。

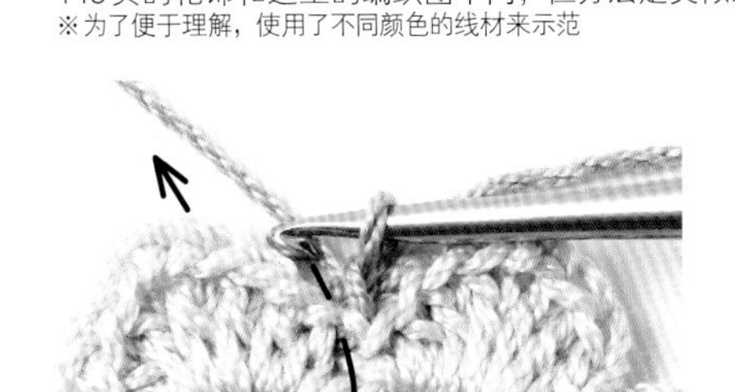

2 图示为步骤**1**的放大图。沿箭头方向，钩针从织物背面插入第2行和第3行之间，再插入第2行的短针针目，钩织短针。

3 重复7次“钩4针锁针、1针短针（★）”，再钩4针锁针，在本行完成处钩织引拔针。

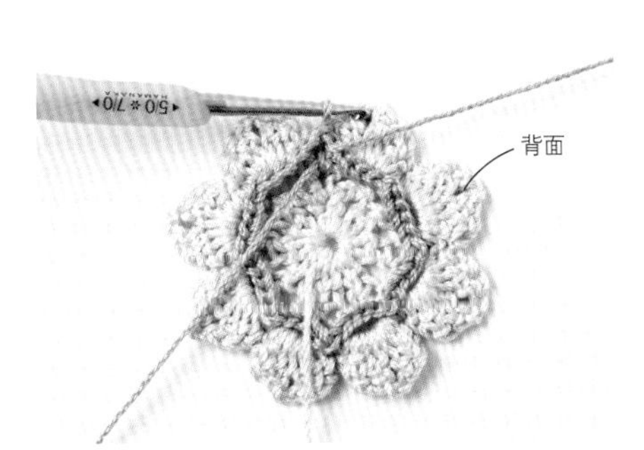

4 步骤**3**的背面。第4行钩织在第3行的背面。

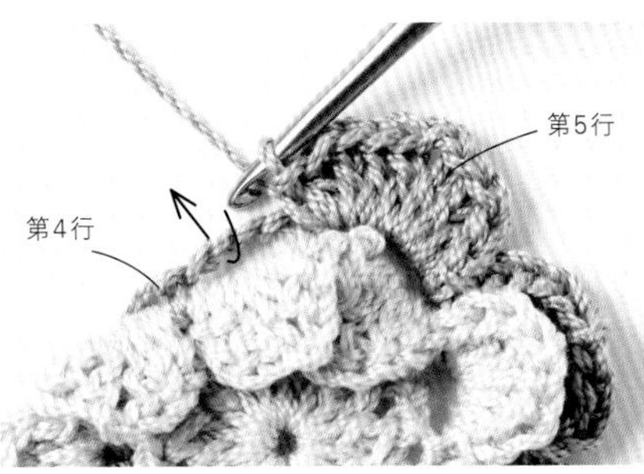

5 整段挑起第4行的锁针，钩织第5行。

6 第5行钩织完成。第3行呈现出立体的效果。以同样的方法，在第4行上钩织第6行。

MOTIF CROCHET

NO* 61 成品图→72、73页 围巾兼带袖披肩

成品图→72、73页

●**尺寸** 宽35cm 长137cm

●**材料**

线 / 中细平直毛线
原白色120g、砂米色和浅茶色各40g、粉色和绿色各10g

钩针 / 2/0号钩针

其他材料 / 直径1.8cm纽扣 10个、手缝线、手缝针

●**花片尺寸** 边长8.5cm正方形

●**钩织方法** 使用1股线，按照指定配色钩织。

❶从花片①（第1片）开始，按编号顺序钩织花片。钩5针锁针起针，钩织引拔针绕成环状，参照编织图继续钩织。

❷从花片②（第2片）开始，一边钩织，一边在最后一行（第5行）上钩织引拔针连接。

❸按编号顺序，A、B钩织连接64片花片。

❹在连接完成的花片一周钩织边缘。

❺根据个人的袖长，参考图示，使用手缝线缝制纽扣。

编织图和连接方法

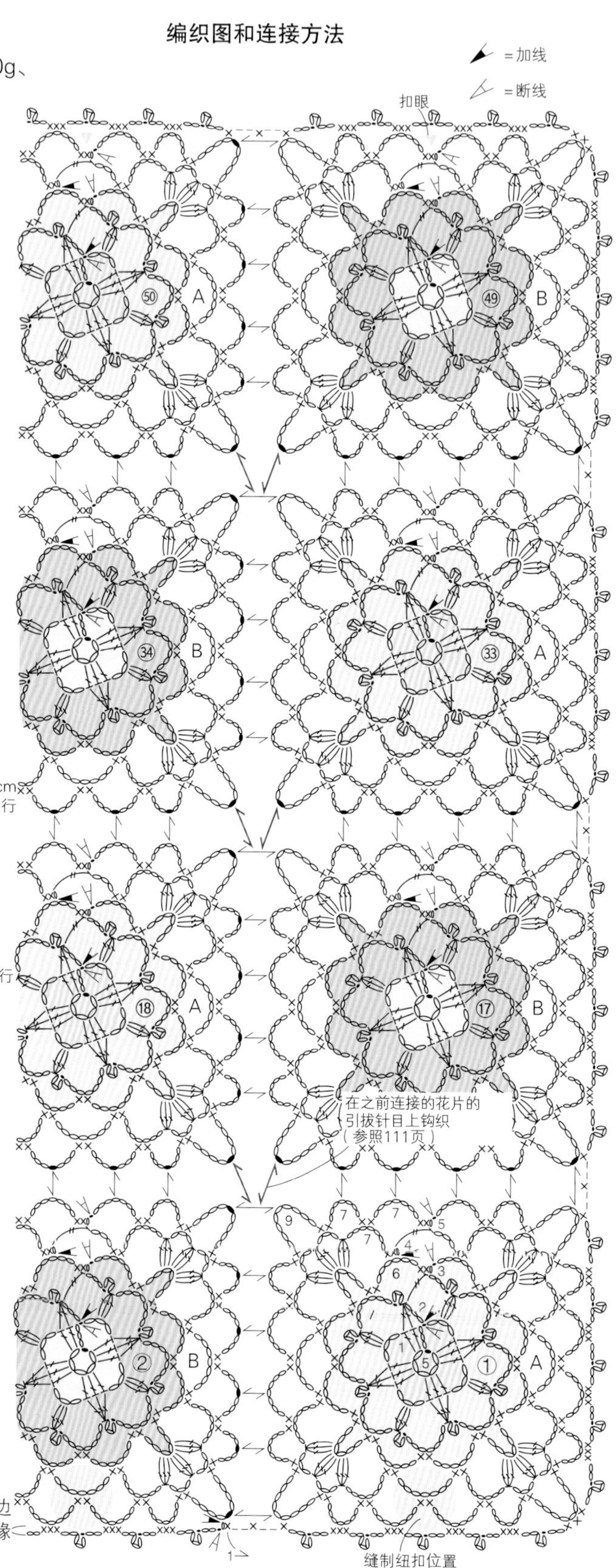

整体图

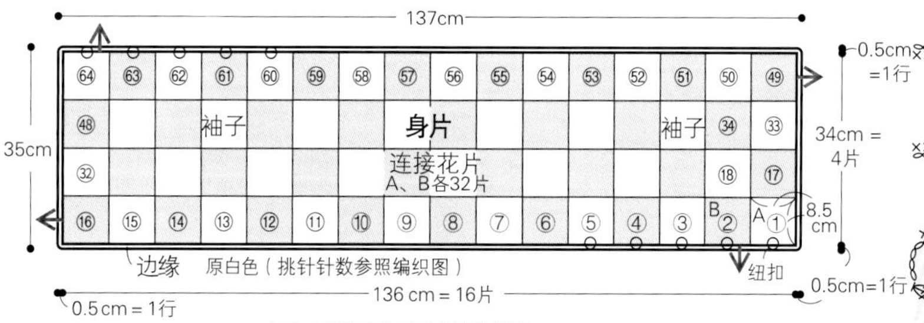

※○内的数字为花片的连接顺序

完成图

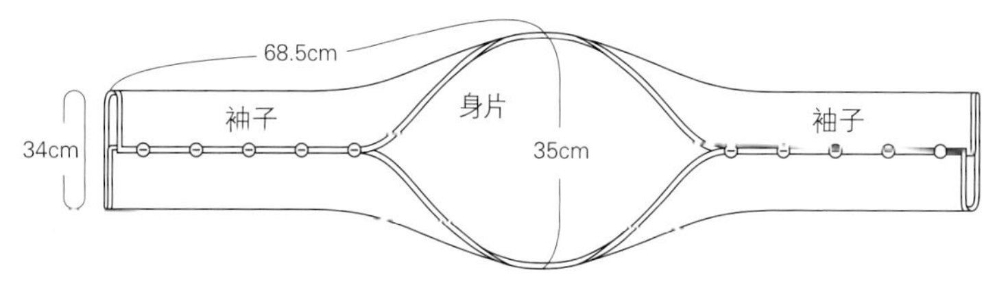

花片的配色

	A	B
第4、5行	原白色	原白色
第2、3行	砂米色	浅茶色
第1行	粉色	绿色

NO* 62 双色花片梯形披肩（2）

成品图→74页

●**尺寸** 宽47.5cm 长136.5cm

●**材料**

线／中细平直毛线

粉色170g、原白色100g

钩针／3/0号钩针

●**花片尺寸**

边长3.8cm六边形

●**钩织方法** 使用1股线，按照指定配色钩织。

❶从花片①（第1片）开始，按编号顺序钩织花片。钩6针锁针起针，钩织引拔针绕成环状，参照编织图继续钩织。

❷从花片②（第2片）开始，一边钩织，一边在最后一行（第3行）上钩织引拔针连接。

❸按编号顺序钩织连接140片花片。

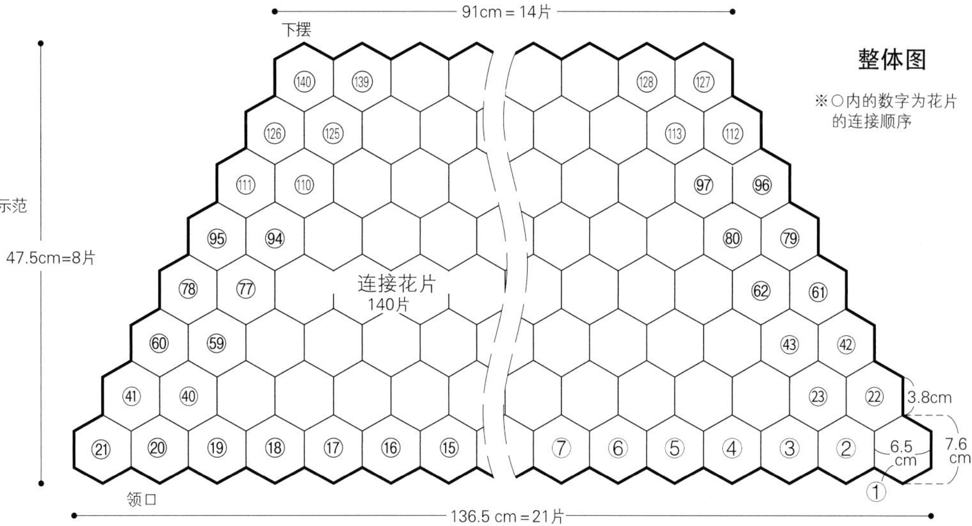

花片的连接方法

※为了便于理解，使用了不同颜色的线材进行示范

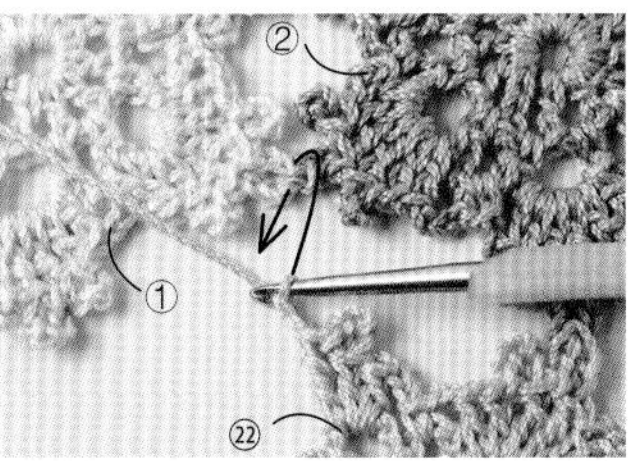

1 花片㉒钩织至与花片①和②连接的位置。沿箭头方向，钩针插入之前连接花片②的引拔针目，挑正面的2根线钩织引拔针。

2 3片花片在同一位置连接。继续钩织花片㉒。

3 花片㉒钩织完成。

编织图和连接方法

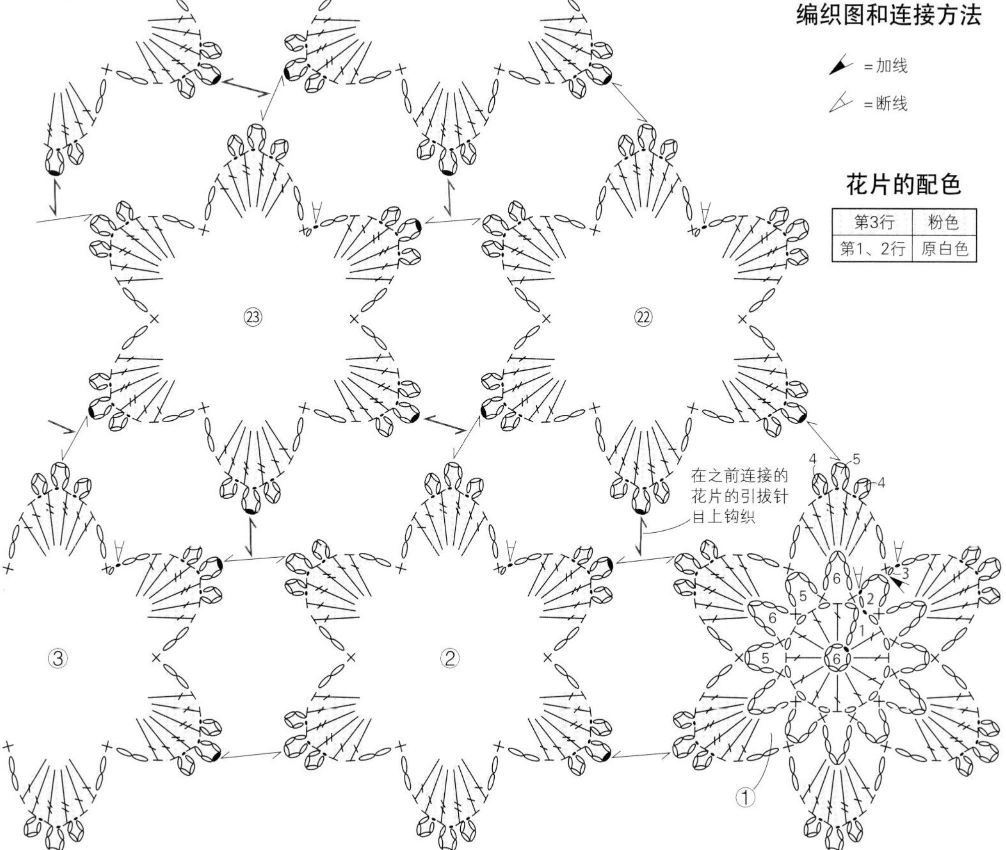

花片的配色

第3行	粉色
第1、2行	原白色

PATTERN CROCHET

NO* 88 成品图→101页

成品图→101页

条纹迷你围巾

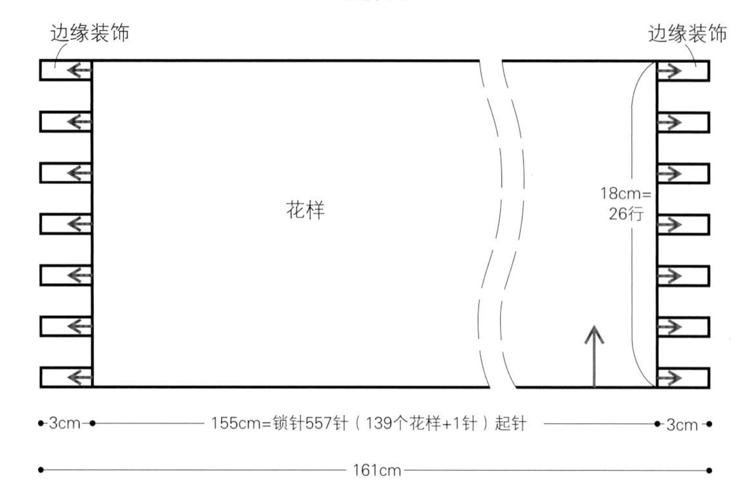

●**尺寸** 宽18cm 长161cm

●**材料**

线／中细平直毛线

草绿色45g、原白色40g、

浅蓝色和紫色各30g

钩针／3/0号钩针

●**钩织密度**

花样 9个花样=10cm 1个花样（4行）=2.8cm

●**钩织方法** 使用1股线，按照指定配色钩织。

❶钩557针锁针起针。

❷钩织花样，没有加减针，同时钩织左侧的边缘装饰（参照109页图示）。第26行钩织完成后，继续钩织右侧的边缘装饰。

❸分别加线，钩织除步骤❷之外其他右侧的边缘装饰。

编织图 ※参照109页的图示，按照①～⑫的顺序钩织

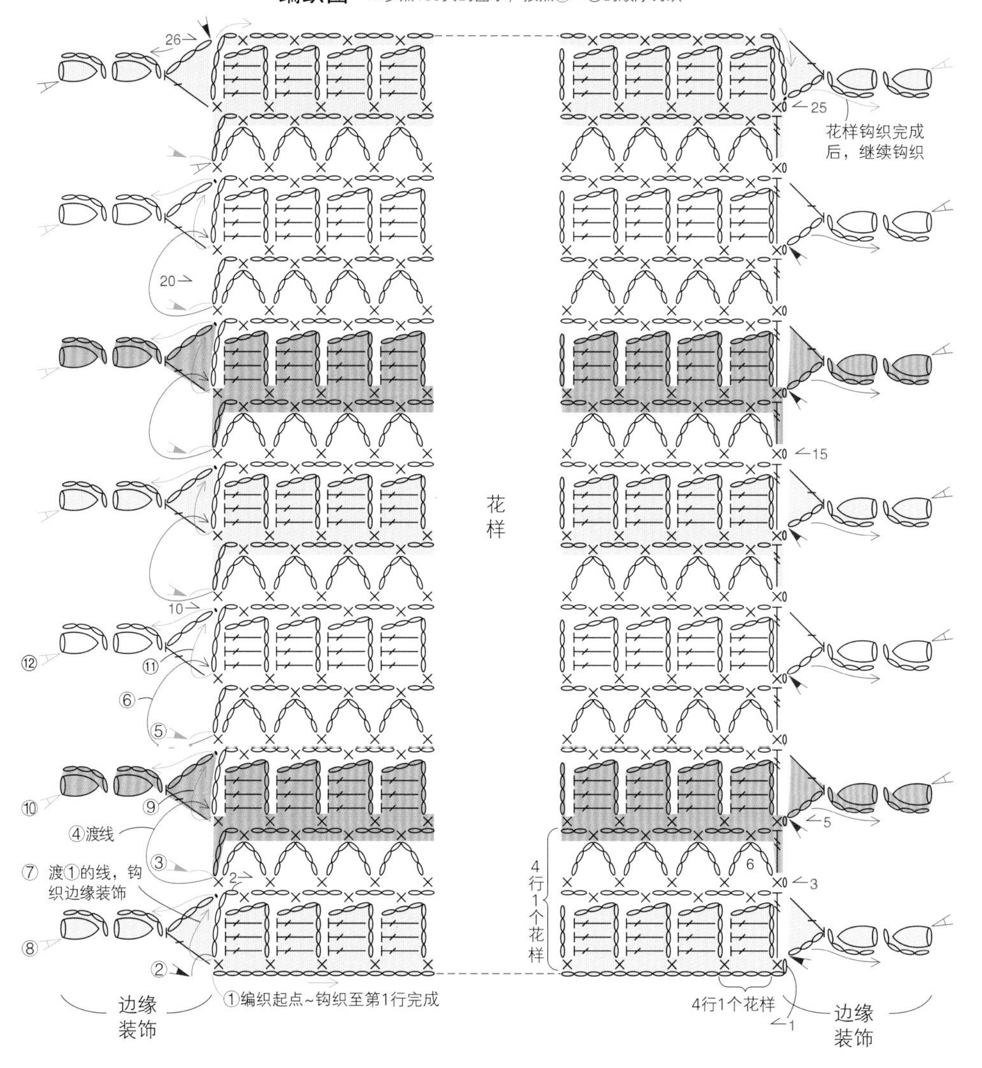

配色

—— =浅蓝色

 =紫色

—— =原白色

—— =草绿色

=加线

=断线

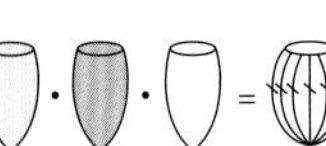

NO* 2 成品图→8页 菠萝花样花边围巾

●尺寸 宽41cm 长188cm

●材料

线／中粗平直毛线 原白色265g

钩针／3/0号钩针

●钩织密度 花样 1个花样=2.9cm 11行=10cm

●钩织方法 使用1股线钩织。

❶钩113针锁针起针。

❷钩织189行花样，没有加减针。

❸继续钩织边缘。完成第4行后，钩织整体图最右侧的1个花样，断线。在指定位置加线钩织第2个花样，以同样的方法钩织第3~7个花样（参照图示）。

❹在起针针目的另一侧加线，以步骤❸同样的方法钩织边缘。

编织图

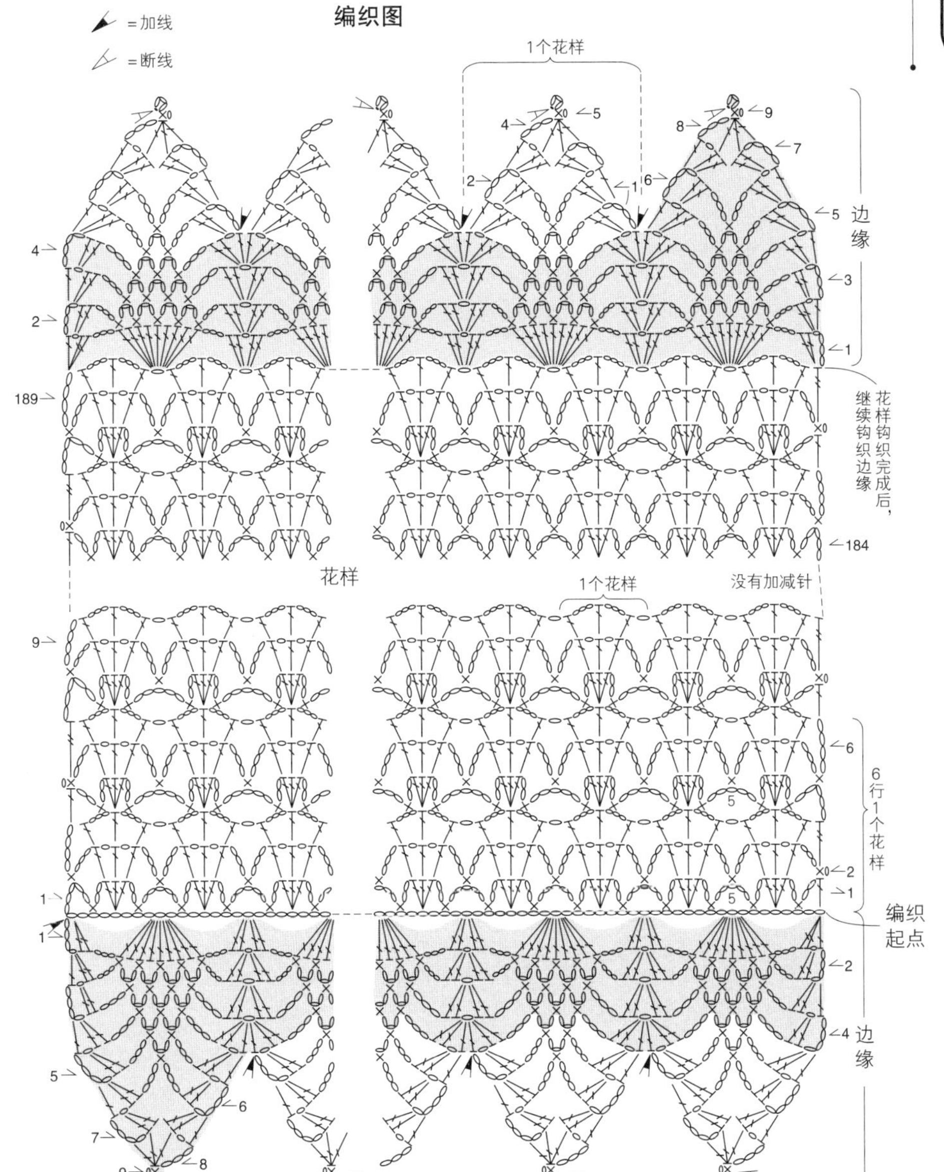

整体图

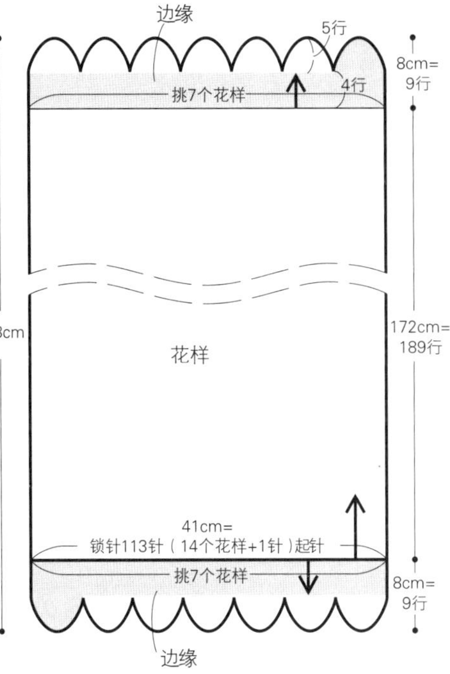

边缘第2个花样的钩织方法

※为了便于理解，使用了不同颜色的线材进行示范

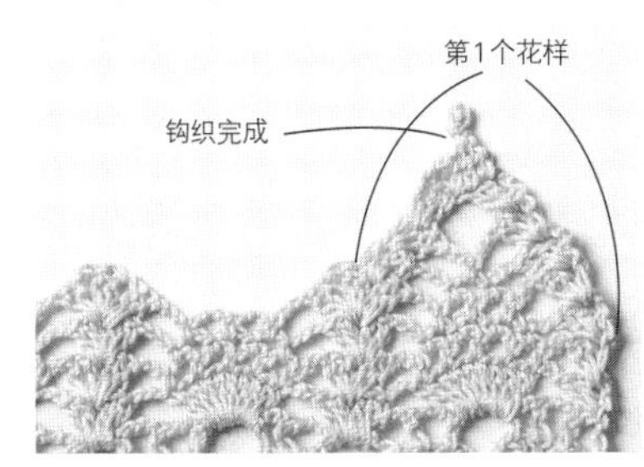

1 钩织完边缘的第4行后，分别钩织每一个花样的第5~9行。使用第4行完成后的线，继续钩织第1个花样（织物的最右侧）。

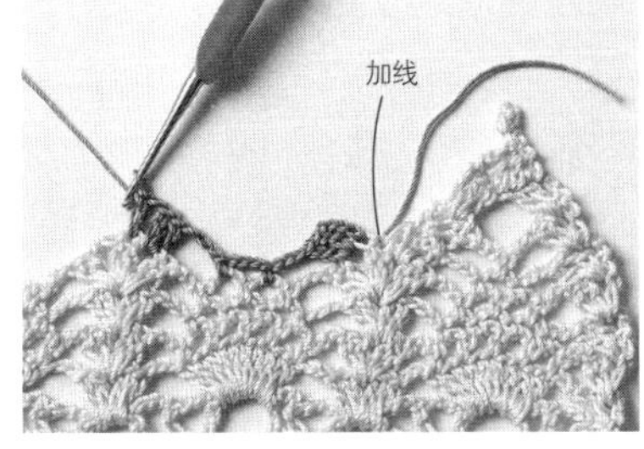

2 参照编织图，加新线钩织第2个花样，钩织第1~5行（图示为第1行）。

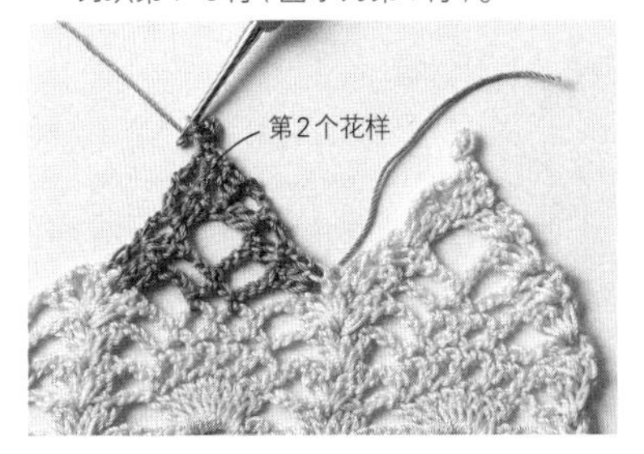

3 第2个花样钩织完成后，以同样的方法钩织第3～7个花样。

※边缘的第4行及以后，参照116页的编织图②钩织

编织图①

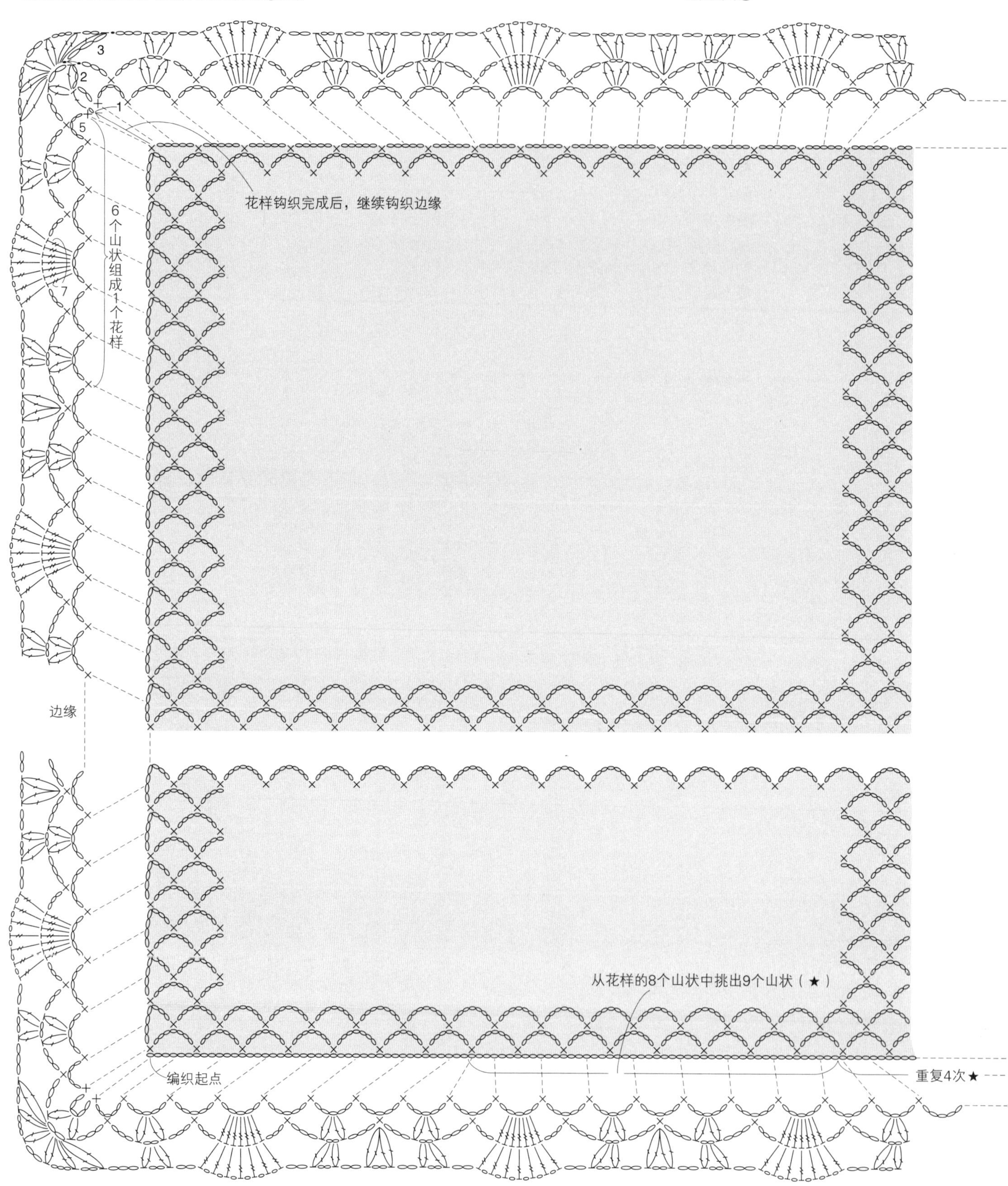

PINEAPPLE CROCHET

NO* 1

成品图→6、7页

两用正方形披肩

●**尺寸** 边长115cm正方形

●**材料**

线 / 中细平直毛线 白色400g

钩针 / 3/0号钩针

●**钩织密度**

花样 2个山状=约3.5cm 1个花样（2行）= 1.6cm

●**钩织方法** 使用1股线钩织。

❶钩325针锁针起针。

❷钩织121行花样，没有加减针。

❸不断线，继续钩织边缘。参照114、115页的编织图①钩织边缘的1~3行；第4行及以后参照116页的编织图②钩织。

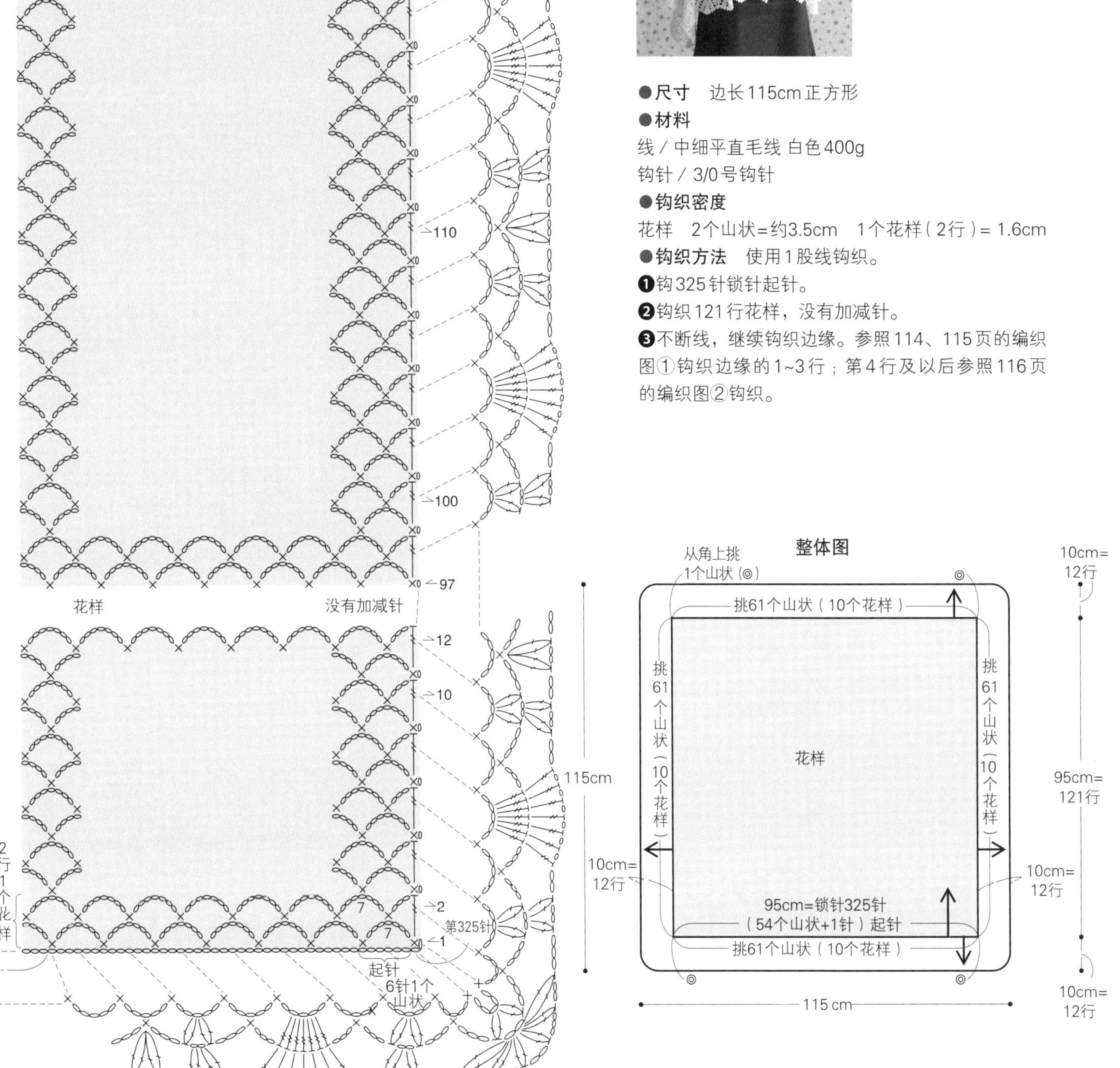

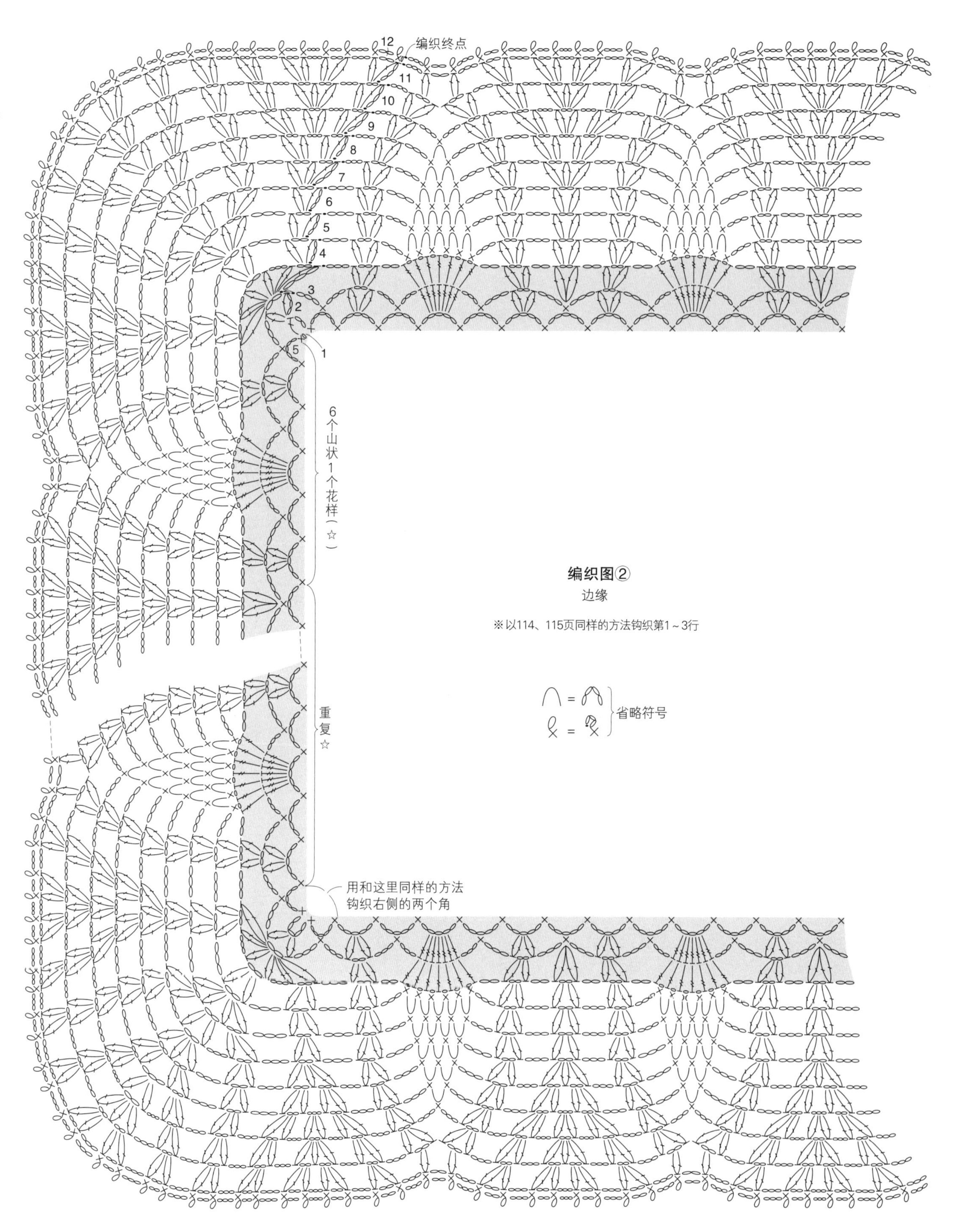

12
编织终点
11
10
9
8
7
6
5
4
3
2
1
5
6个山状1个花样（☆）
重复☆
编织图②
边缘
※以114、115页同样的方法钩织第1～3行
省略符号
用和这里同样的方法
钩织右侧的两个角

NO* 3 成品图→9页 简单排列的菠萝花样围巾

●**尺寸** 宽31cm 长142cm

●**材料**

线 / 中粗平直毛线

粉色150g

钩针 / 5/0号钩针

●**钩织密度**

花样 18行=20cm

●**钩织方法** 使用1股线钩织。

❶钩67针锁针起针。

❷钩织128行花样，没有加减针。

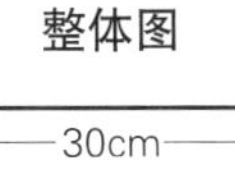

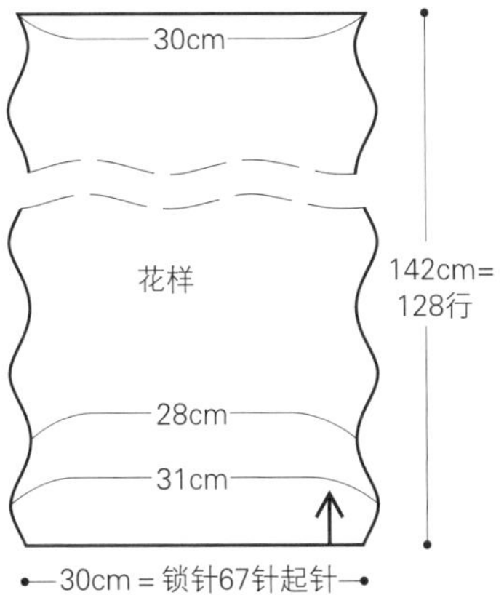

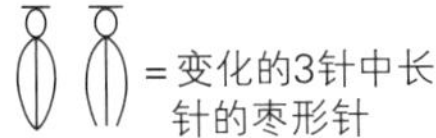

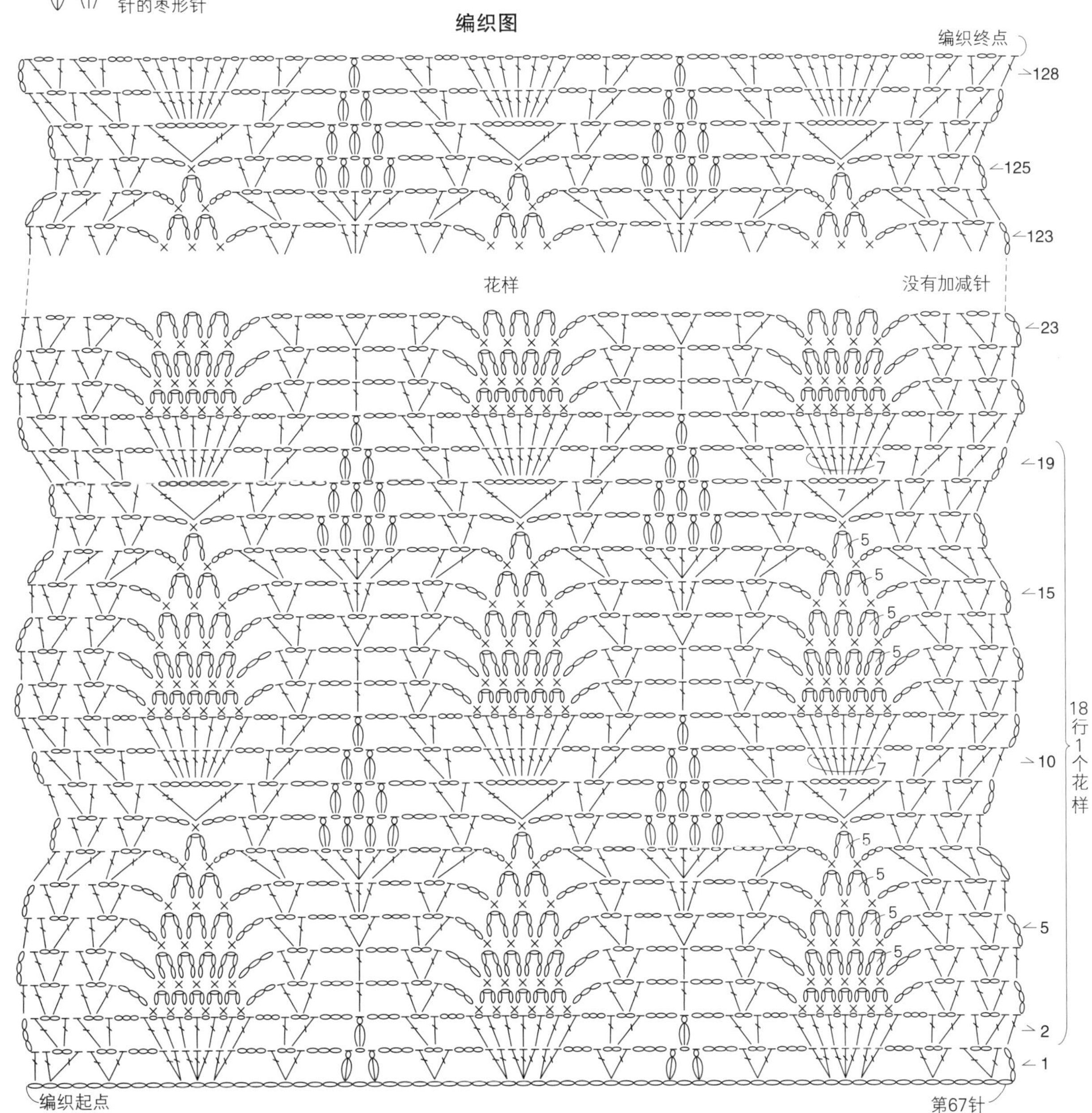

PINEAPPLE CROCHET

NO* 4 成品图→10页 枣形针菠萝花样三角披肩

●**尺寸** 宽58cm 长133cm

●**材料**

线 / 中粗平直毛线

橙黄色系180g

钩针 / 3/0号钩针

●**钩织密度**

花样 1个花样=7.8cm 8行=7cm

●**钩织方法** 使用1股线钩织。

❶钩413针锁针起针。

❷钩织66行花样，两端减针。

编织图

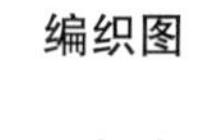

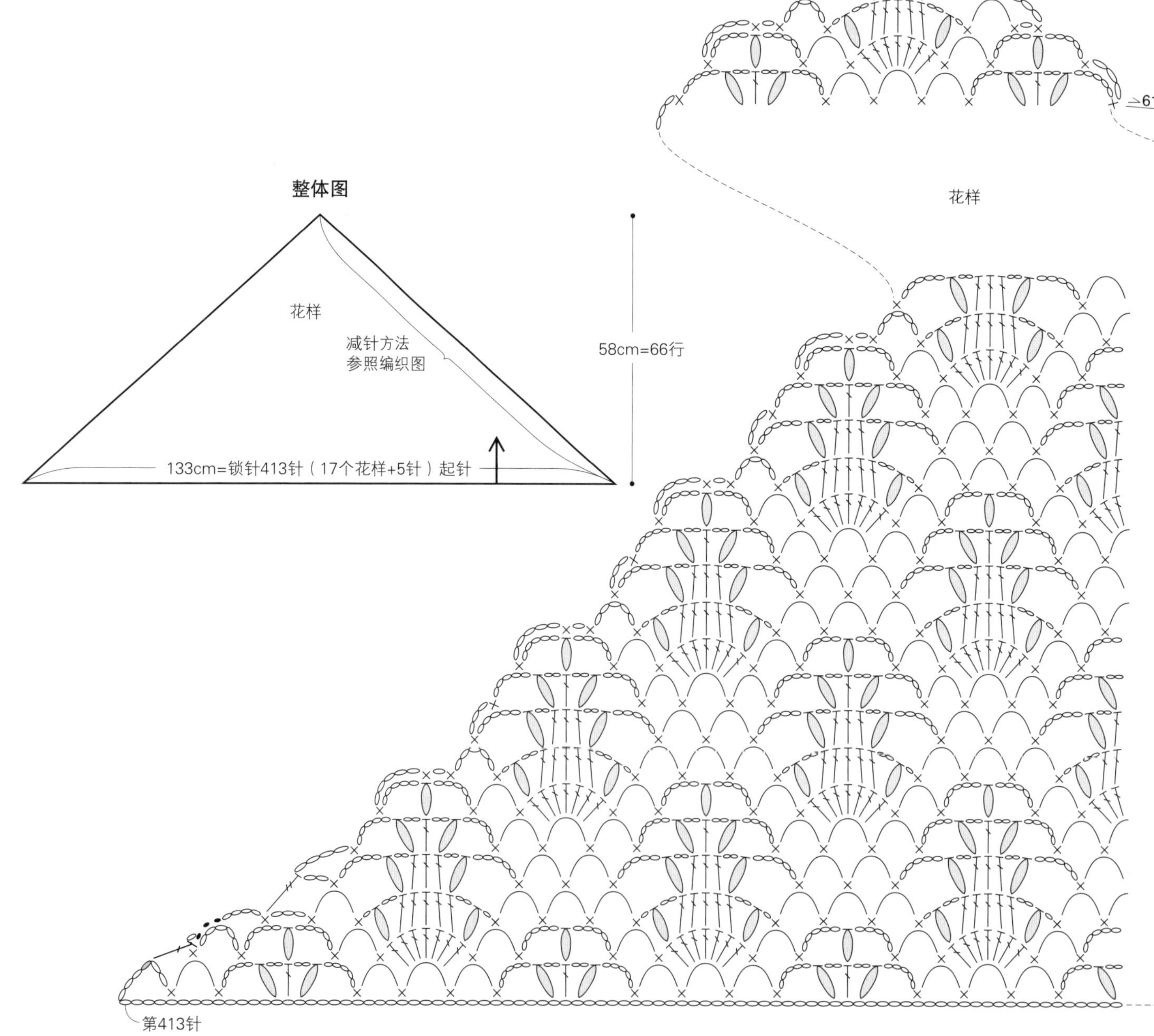

短针和长针2针并1针的钩织方法

※为了便于理解，使用了和作品不同的线材进行示范

1 在花样的第2行编织终点处，按照针法符号钩织。钩针插入指定位置，挂线引拔。钩织未完成的短针。

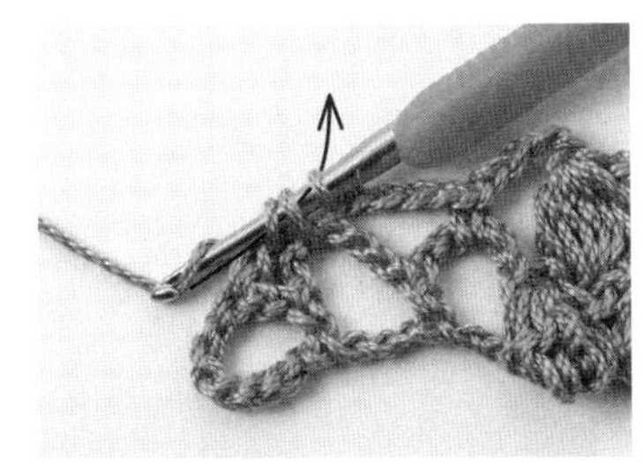

2 钩针插入指定位置，钩织未完成的长针。钩针挂线，一次钩过针上的3个线圈。

3 编织完成。

短针和长长针2针并1针的钩织方法

※为了便于理解，使用了和作品不同的线材进行示范

1 在花样的第3行编织终点处，按照针法符号钩织。钩针插入指定位置，挂线引拔。钩织未完成的短针。

2 钩针插入指定位置，钩织未完成的长长针。钩针挂线，一次钩过针上的3个线圈。

3 编织完成。

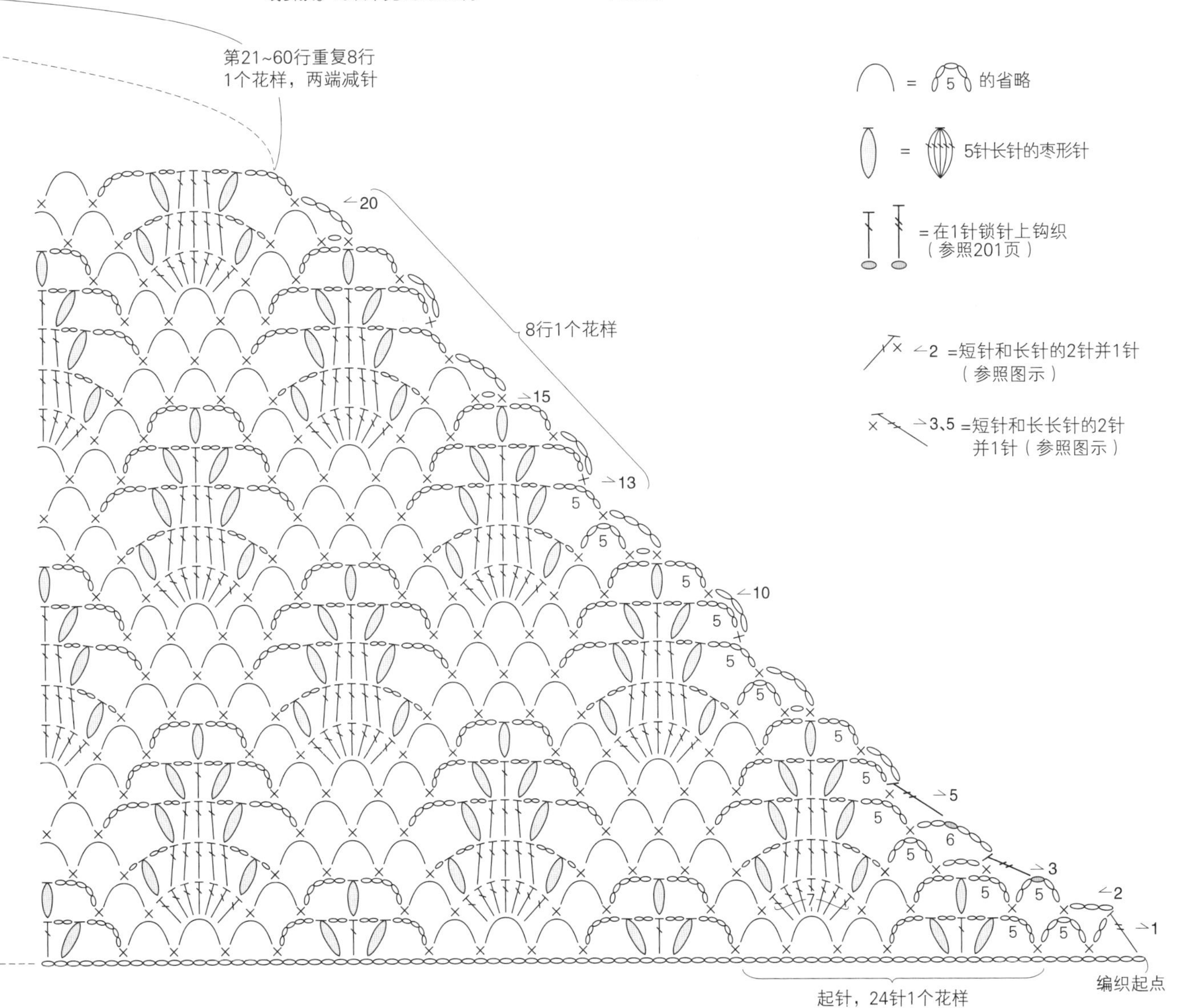

NO* 5 成品图→11页 阶梯形三角披肩

●**尺寸** 宽40cm 长130cm

●**材料**

线 / 中粗平直毛线

原白色110g

钩针 / 3/0号钩针

●**钩织密度**

花样 2个花样=约8.6cm 11.5行=10cm

●**钩织方法** 使用1股线钩织。

❶钩361针锁针起针。

❷钩织46行花样，两端减针。

※为了便于理解，改变了图示的方向

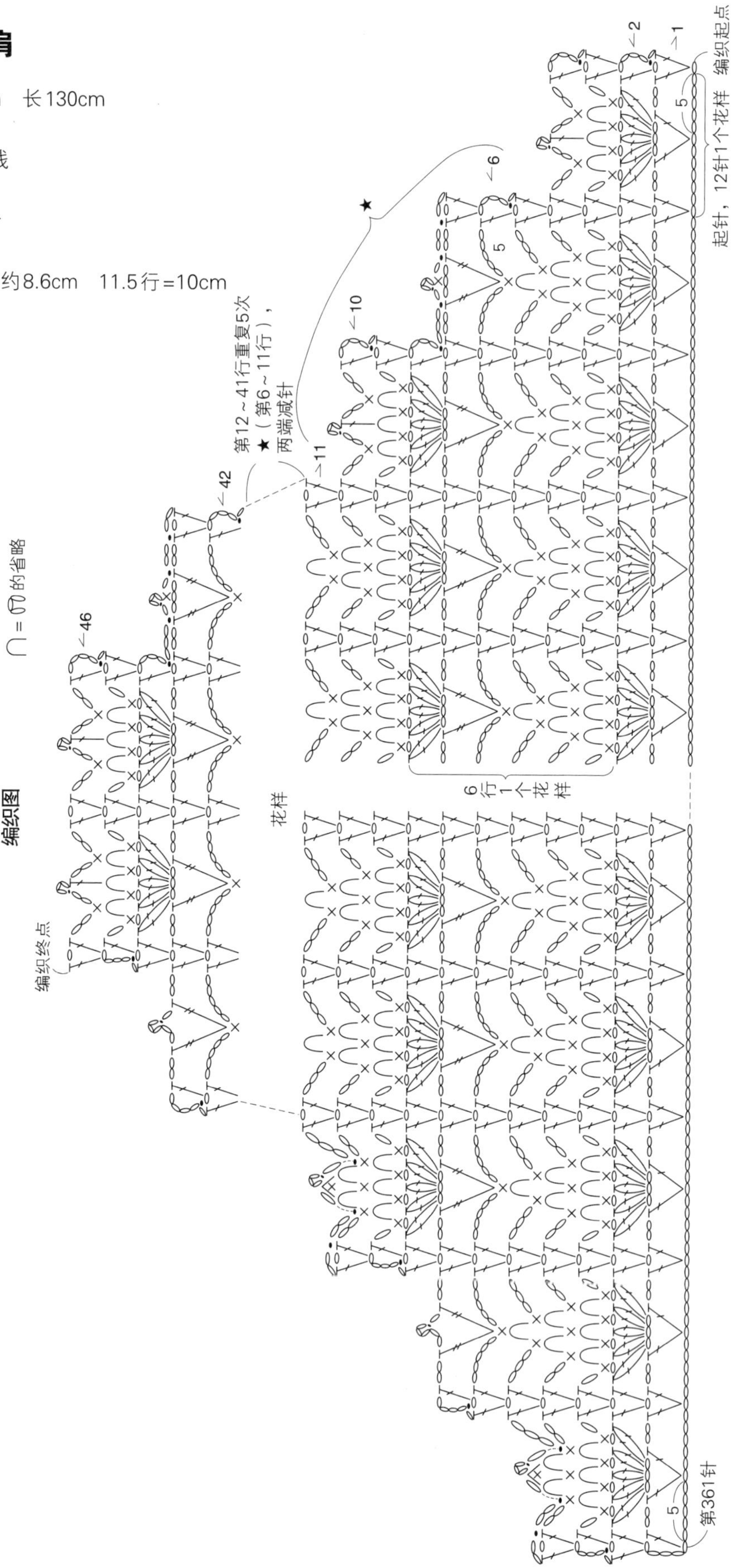

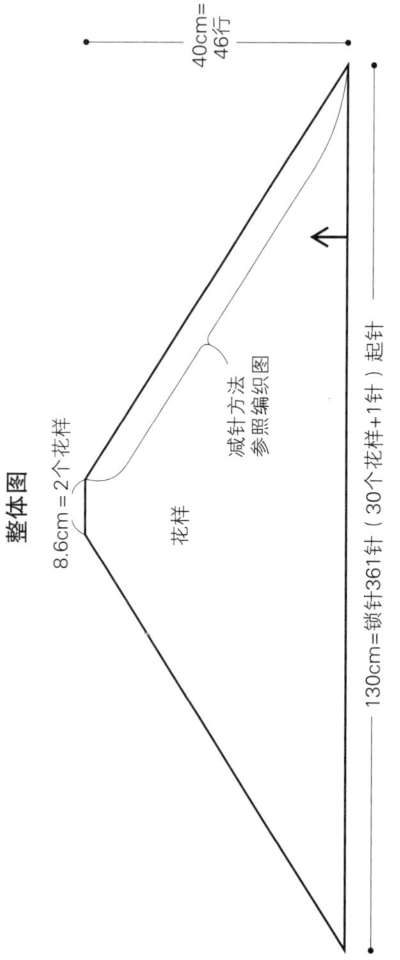

整体图

40cm=46行

8.6cm=2个花样

减针方法 参照编织图

花样

130cm=锁针361针（30个花样+1针）起针

编织图

⋂ = ⋂ 的省略

编织起点

起针，12针1个花样

第12～41行重复5次 ★（第6～11行），两端减针

6行1个花样

花样

第361针

编织终点

PINEAPPLE CROCHET

NO* 7 成品图→14页 菠萝花样横条纹围巾

●**尺寸** 宽39.5cm 长175.5cm

●**材料**

线 / 粗平直毛线

米色380g

钩针 / 4/0号钩针

●**钩织密度** 花样

1个花样（宽）=6.5cm 16行=11.5cm

●**钩织方法** 使用1股线钩织。

❶钩122针锁针起针。

❷钩织244行花样，没有加减针。

整体图

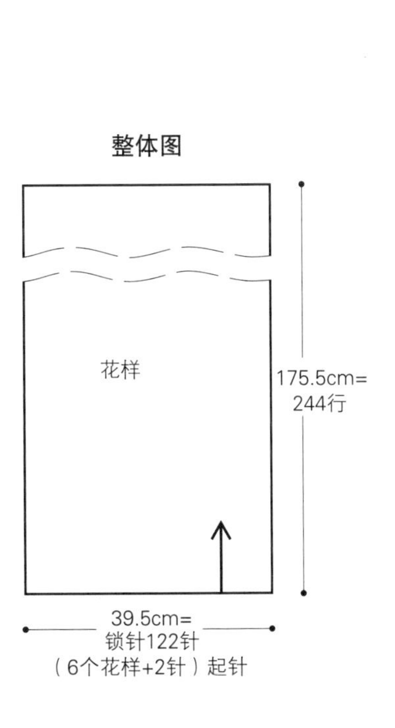

编织图

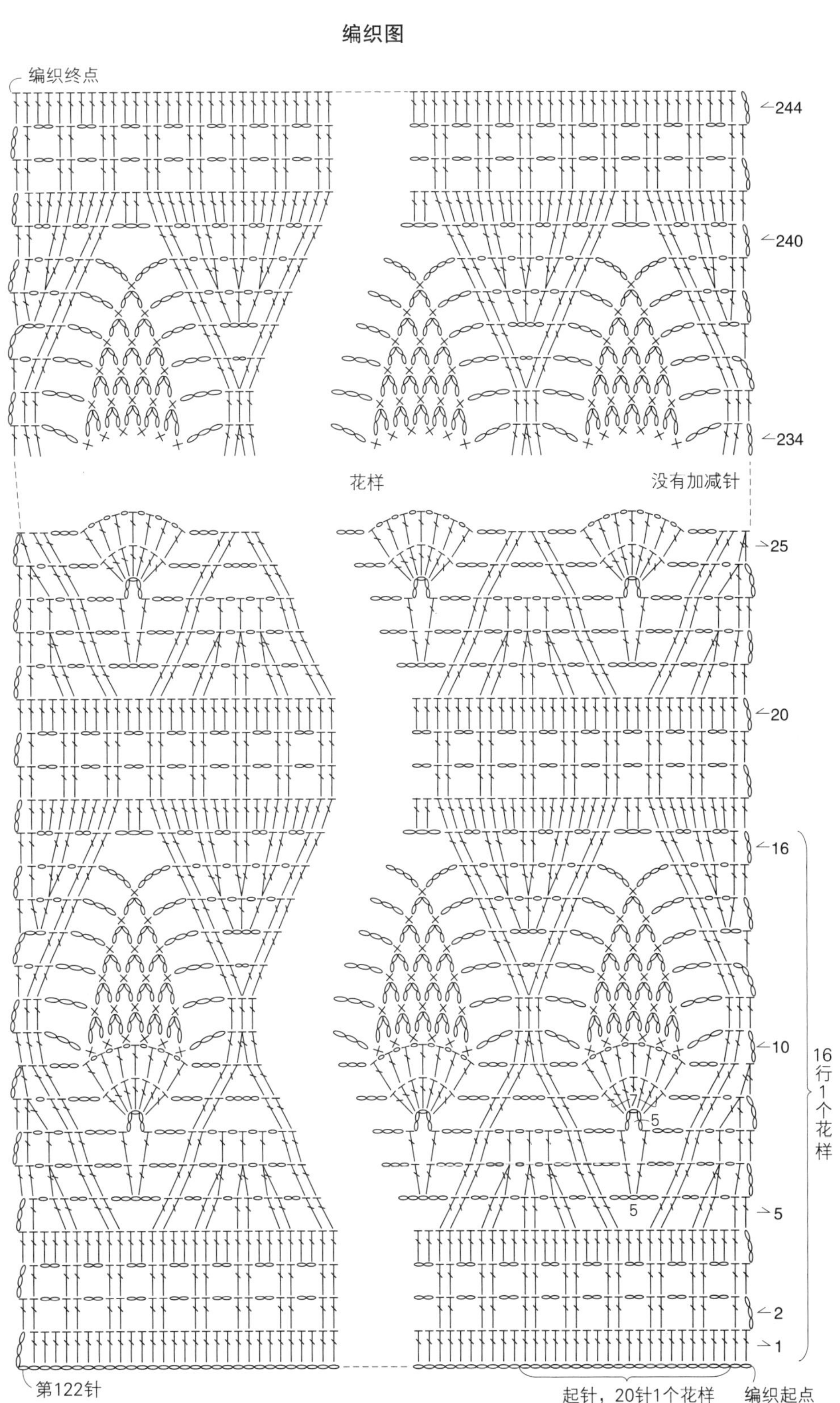

NO* 6 成品图→12、13页 菠萝花样边缘装饰围巾

●**尺寸** 宽40cm 长173cm

●**材料**

线 / 中粗平直毛线

浅米色200g

钩针 / 4/0号钩针

●**钩织密度**

花样 边长10cm正方形=30针、8.5行

●**钩织方法** 使用1股线钩织。

❶钩476针锁针起针。

❷参照123页的整体图①和下方的编织图，钩织27行花样，没有加减针。

❸加线，在其中3条边上钩织边缘A，第4条边上钩织边缘B。

❹再次加线，参照整体图②，钩织边缘装饰①（共钩织9行），断线。

❺在指定的位置加线，钩织边缘装饰②，钩织过程中钩织引拔针与边缘装饰①连接。

❻按顺序钩织连接边缘装饰③～㉕。钩织角上的边缘装饰（④和㉒）时，增加长长针和锁针的数量，共钩织11行。

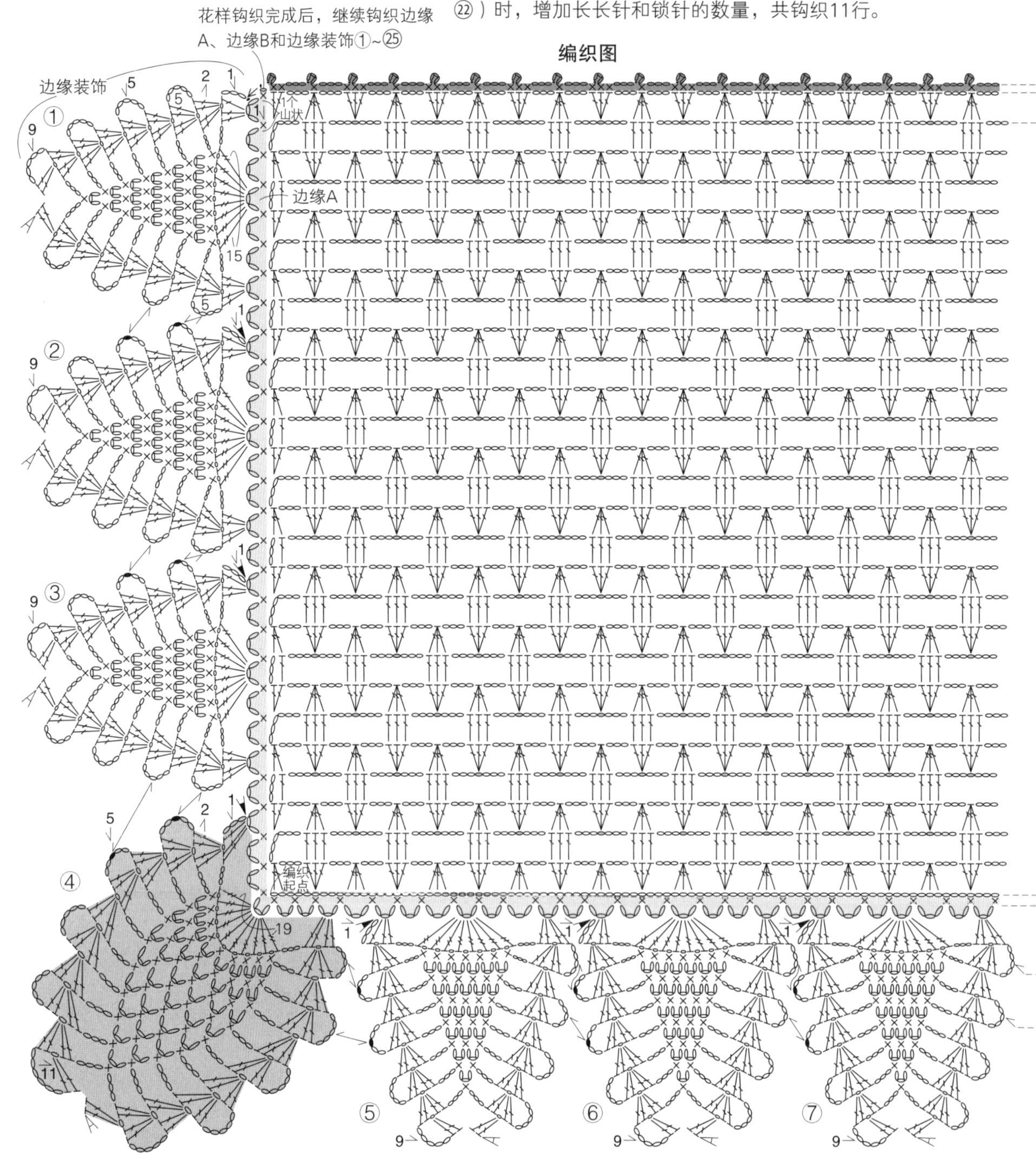

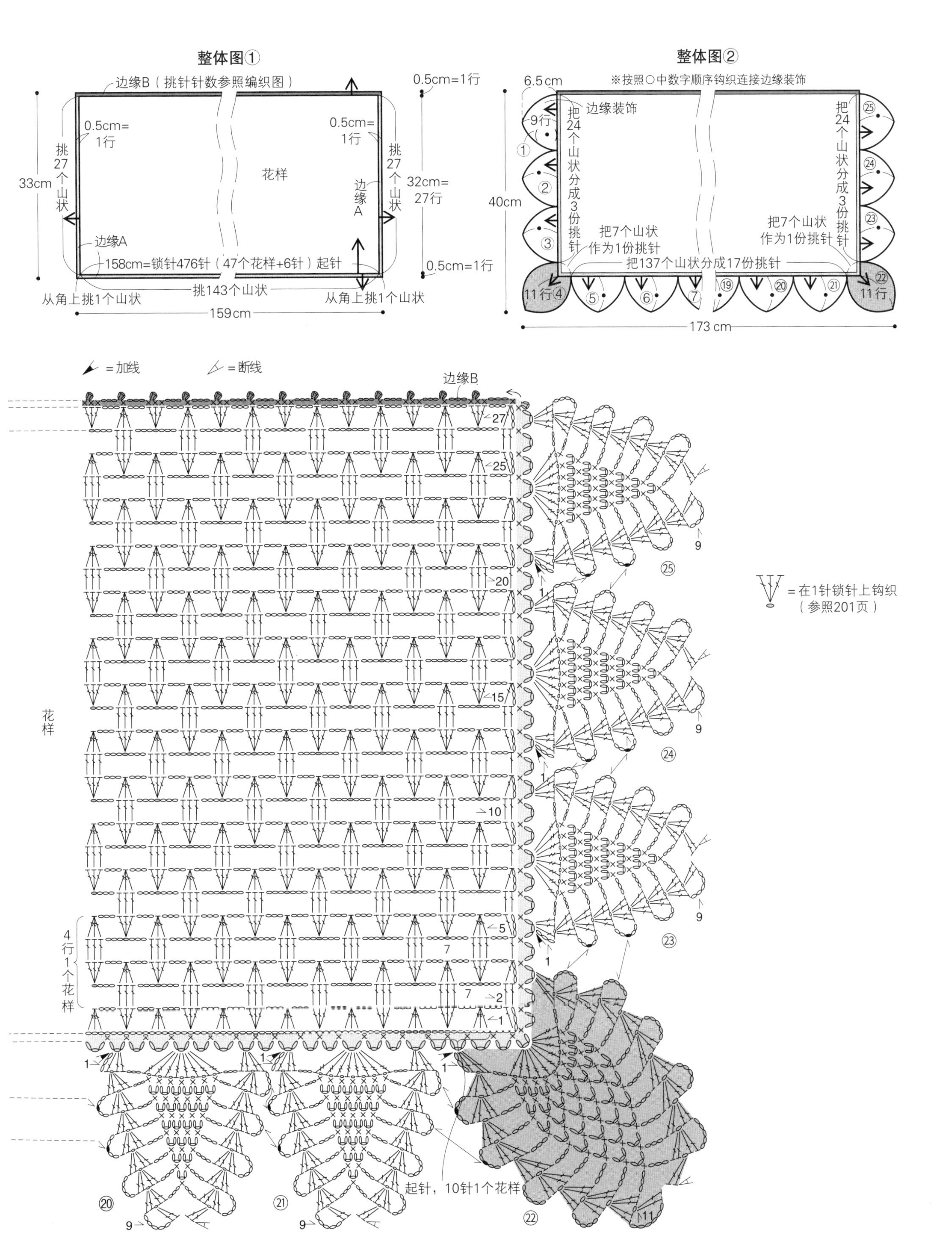

整体图①
边缘B（挑针针数参照编织图）
0.5cm=1行
0.5cm=1行
0.5cm=1行
33cm
挑27个山状
花样
边缘A
32cm=27行
边缘A
158cm=锁针476针（47个花样+6针）起针
0.5cm=1行
挑143个山状
从角上挑1个山状
从角上挑1个山状
159cm
整体图②
6.5cm
※按照○中数字顺序钩织连接边缘装饰
边缘装饰
9行
把24个山状分成3份挑针
把7个山状作为1份挑针
40cm
把137个山状分成17份挑针
11行
173cm
= 加线
= 断线
边缘B
= 在1针锁针上钩织（参照201页）
花样
4行1个花样
起针，10针1个花样

NO* 8 成品图→15页 经典菠萝花样围巾

●**尺寸** 宽40cm 长163cm

●**材料**

线／中粗平直毛线

灰色系280g

钩针／4/0号钩针

●**钩织密度**

花样 1个花样=6.7cm 12行=10cm

●**钩织方法** 使用1股线钩织。

❶钩109针锁针起针。

❷参照125页的编织图，钩织179行花样，没有加减针，断线。

❸参照整体图，在左上角加线，钩织边缘。

❹在起针针目的另一侧加线，以步骤❸同样的方法钩织边缘。

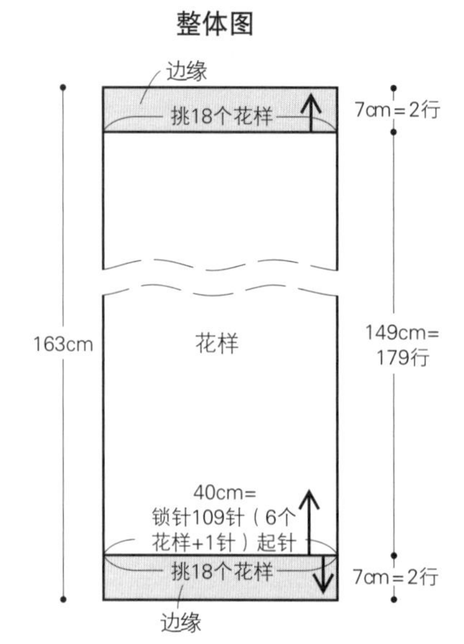

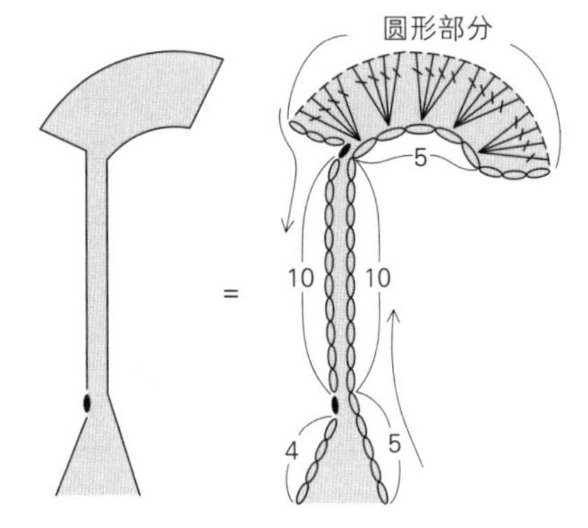

钩织方法

※为了便于理解，使用了和作品不同的线材进行示范

1 钩23针锁针，从第20针锁针的里山挑针，钩4针长针。

2 以步骤**1**同样的方法，重复4次“在1针锁针上钩4针长针”。再钩3针锁针，在长针同样的位置钩织引拔针。

3 钩10针锁针、1针引拔针、4针锁针。

4 为了便于理解步骤**2**、**3**，图示将步骤**2**钩织完成的部分平铺展开。实际钩织完成后，应该形成如图的自然卷曲状。

编织图

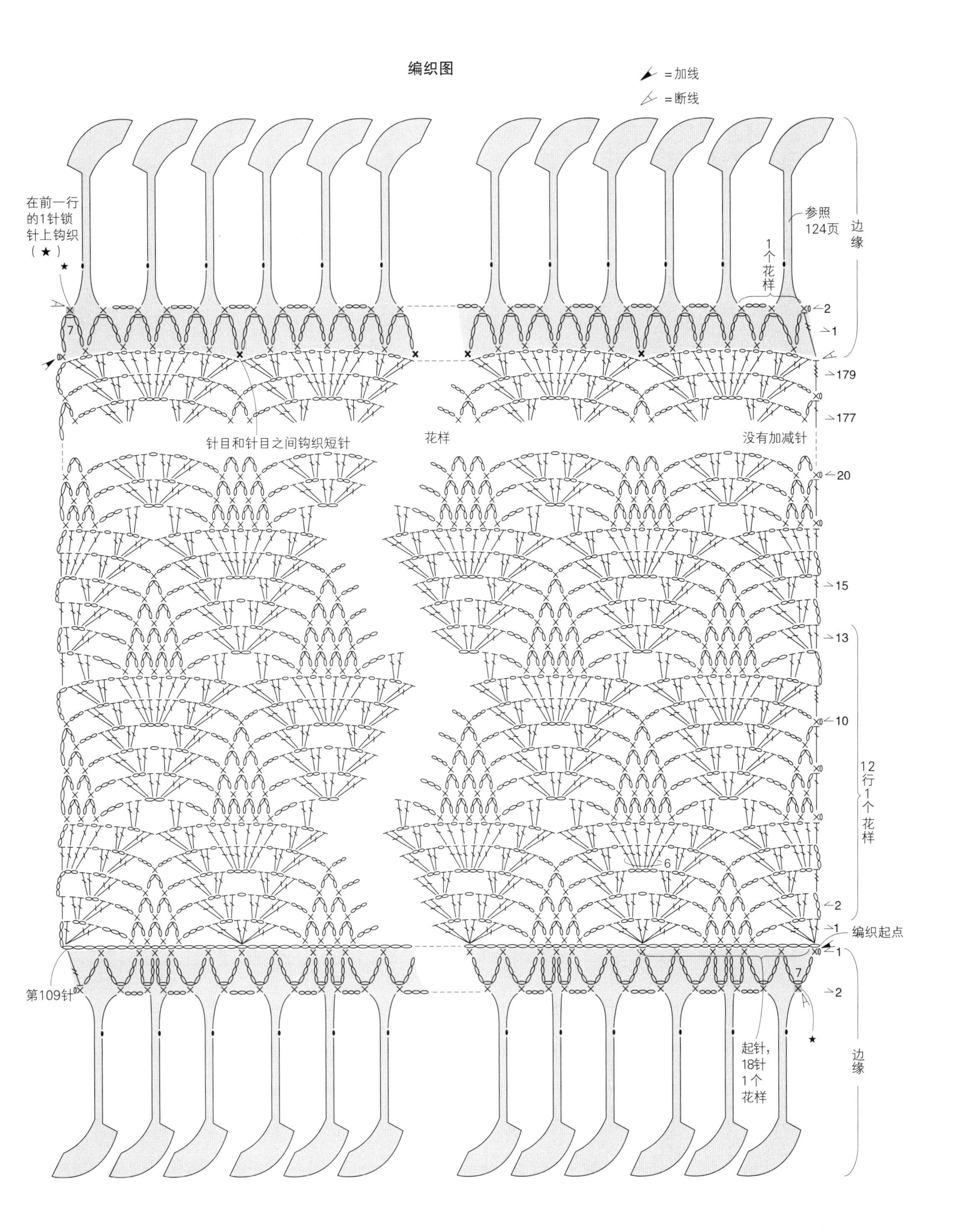

=加线
=断线
在前一行的1针锁针上钩织（★）
参照124页
边缘
1个花样
2
1
7
179
177
针目和针目之间钩织短针
花样
没有加减针
20
15
13
10
12行1个花样
6
2
1
编织起点
1
2
第109针
起针，18针1个花样
边缘

●上接134、135页

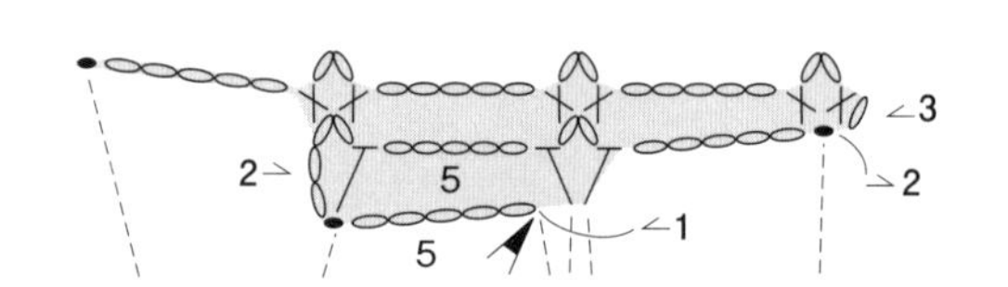

花样的钩织方法

参照134、135页的编织图。※为了便于理解，使用了不同颜色的线材进行示范

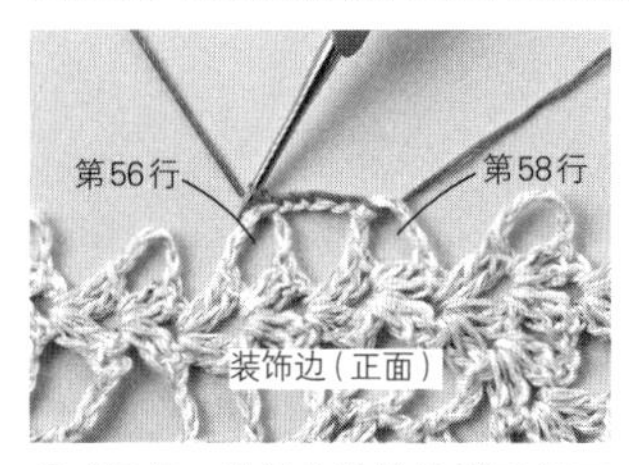

1 第1行。钩针从装饰边第58行正面插入锁针的网格，加线钩5针锁针，再插入第56行锁针的网格，钩织引拔针。

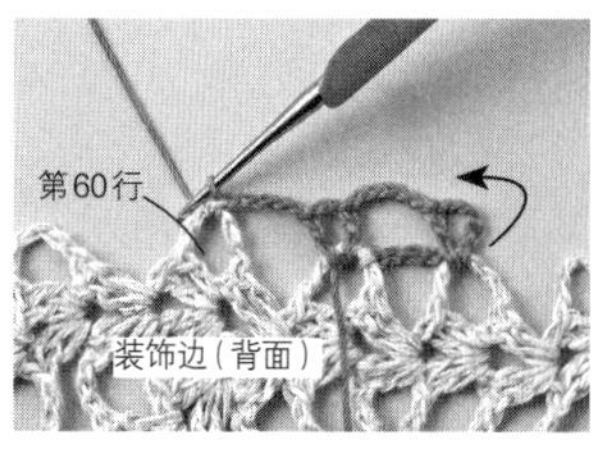

2 第2行。钩4针锁针，完成后翻转织物，装饰边的背面朝前，继续钩织花样。整段挑装饰边的网格钩织中长针，1行完成后在装饰边的第60行钩织引拔针。

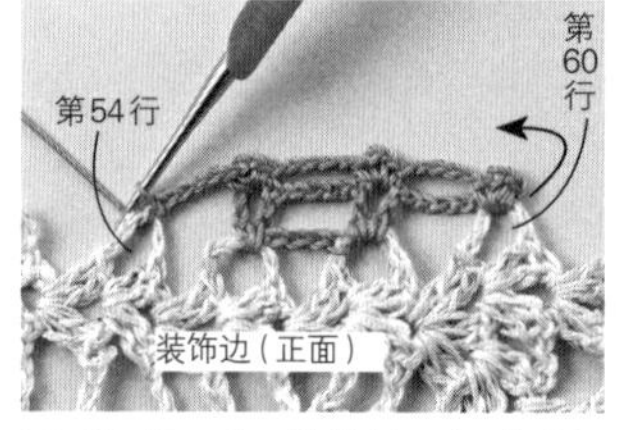

3 第3行。钩1针锁针，完成后翻转织物，装饰边的正面朝前，继续钩织花样。整段挑装饰边第60行的网格，编织起点的2针短针（在第2行的引拔针目上）。这行完成后，和第2行同样的方法，在装饰边的第54行钩织。

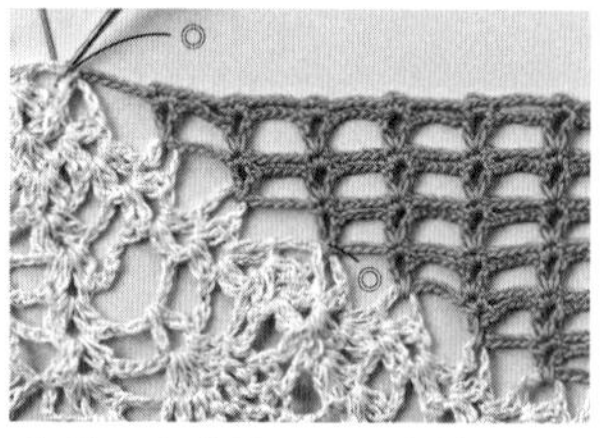

4 钩织完成第13行。钩针在◎位置插入1行编织终点处装饰边的两处网格，钩织引拔针。

PINEAPPLE CROCHET

NO* 9 成品图→16页 简约菠萝花样梯形披肩

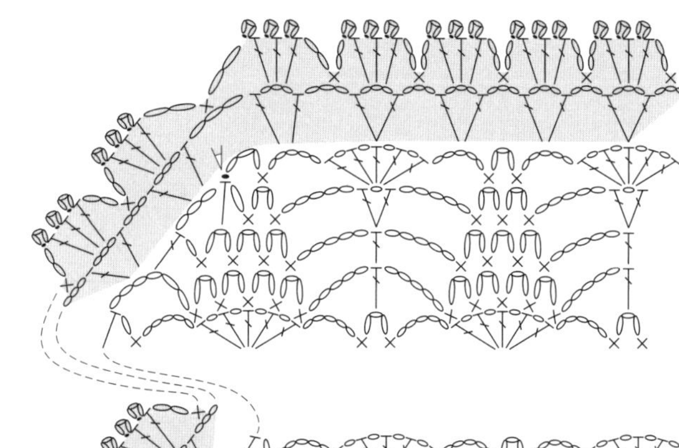

●**尺寸** 宽41cm 长144cm

●**材料**

线／中粗平直毛线

砂米色125g

钩针／3/0号钩针

●**钩织密度**

花样 1个花样＝约6.2cm 12.5行＝10cm

●**钩织方法** 使用1股线钩织。整体图参照127页。

❶钩361针锁针起针。

❷钩织48行花样，两端减针，断线。

❸在起针针目的左侧加线，一周钩织边缘A、B。

编织图

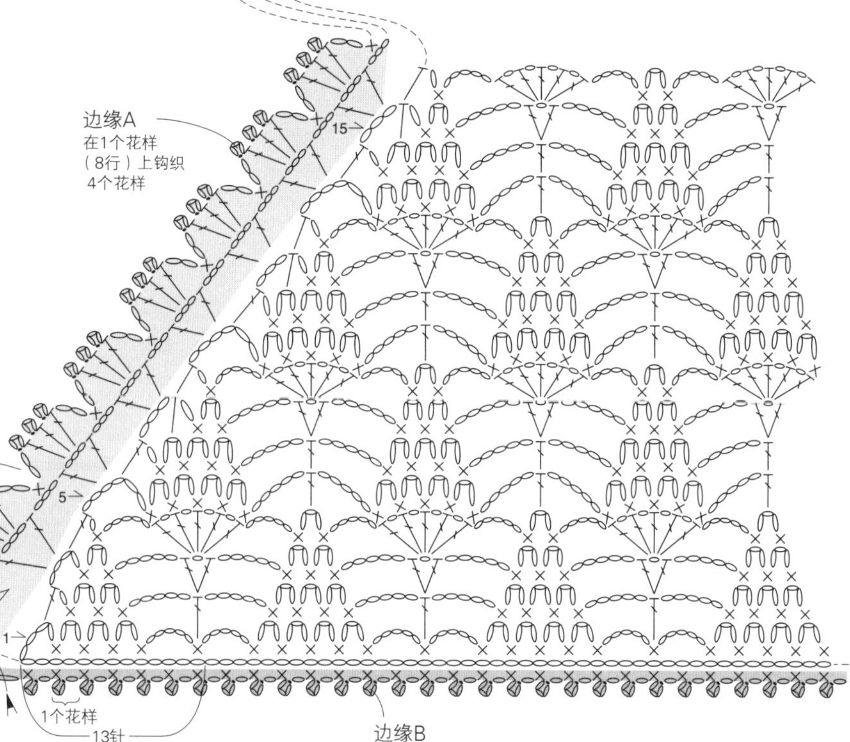

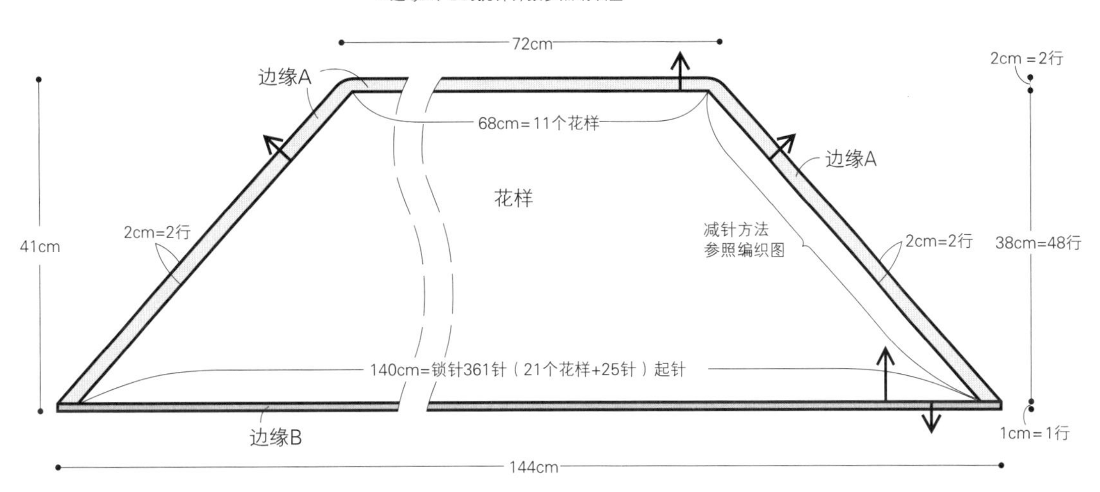
整体图
※边缘A、B的挑针针数参照编织图
72cm
边缘A
2cm＝2行
68cm＝11个花样
边缘A
花样
41cm
2cm＝2行
减针方法
参照编织图
2cm＝2行
38cm＝48行
140cm＝锁针361针（21个花样+25针）起针
边缘B
1cm＝1行
144cm

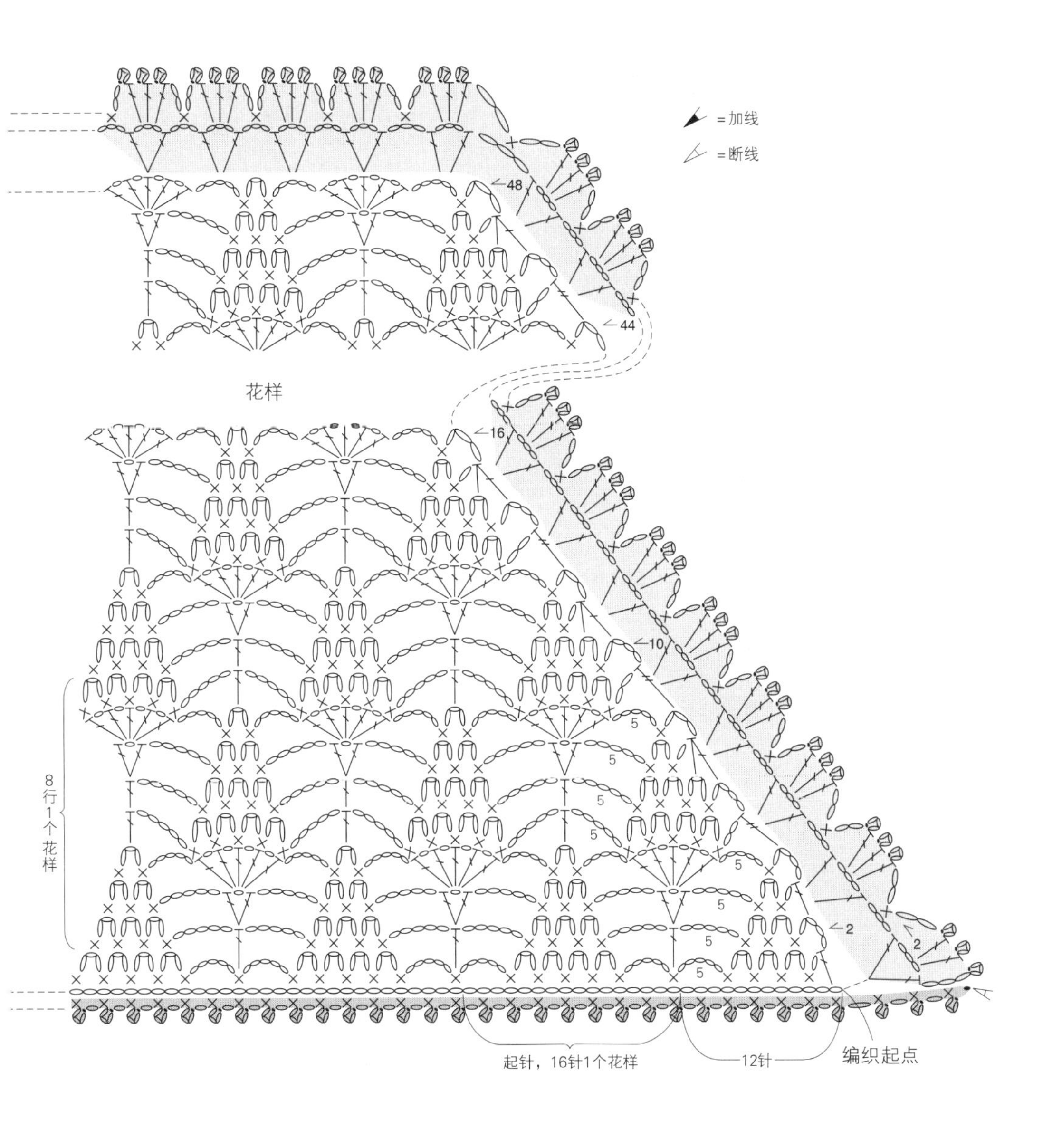
＝加线
＝断线
48
44
花样
16
10
5
2
8行1个花样
起针，16针1个花样
12针
编织起点

PINEAPPLE CROCHET

NO* 10 成品图→17页

成品图→17页

小巧菠萝花样三角披肩

●**尺寸** 宽61cm 长130cm

●**材料**

线 / 中细平直毛线
粉色系140g

钩针 / 3/0号钩针

●**钩织密度**

花样 1个花样=8cm 14行=10cm

●**钩织方法** 使用1股线钩织。

❶钩1针锁针起针。

❷钩织77行花样（第76、77行和75行之前的花样有所不同，需要注意），两端加针。

❸加线，在两条短边（花样的两侧）上钩织边缘。

※为了便于理解，改变了图示方向

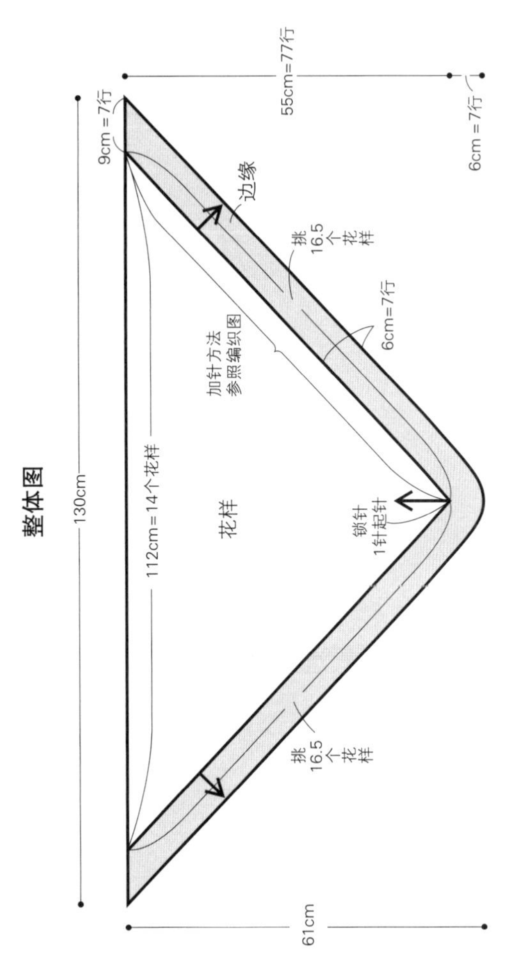

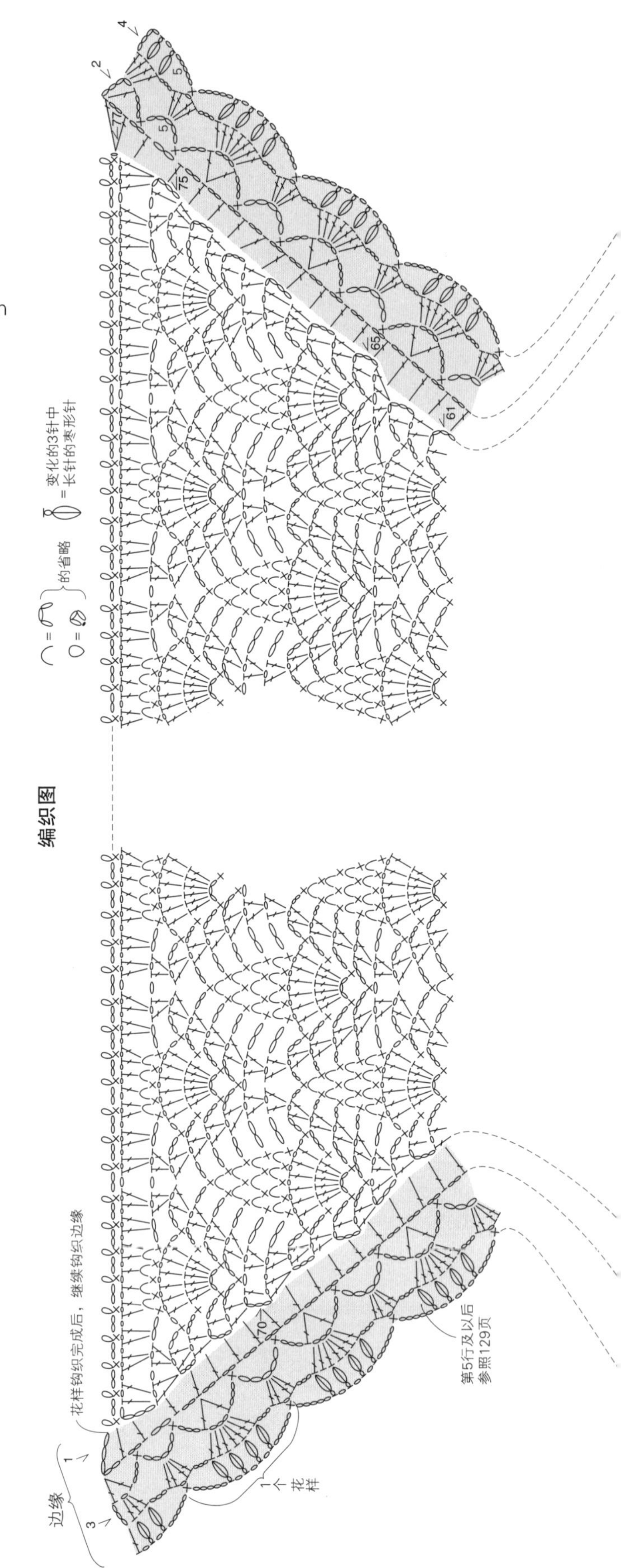

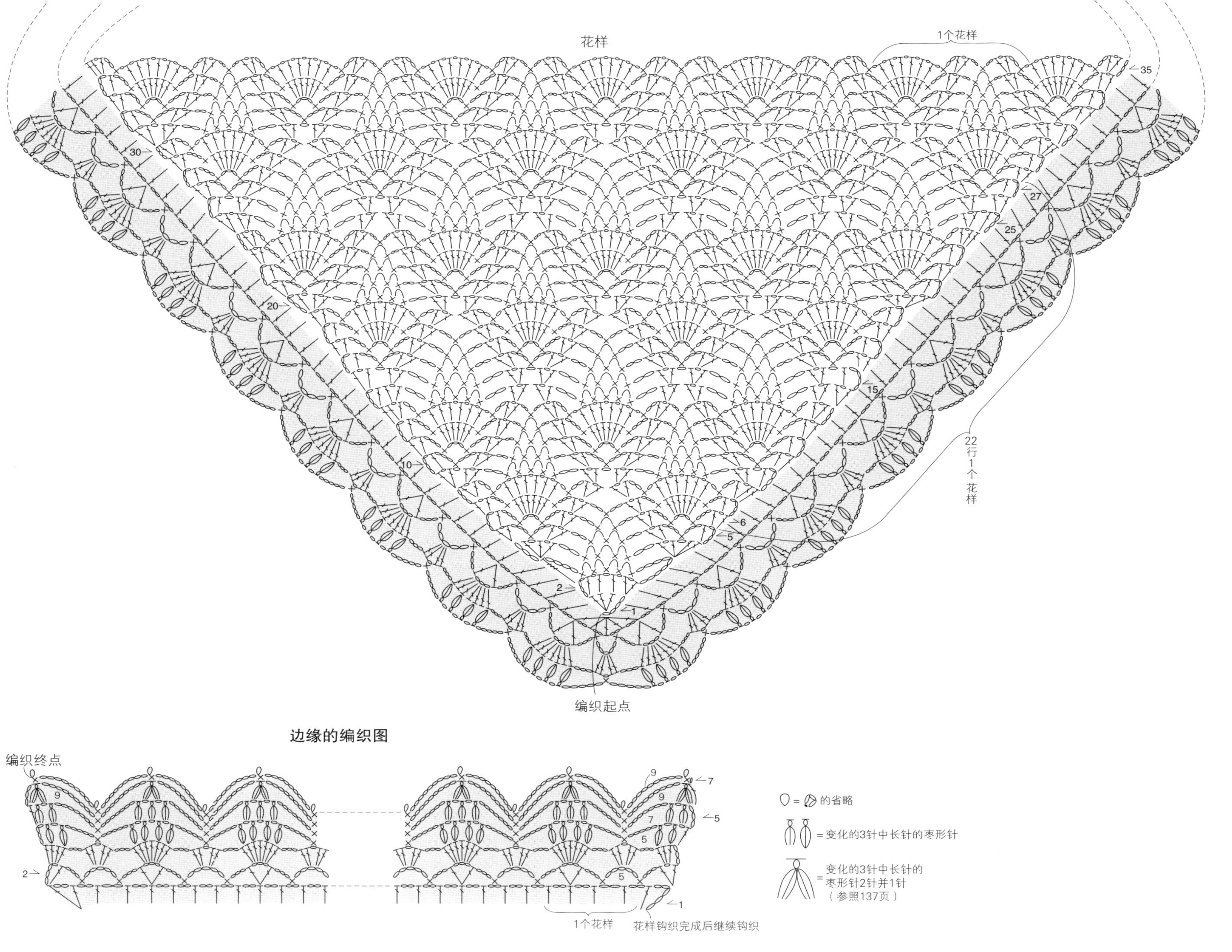

花样
1个花样
22行1个花样
编织起点
边缘的编织图
编织终点
1个花样
花样钩织完成后继续钩织
○＝⊘的省略
＝变化的3针中长针的枣形针
＝变化的3针中长针的枣形针2针并1针
（参照137页）

NO* 11 成品图→18、19页 荷叶边三角披肩

●**尺寸** 宽54.5cm 长138cm

●**材料**

线 / 中粗平直毛线

粉色190g

钩针 / 3/0号钩针

●**钩织密度**

花样 边长10cm正方形=7个花样、18.5行

●**钩织方法** 使用1股线钩织。

❶钩1针锁针起针。

❷钩织84行花样，两端加针。

❸加线，在两条短边（花样的两侧）上钩织边缘。

整体图

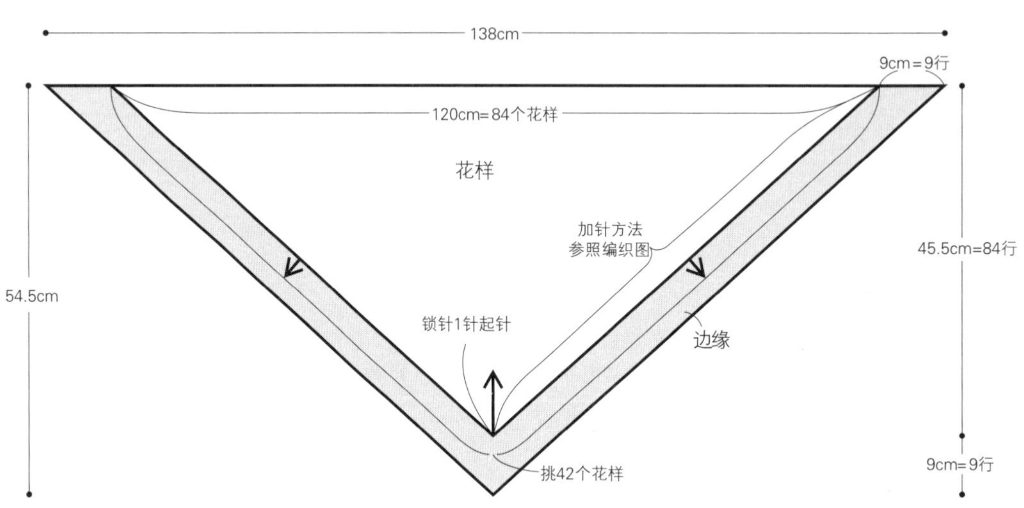

边缘的编织图

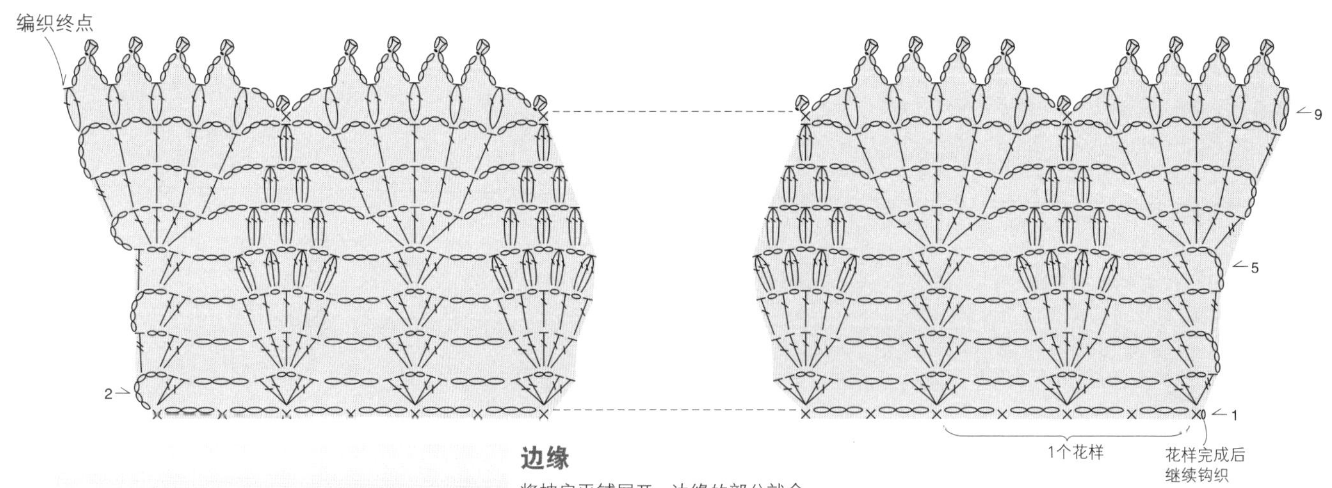

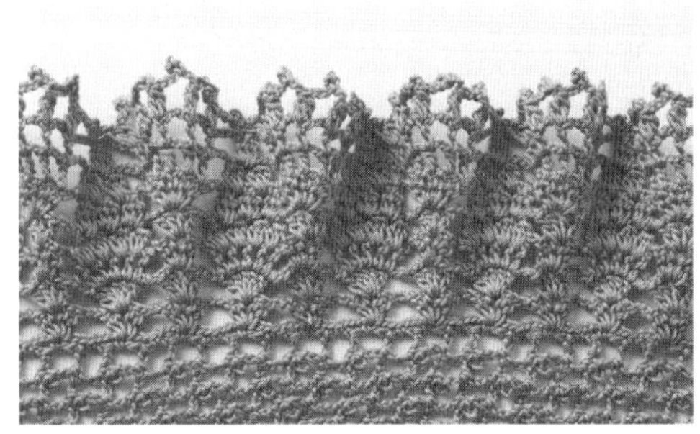

边缘

将披肩平铺展开，边缘的部分就会如图所示，形成自然的荷叶边。稍微提起蒸汽熨斗，从织物的背面开始熨烫。整烫的过程中，用手指将最后一行的狗牙边轻轻向外侧拉开。

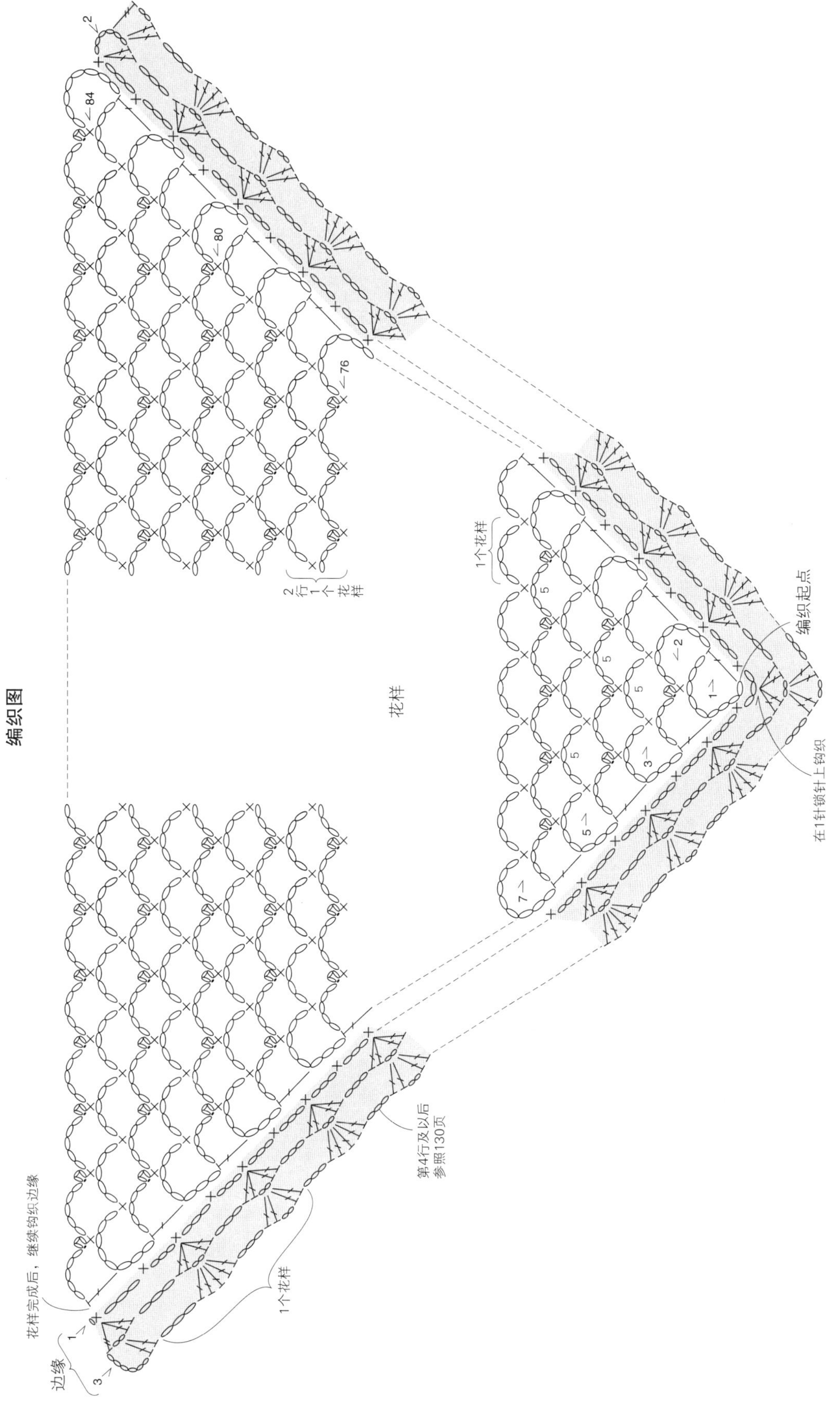

※为了便于理解，改变了图示的方向

NO* 12 变化的菠萝花样三角披肩

成品图→20页

●尺寸　宽37cm　长139cm

●材料

线 / 中细平直毛线

橙色系90g

钩针 / 3/0号钩针

●钩织密度

花样　1个花样=7.5cm　18行=15cm

●钩织方法　使用1股线钩织。

❶钩103针锁针起针。

❷钩织主体上半部分。参照主体上半部分的编织图，钩织82行，右侧减针，断线。

❸钩织主体下半部分。参照133页主体下半部分的编织图，在起针针目的另一侧加线，和步骤❷的部分对称钩织82行。

整体图

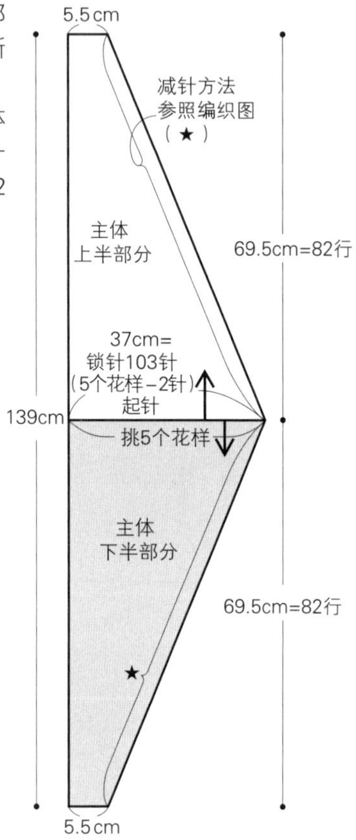

5.5cm
减针方法
参照编织图
（★）
主体
上半部分
69.5cm=82行
37cm=
锁针103针
(5个花样-2针)
起针
139cm
挑5个花样
主体
下半部分
69.5cm=82行
★
5.5cm

主体上半部分编织图

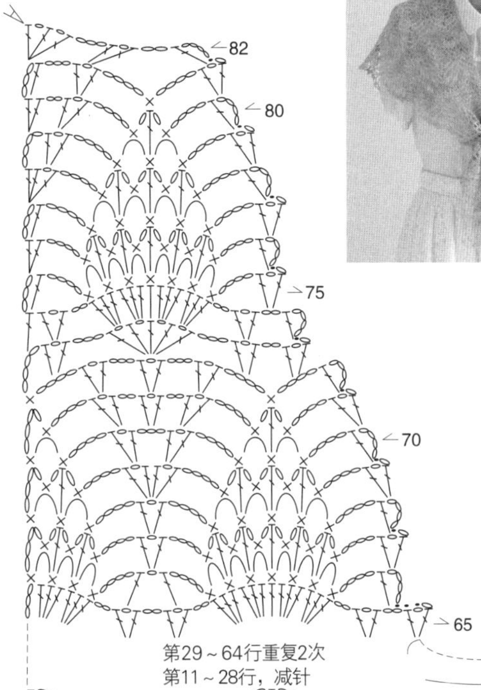

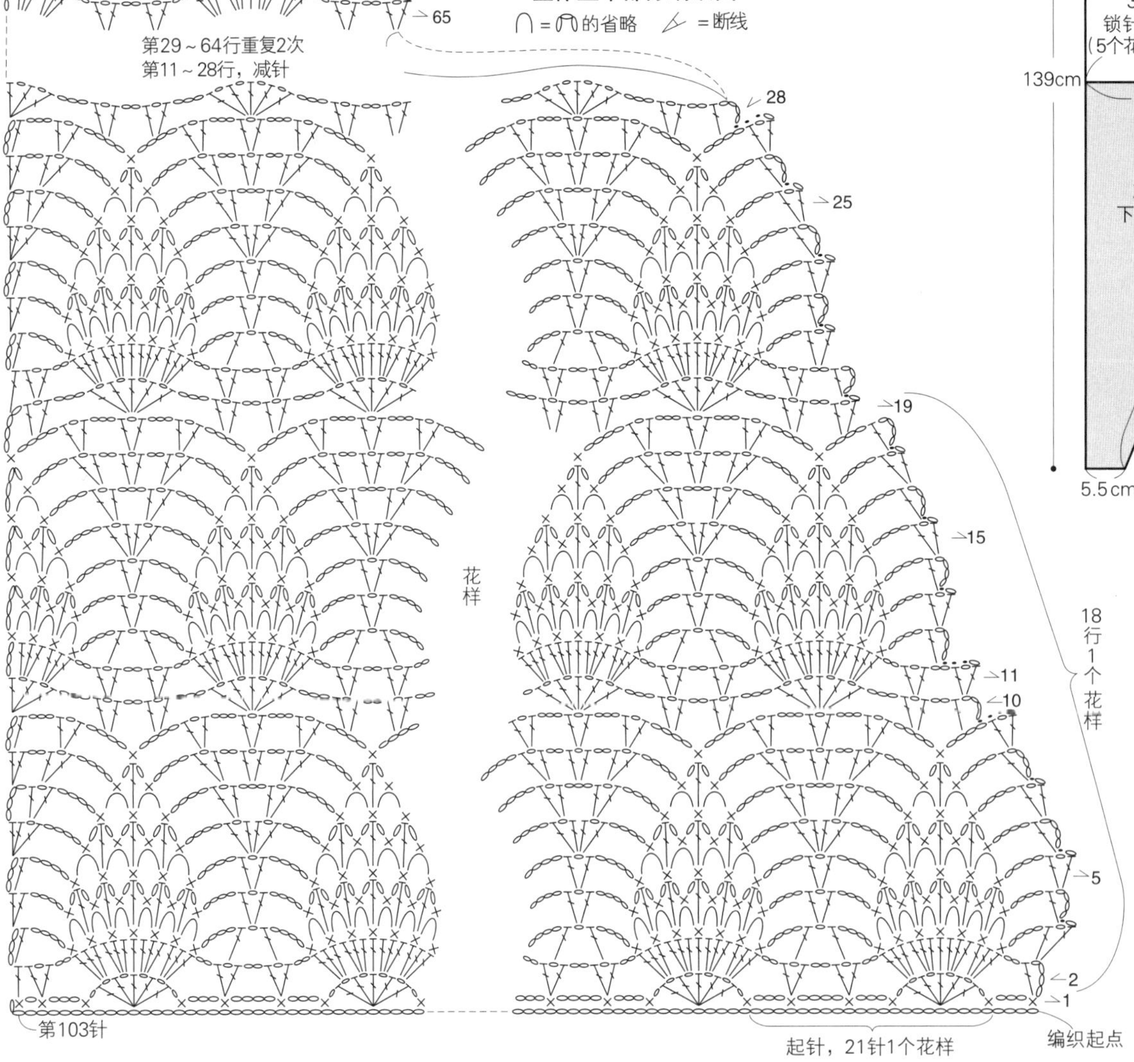

=的省略　=断线

82
80
75
70
65
第29～64行重复2次
第11～28行，减针
28
25
19
15
11
10
5
2
1
花样
18行1个花样
第103针
起针，21针1个花样
编织起点

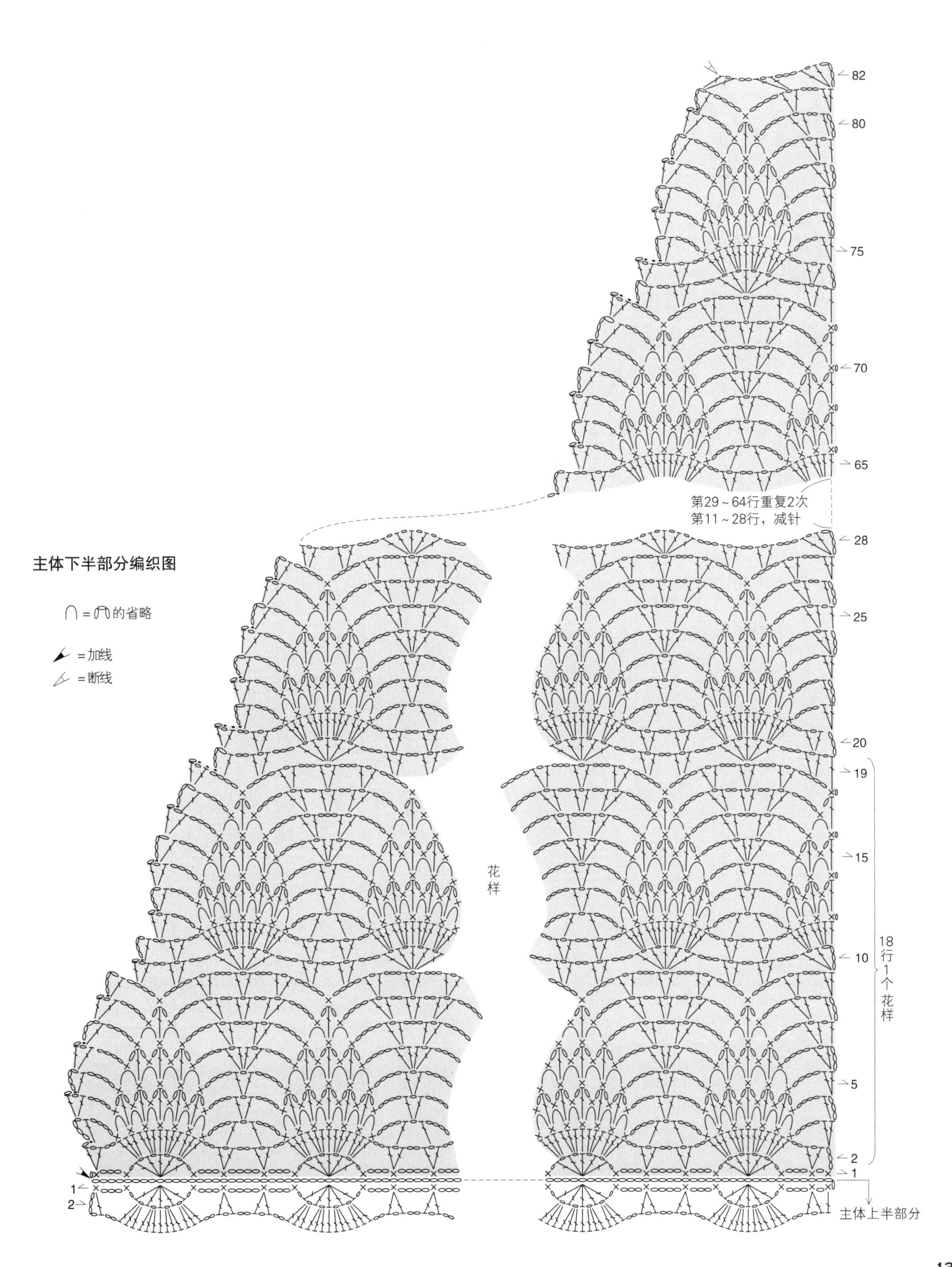

82
80
75
70
65
第29～64行重复2次
第11～28行，减针
28
主体下半部分编织图
⋂ = ⋂的省略
= 加线
= 断线
25
20
19
15
花样
10
18行1个花样
5
2
1
1
2
主体上半部分

NO* 13 成品图→21页 菠萝花样装饰边三角披肩

●**尺寸** 宽39cm 长131cm

●**材料**

线 / 中粗平直毛线

砂米色110g

钩针 / 3/0号钩针

●**钩织密度**

长针 1行=约1.3cm

花样 2个花样=约5.5cm

4个花样（8行）=约5.2cm

●**钩织方法** 使用1股线钩织。

❶钩织装饰边。钩9针锁针起针。

❷钩织118行装饰边，断线。

❸在起针针目的另一侧加线，按照编织图钩织3行，断线。

❹钩织主体花样，在装饰边第58行的指定位置（中间位置的菠萝花样）的正面加线，在装饰边上钩织45行（参照126页）。

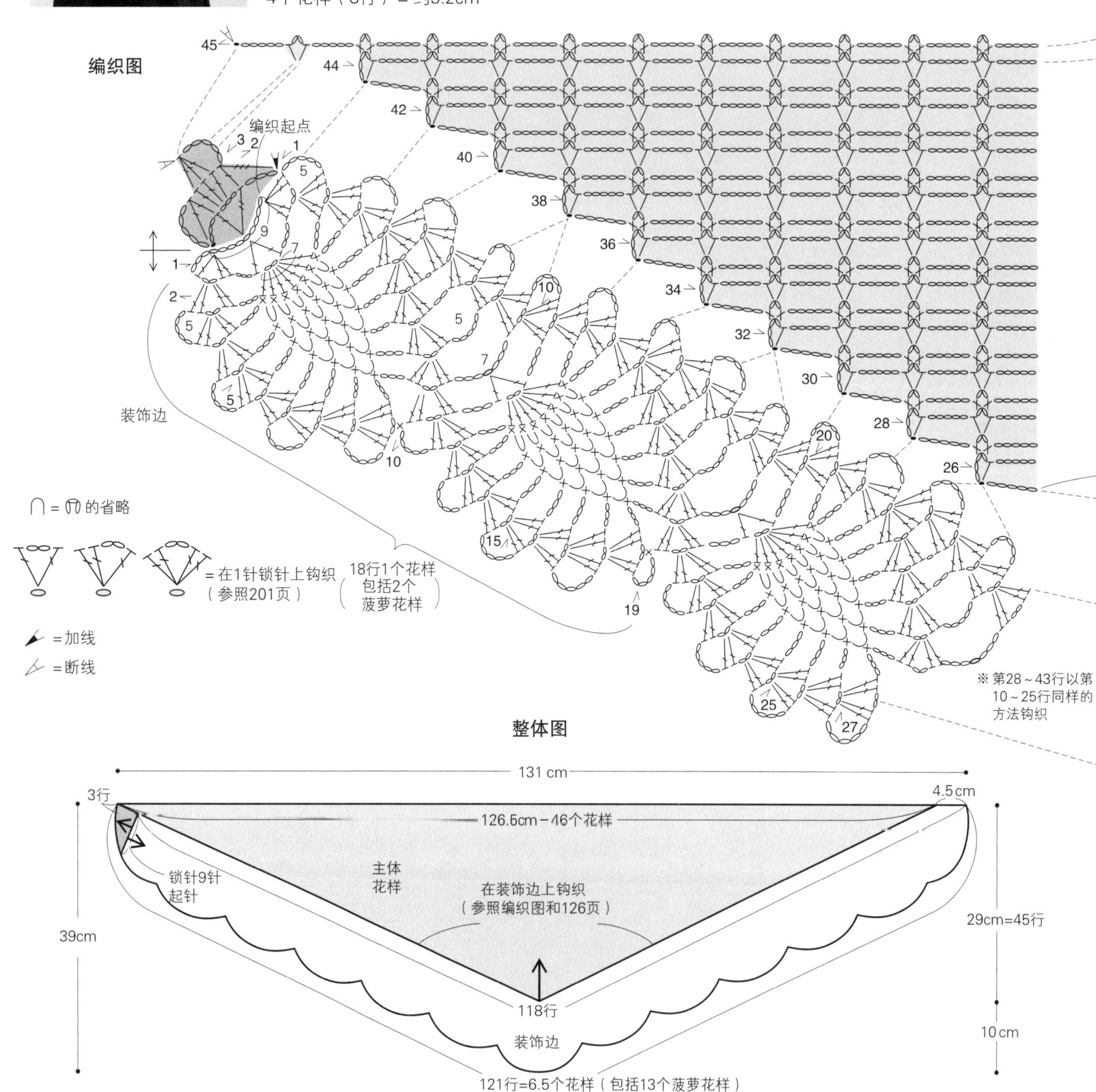

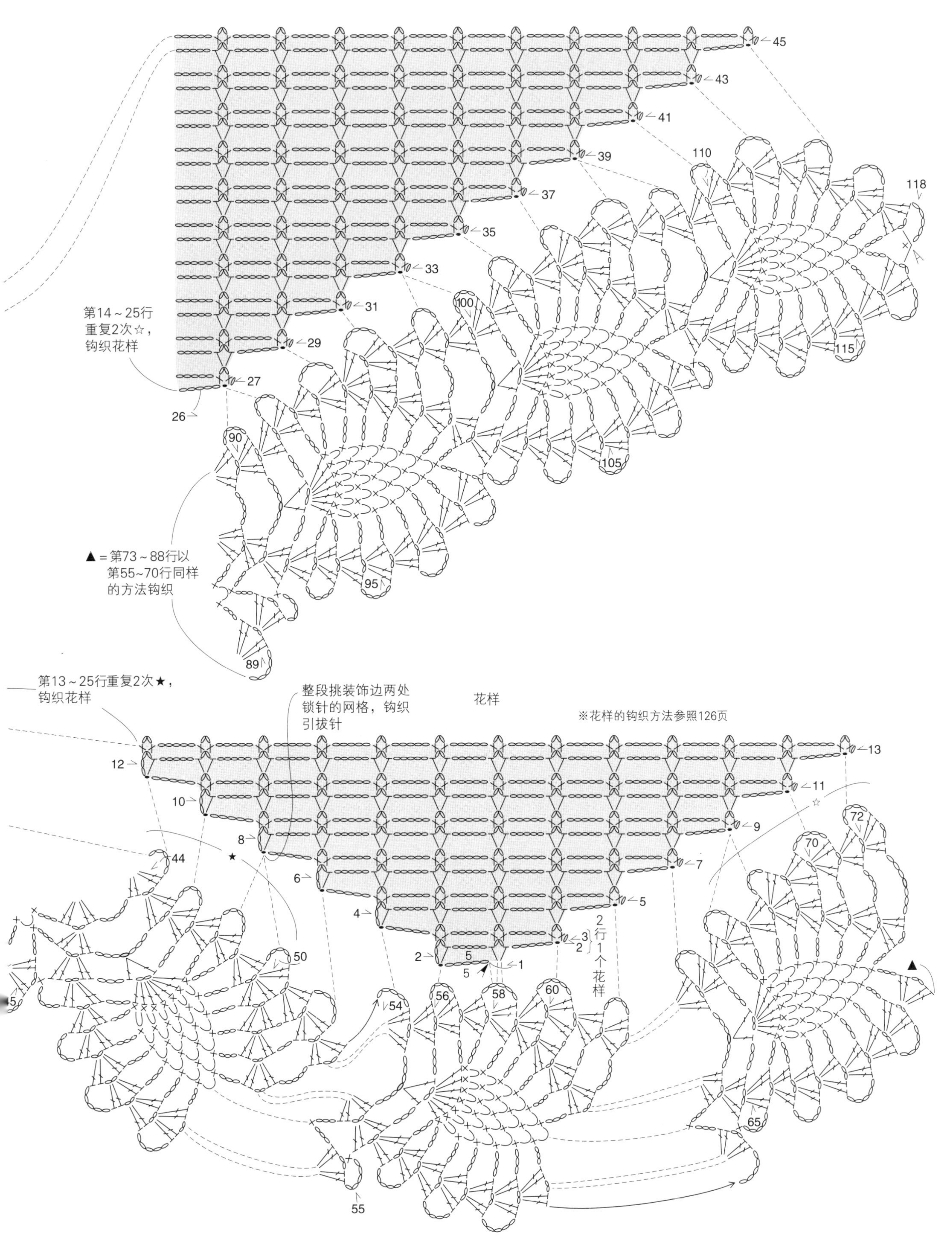
第14～25行
重复2次☆，
钩织花样
▲＝第73～88行以
第55~70行同样
的方法钩织
第13～25行重复2次★，
钩织花样
整段挑装饰边两处
锁针的网格，钩织
引拔针
花样
※花样的钩织方法参照126页
2行1个花样

NO* 14 成品图→22页 育克风菠萝花样披肩

●**尺寸** 宽39cm 长176cm

●**材料**

线 / 中细平直毛线

橙色系150g

钩针 / 3/0号钩针

●**钩织密度** 长针 1行 = 1.1cm

●**钩织方法** 使用1股线钩织。整体图参照137页。

❶钩311针锁针起针。

❷钩织22行花样，从第23行开始，钩织整体图右侧的1个花样，断线。在指定位置加线钩织第2个花样，以同样的方法钩织第3~16个花样（参照113页“边缘第2个花样的钩织方法”）。

❸在起针针目的另一侧加线，钩织边缘。

编织图

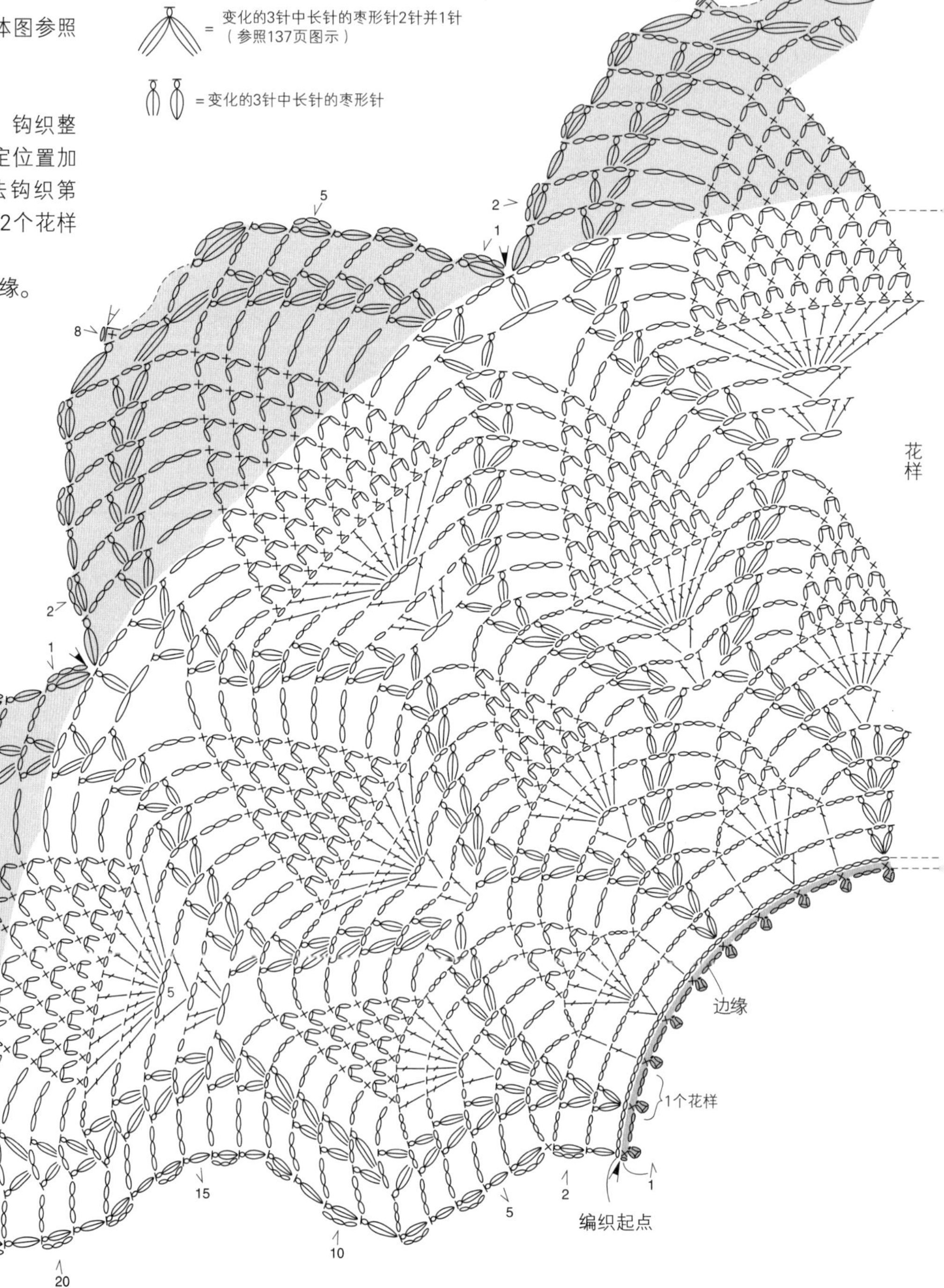

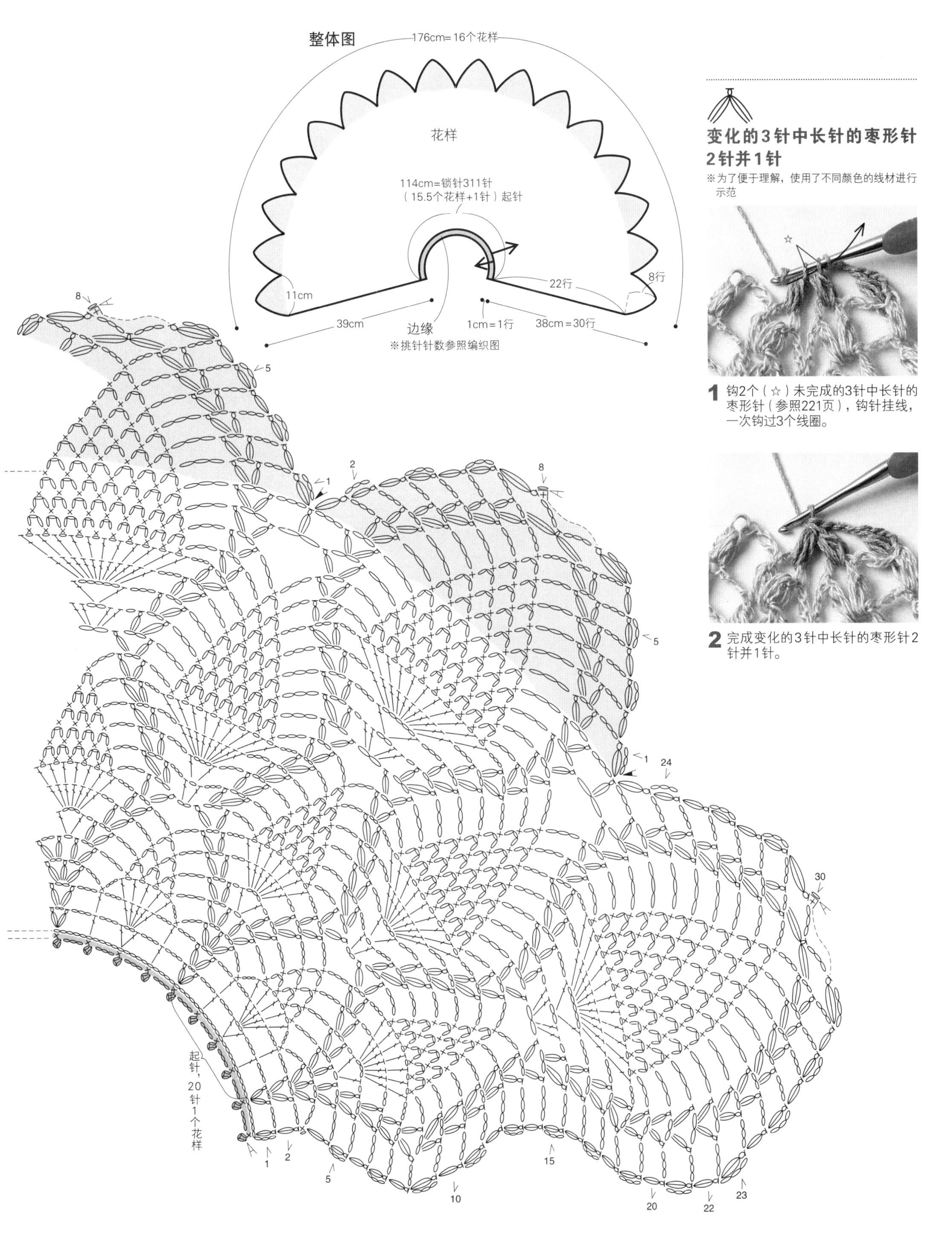

整体图
176cm=16个花样
花样
114cm=锁针311针
（15.5个花样+1针）起针
11cm
22行
8行
39cm
边缘
1cm=1行
38cm=30行
※挑针针数参照编织图
起针，20针1个花样
变化的3针中长针的枣形针2针并1针
※为了便于理解，使用了不同颜色的线材进行示范
1 钩2个（☆）未完成的3针中长针的枣形针（参照221页），钩针挂线，一次钩过3个线圈。
2 完成变化的3针中长针的枣形针2针并1针。

PINEAPPLE CROCHET

NO* 15 成品图→23页 大型菠萝花样梯形披肩

●**尺寸** 宽39cm 长138cm

●**材料**

线 / 中粗平直毛线

蓝色系185g

钩针 / 3/0号钩针

●**钩织密度**

花样 1个花样=8.9cm 18行= 14cm

●**钩织方法** 使用1股线钩织。整体图参照139页。

❶钩351针锁针起针。

❷钩织47行花样，两端减针，断线。

❸在起针针目的左侧加线，一周钩织边缘A、B。

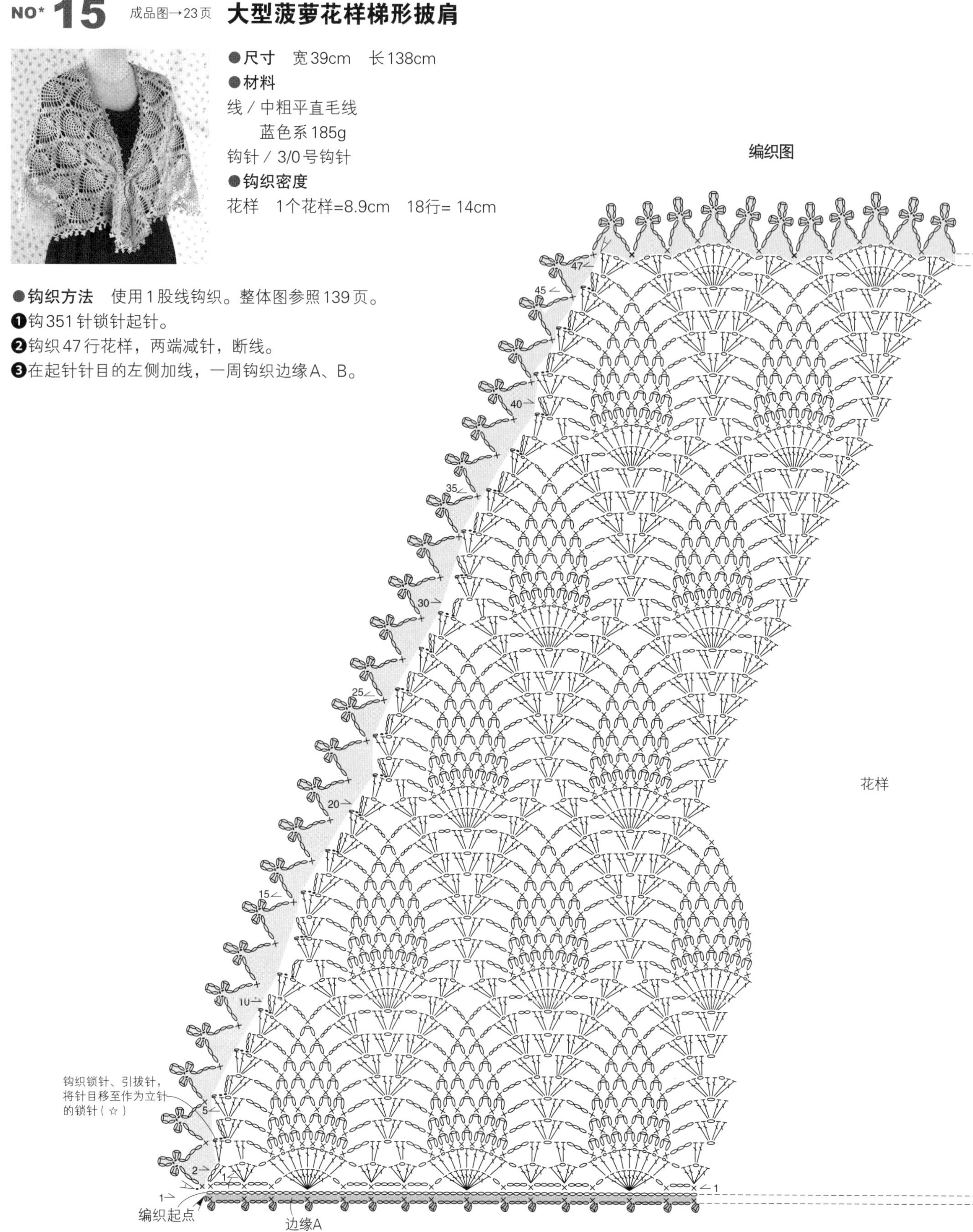

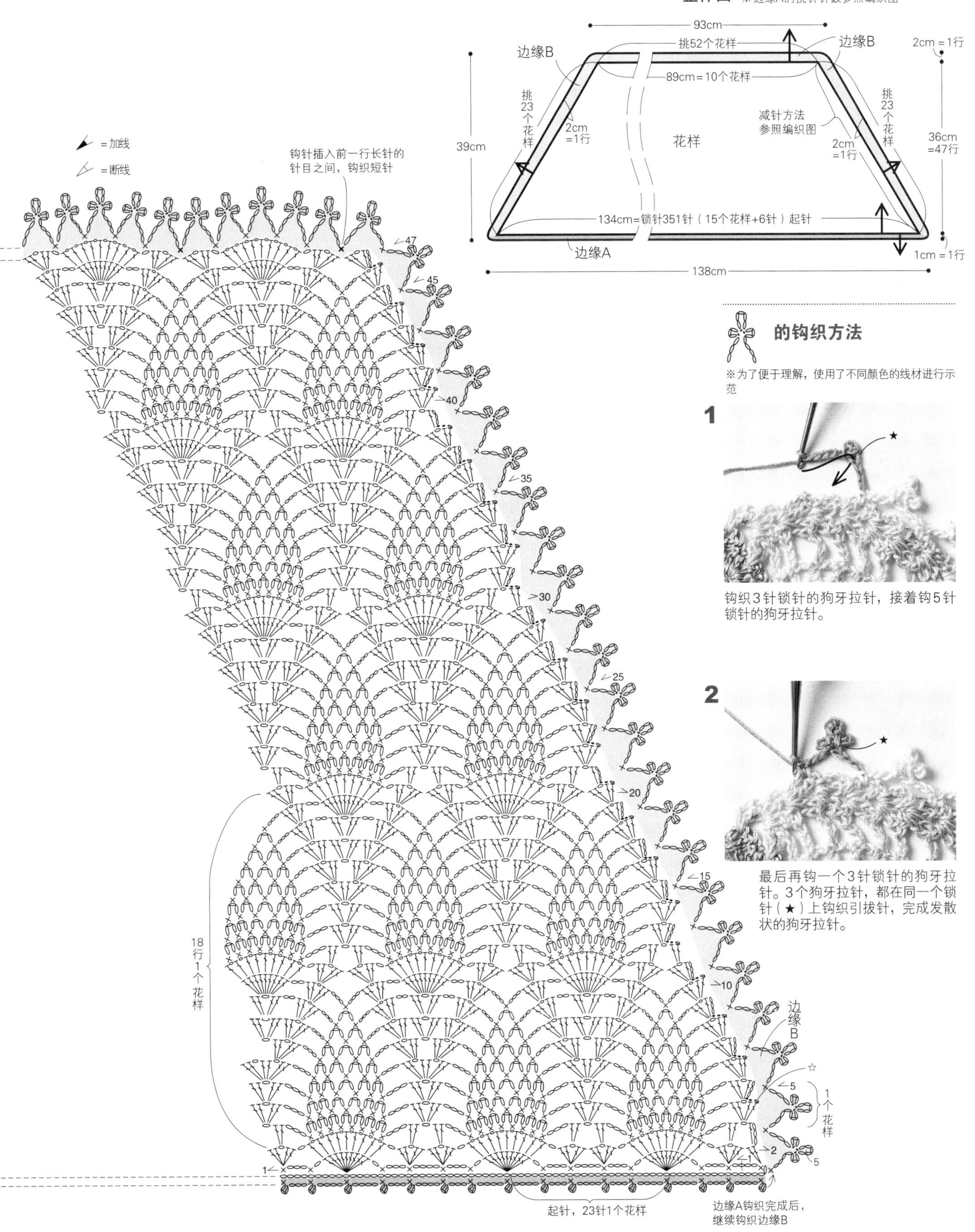

整体图 ※边缘A的挑针针数参照编织图
93cm
挑52个花样
边缘B
边缘B
2cm＝1行
89cm＝10个花样
挑23个花样
挑23个花样
2cm＝1行
减针方法参照编织图
39cm
花样
2cm＝1行
36cm＝47行
134cm＝锁针351针（15个花样+6针）起针
边缘A
1cm＝1行
138cm
＝加线
＝断线
钩针插入前一行长针的针目之间，钩织短针
47
45
40
35
30
25
20
15
10
边缘B
5
1个花样
2
5
1
18行1个花样
起针，23针1个花样
边缘A钩织完成后，继续钩织边缘B
的钩织方法
※为了便于理解，使用了不同颜色的线材进行示范
1
钩织3针锁针的狗牙拉针，接着钩5针锁针的狗牙拉针。
2
最后再钩一个3针锁针的狗牙拉针。3个狗牙拉针，都在同一个锁针（★）上钩织引拔针，完成发散状的狗牙拉针。

NO* 16 菠萝花样排列围巾

成品图→24页

●**尺寸** 宽42cm 长170cm

●**材料**

线 / 中粗平直毛线

粉色270g

钩针 / 3/0号钩针

●**钩织密度** 花样 1个花样=6cm 10行=10cm

●**钩织方法** 使用1股线钩织。

❶钩113针锁针起针。

❷钩织85行花样，没有加减针，断线。

❸在起针针目的另一侧加线，钩织整体图下方的花样。

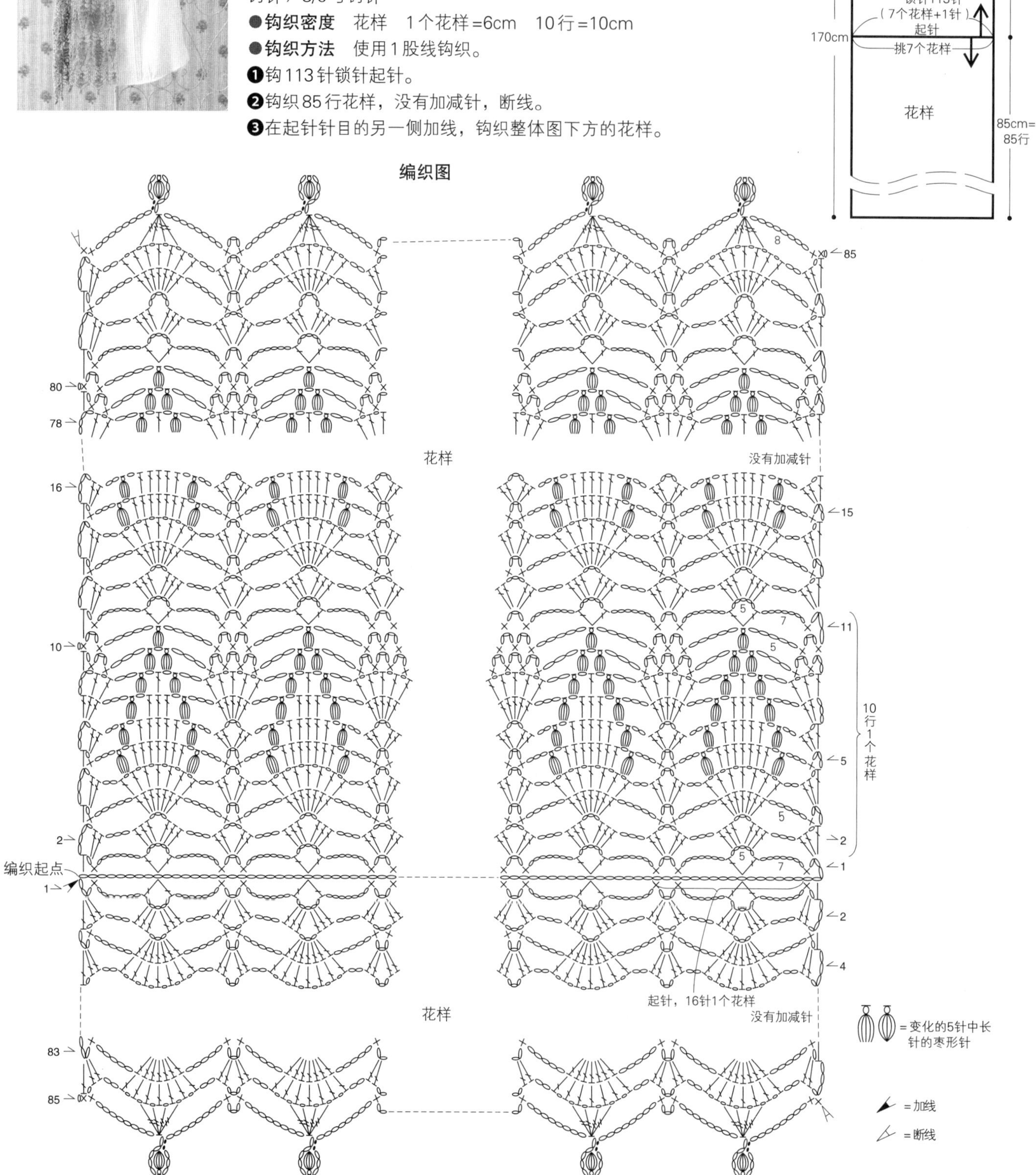

PINEAPPLE CROCHET

NO* 17 菠萝花样大围巾（1）

成品图→25页

●**尺寸**　宽38cm　长185cm（含流苏）

●**材料**

线／粗平直毛线

灰色290g

钩针／4/0号钩针

●**钩织密度**

花样　1个花样=14.5cm　11行=10cm

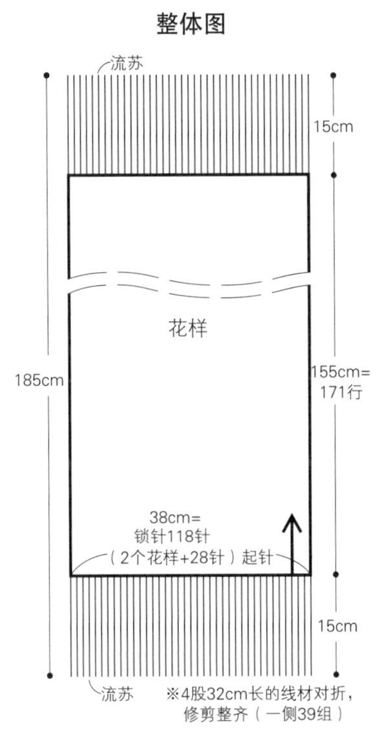

●**钩织方法**　使用1股线钩织。

❶钩118针锁针起针。

❷钩织171行花样，没有加减针。

❸围巾两端制作流苏（参照179页图示）。

NO* 18 成品图→26页 菠萝花样围巾

●**尺寸** 宽47cm 长155cm

●**材料**

线／中细平直毛线

茶色系265g

钩针／4/0号钩针

●**钩织密度** 花样 1个花样=9cm 12行=10cm

●**钩织方法** 使用1股线钩织。

❶钩121针锁针起针。

❷钩织92行花样，没有加减针，暂时不断线。

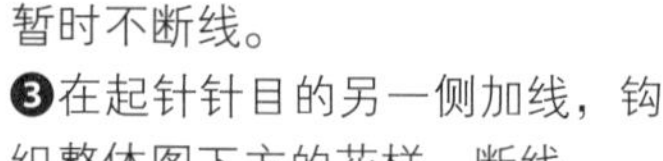

❸在起针针目的另一侧加线，钩织整体图下方的花样，断线。

❹使用步骤❷留出的线，一周钩织边缘。

=加线

=断线

编织图

暂时不断线，下方的花样钩织完成后，钩织边缘

边缘

1个花样

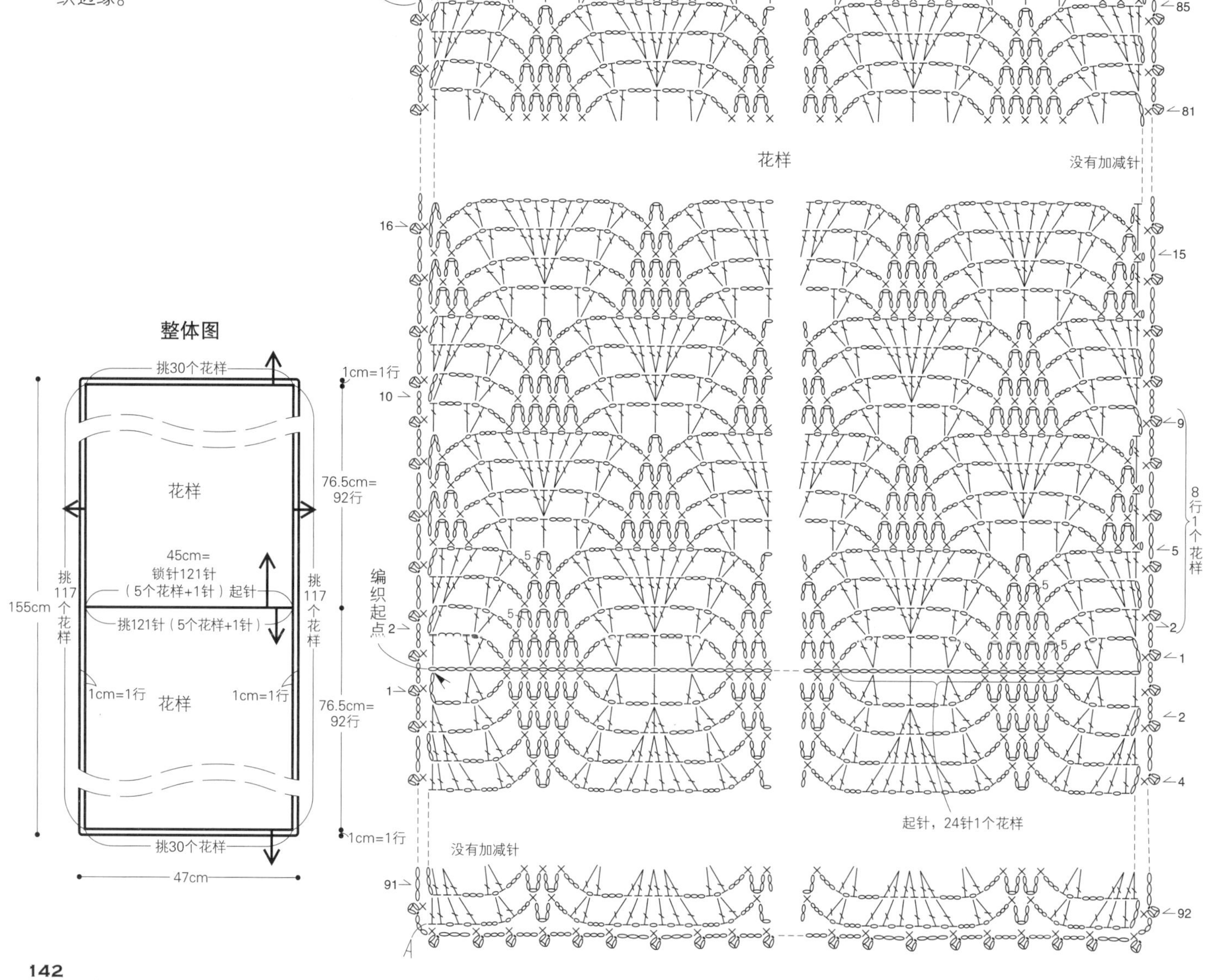

PINEAPPLE CROCHET

NO* 22 菠萝花样披肩

成品图→32、33页

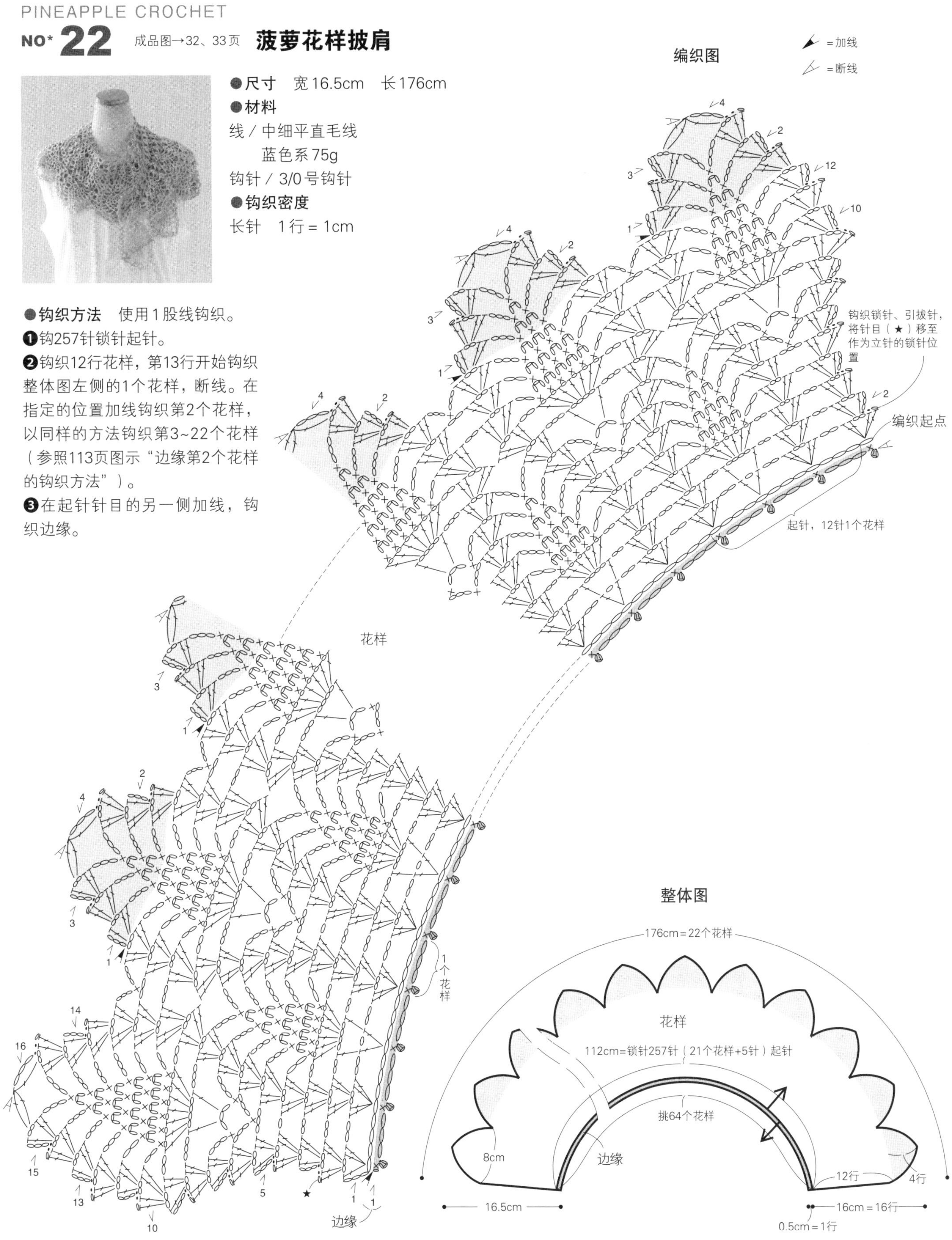

● **尺寸** 宽16.5cm 长176cm

● **材料**

线 / 中细平直毛线
蓝色系75g

钩针 / 3/0号钩针

● **钩织密度**

长针 1行 = 1cm

● **钩织方法** 使用1股线钩织。

❶钩257针锁针起针。

❷钩织12行花样，第13行开始钩织整体图左侧的1个花样，断线。在指定的位置加线钩织第2个花样，以同样的方法钩织第3~22个花样（参照113页图示“边缘第2个花样的钩织方法”）。

❸在起针针目的另一侧加线，钩织边缘。

PINEAPPLE CROCHET

NO* 19 成品图→27页 菠萝花样竖条纹围巾

●**尺寸** 宽41cm 长167cm

●**材料**

线 / 中粗平直毛线

原白色270g

钩针 / 3/0号钩针

●**钩织密度**

花样 1个花样＝8cm 18行＝18.5cm

●**钩织方法** 使用1股线钩织。

❶钩101针锁针起针。

❷钩织159行花样，没有加减针。

❸加线，一周钩织边缘A、B。

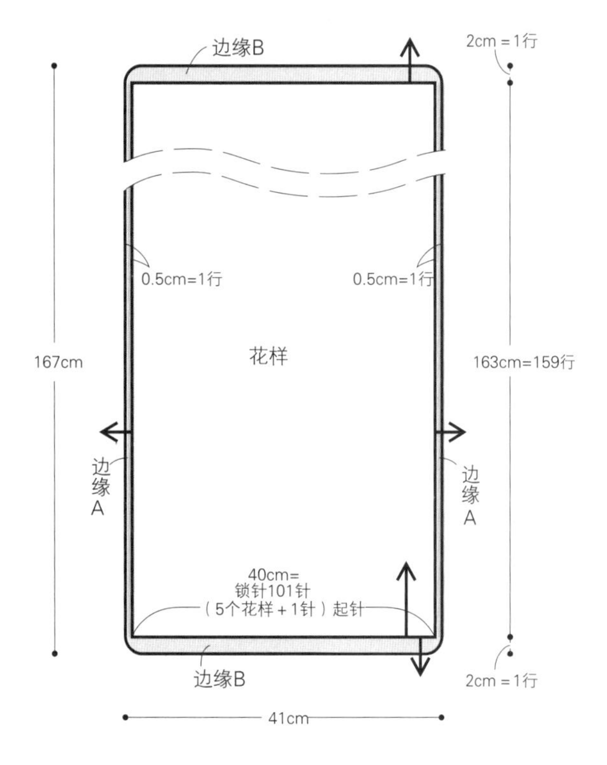

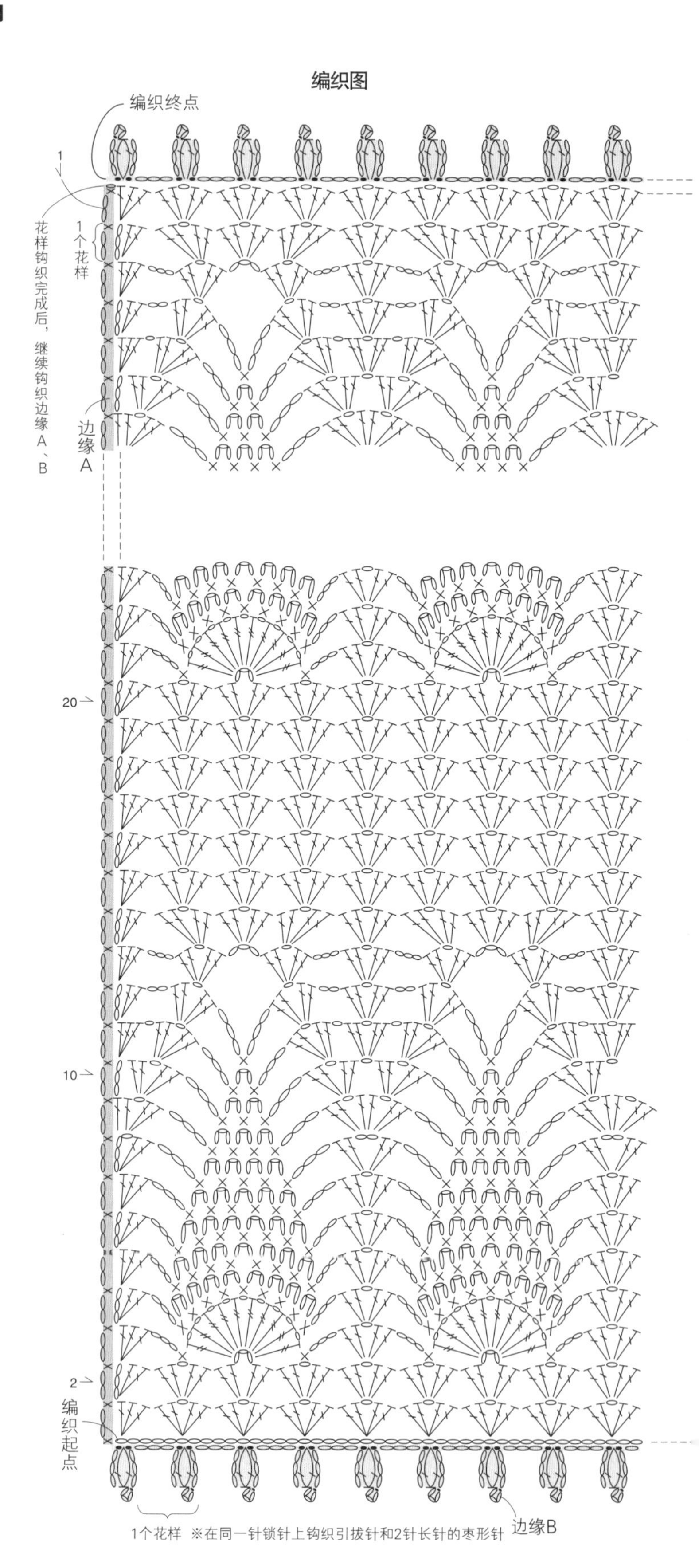

边缘B

159

155

153

花样

没有加减针

23

15

边缘A

18行1个花样

5

1

起针，20针1个花样

●上接171页

花饰的编织图

花 2片

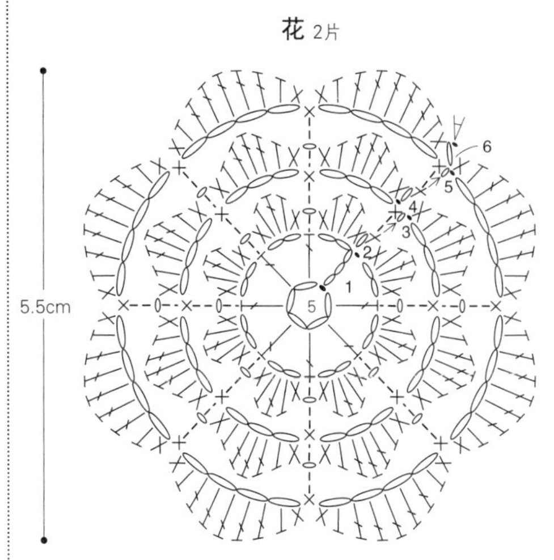

※第2行倒向面前，在第1行的长针上钩织第3行的短针（参考109页“加钩短针的方法”图示）；第4行倒向面前，在第3行的短针上钩织第5行的短针

花芯 2片

※将剩余的线穿过钩织完成的针目，抽紧

叶片 5片

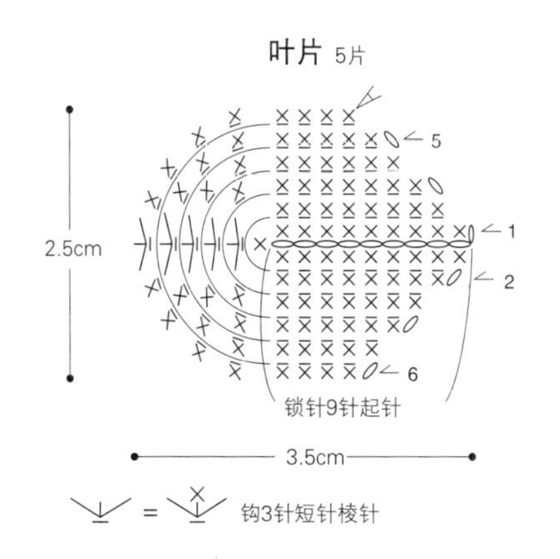

NO* 20 成品图→28、29页 菠萝花样大围巾（2）

●**尺寸**　宽52cm　长176cm

●**材料**

线 / 中粗平直毛线

　　紫色380g

钩针 / 5/0号钩针

●**钩织密度**

花样A、B　1个花样＝约8.2cm　10行＝10cm

●**钩织方法**　使用1股线钩织。

❶钩449针锁针起针。

❷钩织指定行数的花样A、B，没有加减针。

❸加线，钩织边缘A，断线。

❹在起针针目的另一侧加线，钩织边缘B。

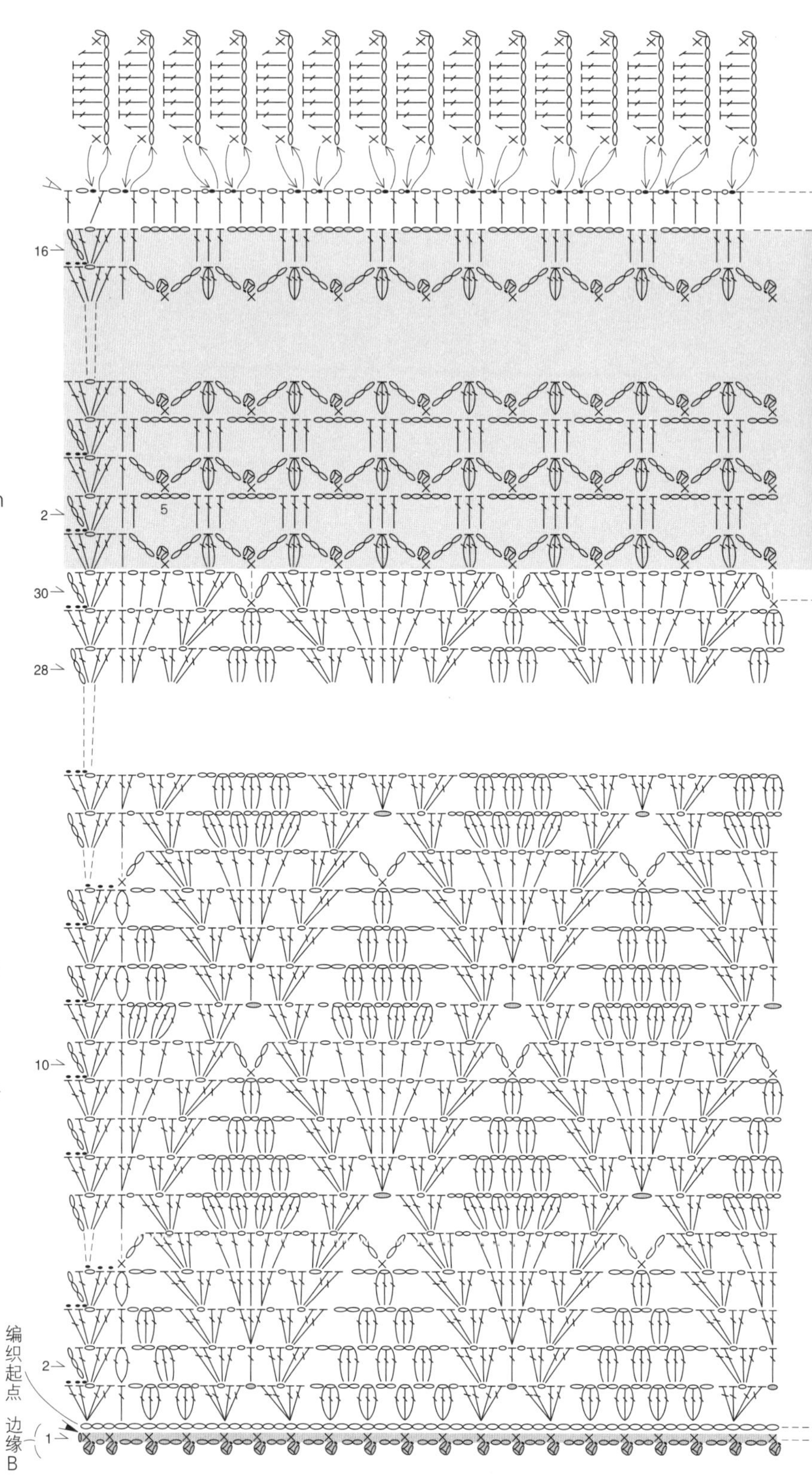

整体图

※边缘A、B的挑针针数参照编织图

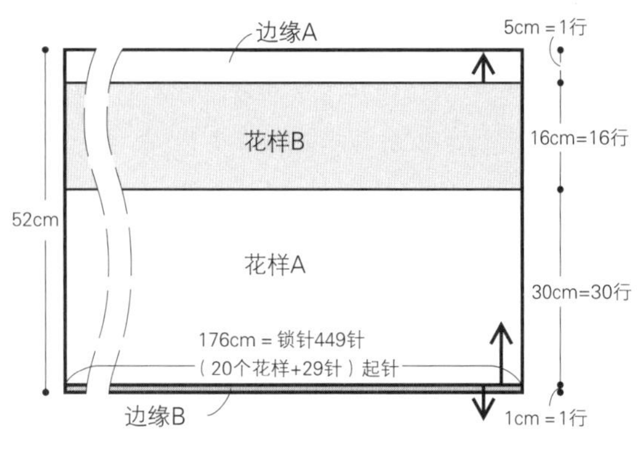

编织图

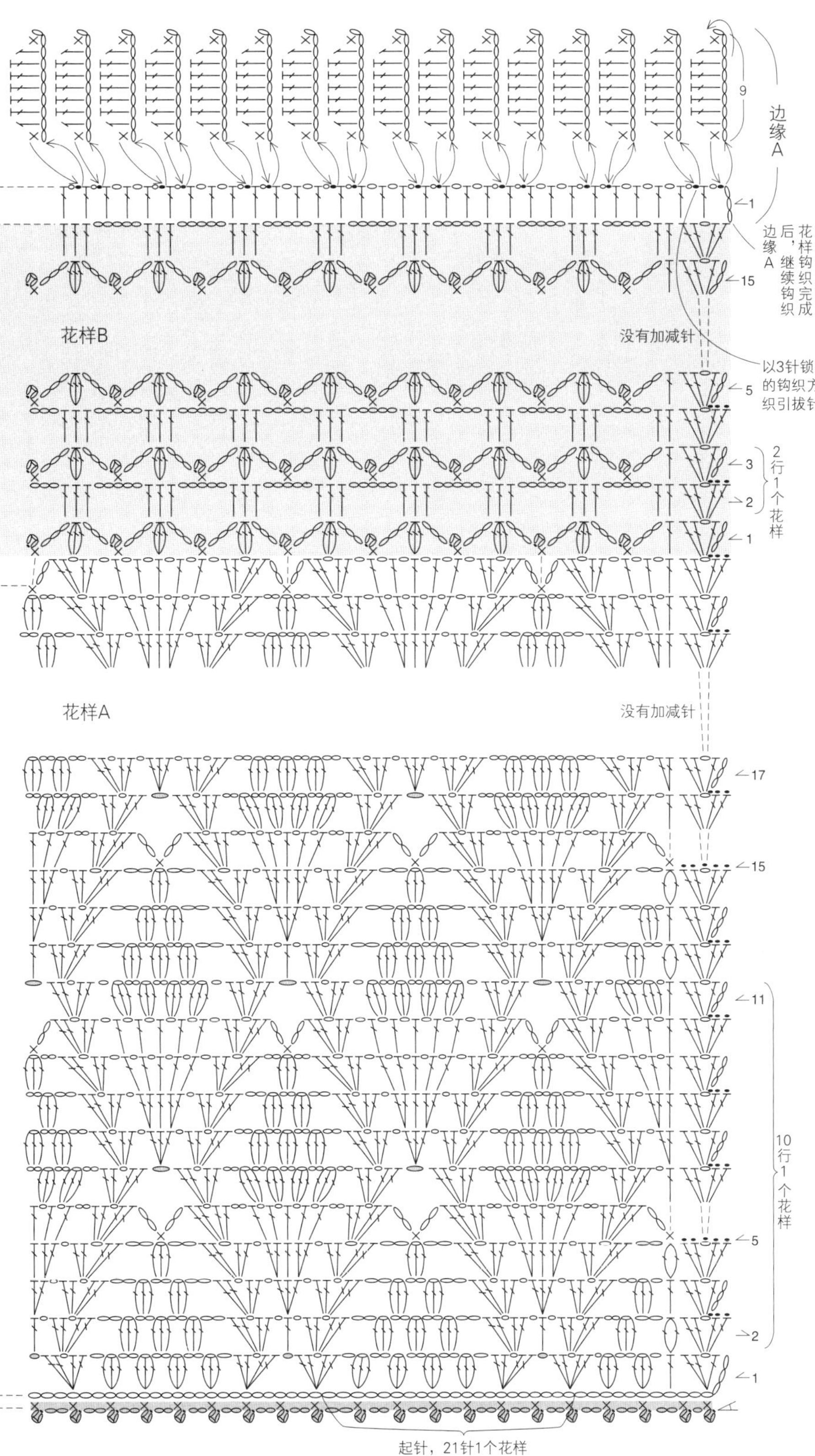

边缘A

在花样B上钩织方眼花样（重复织1针锁针、1针长针），再加入叶片风格的图案。
钩织时注意保持图案的大小整齐一致，可以使作品的完成效果更好。

●上接162页

整体图

2行
2cm=1行
边缘
挑针针数参照编织图
花样
66cm=60行
19.5cm=3个花样
26cm=4个花样
24cm=锁针81针起针
挑4个花样
135cm
2cm=1行
2cm=1行
花样
65cm=59行
2cm=1行
30cm

NO* 21

成品图→30、31页

菠萝花样流苏围巾

●**尺寸** 宽42cm 长159cm

●**材料** 线／中粗平直毛线

黄绿色225g

钩针／4/0号钩针

●**钩织密度** 花样 边长10cm正方形=31针、8.5行

●**钩织方法** 使用1股线钩织。

❶钩123针锁针起针。

❷钩织110行花样，没有加减针。

❸加线，钩织11行边缘A，从第12行开始钩织左侧的第1个花样，断线。在指定的位置加线，钩织第2个花样，以同样的方法钩织第3~5个花样。

❹在起针针目的另一侧加线，以步骤❸同样的方法钩织整体图下方的边缘A。

❺花样的两侧边钩织边缘B。

整体图

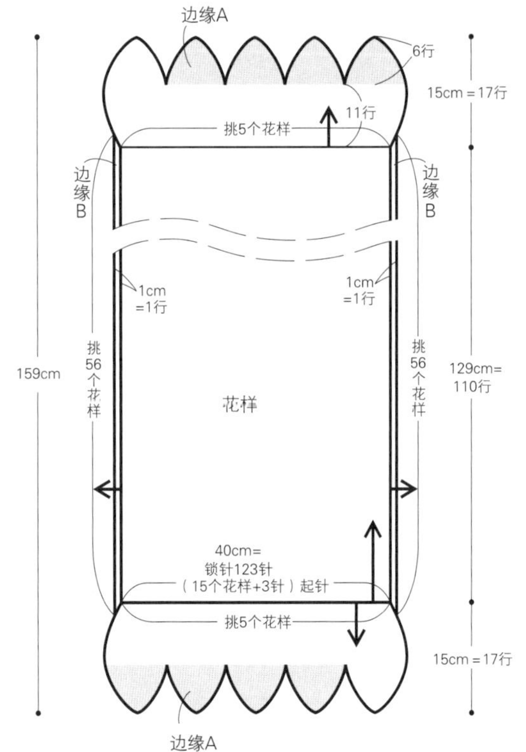

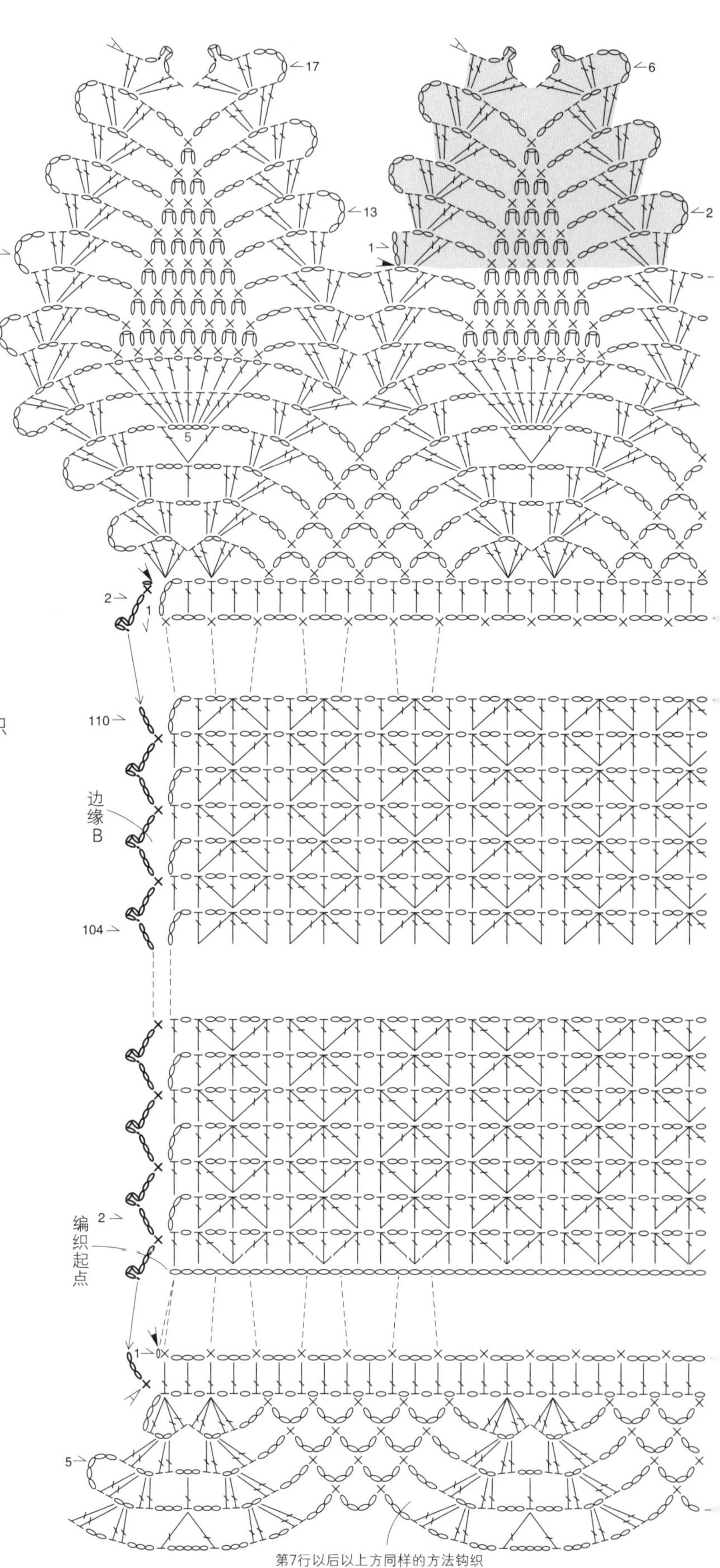

编织图

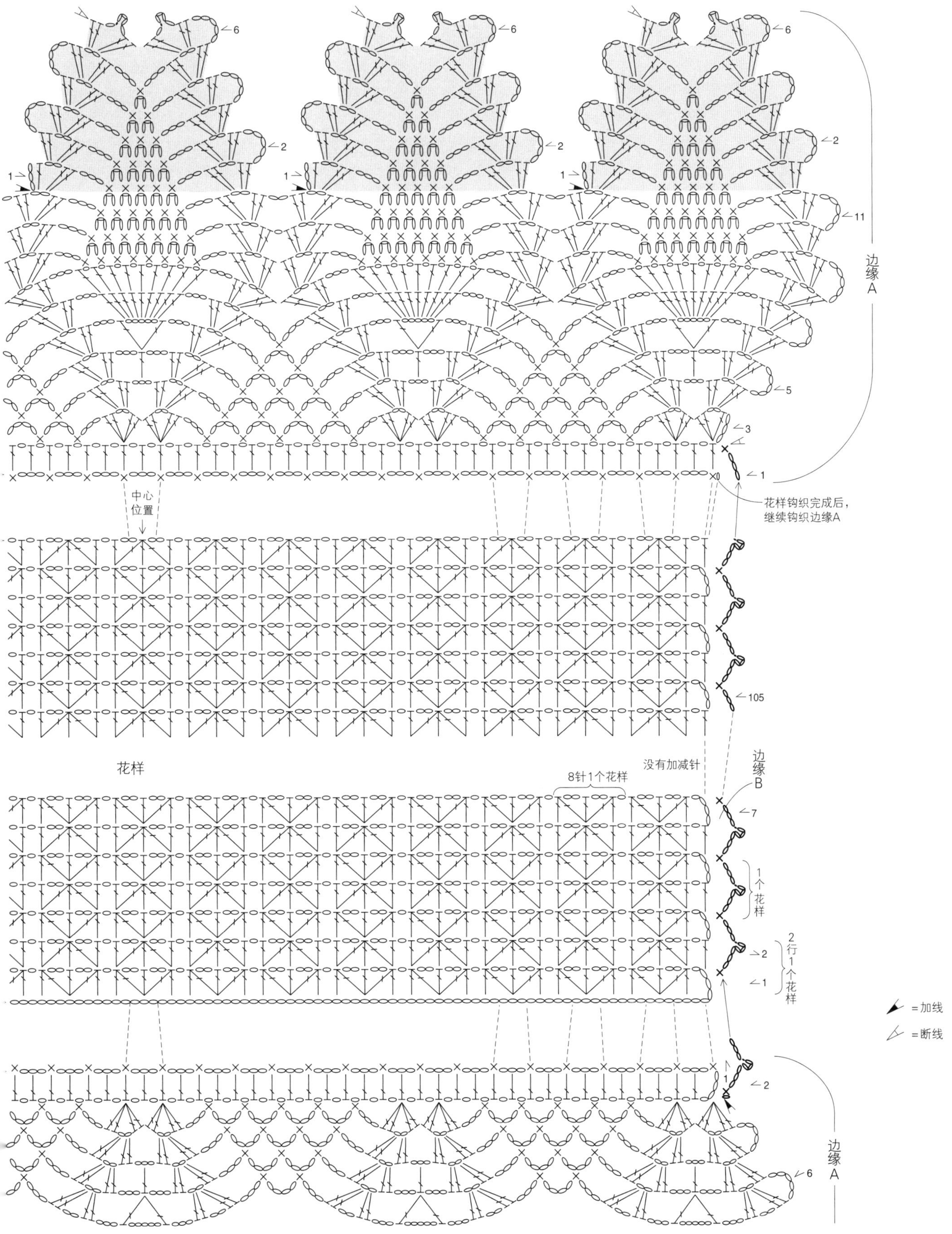

边缘A

花样钩织完成后，继续钩织边缘A

中心位置

花样

8针1个花样

没有加减针

边缘B

1个花样

2行1个花样

边缘A

◀ =加线

◁ =断线

PINEAPPLE CROCHET

NO* 23 成品图→34页

菠萝花样迷你长围巾

●**尺寸** 宽19cm 长159cm

●**材料**

线/中粗平直毛线
白色115g

钩针/3/0号钩针

●**钩织密度**

花样 1个花样（8行）=8.9cm

●**钩织方法** 使用1股线钩织。

❶钩29针锁针起针。

❷钩织129行花样，没有加减针，断线。

❸在整体图的右上方加线，钩织3条边的边缘。

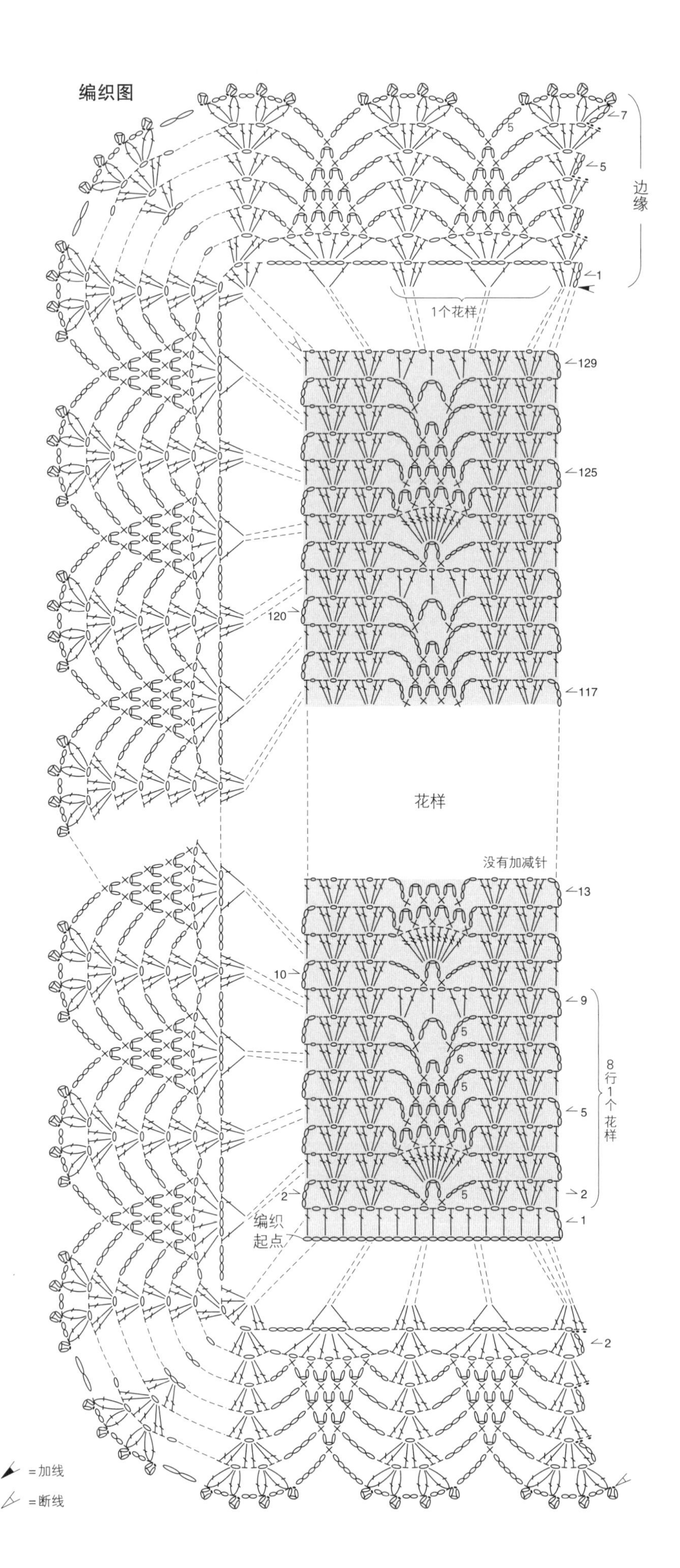

整体图

※边缘的挑针针数参照编织图

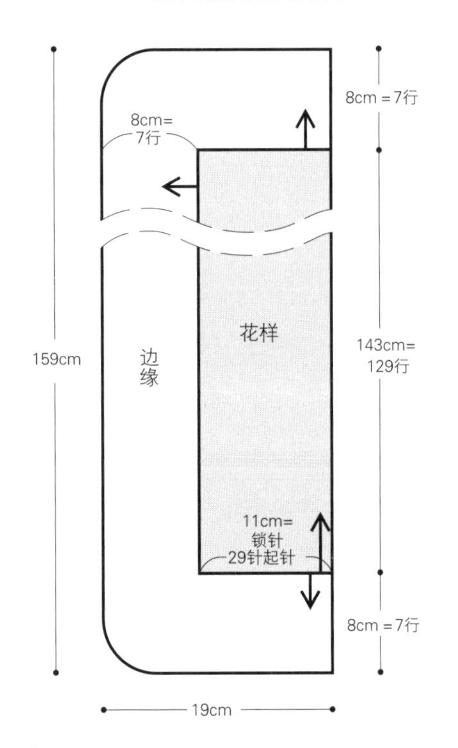

NO* 25 枣形针菠萝花样迷你围巾

成品图→36页

●**尺寸** 宽（花样）19cm 长165cm

●**材料**

线 / 中粗平直毛线

白色130g

钩针 / 3/0号钩针

●**钩织密度**

花样 10行＝10cm

●**钩织方法** 使用1股线钩织。

❶钩61针锁针起针。

❷钩织150行花样，没有加减针。

❸继续钩织边缘。

❹在起针针目的另一侧加线，以步骤❸同样的方法钩织边缘。

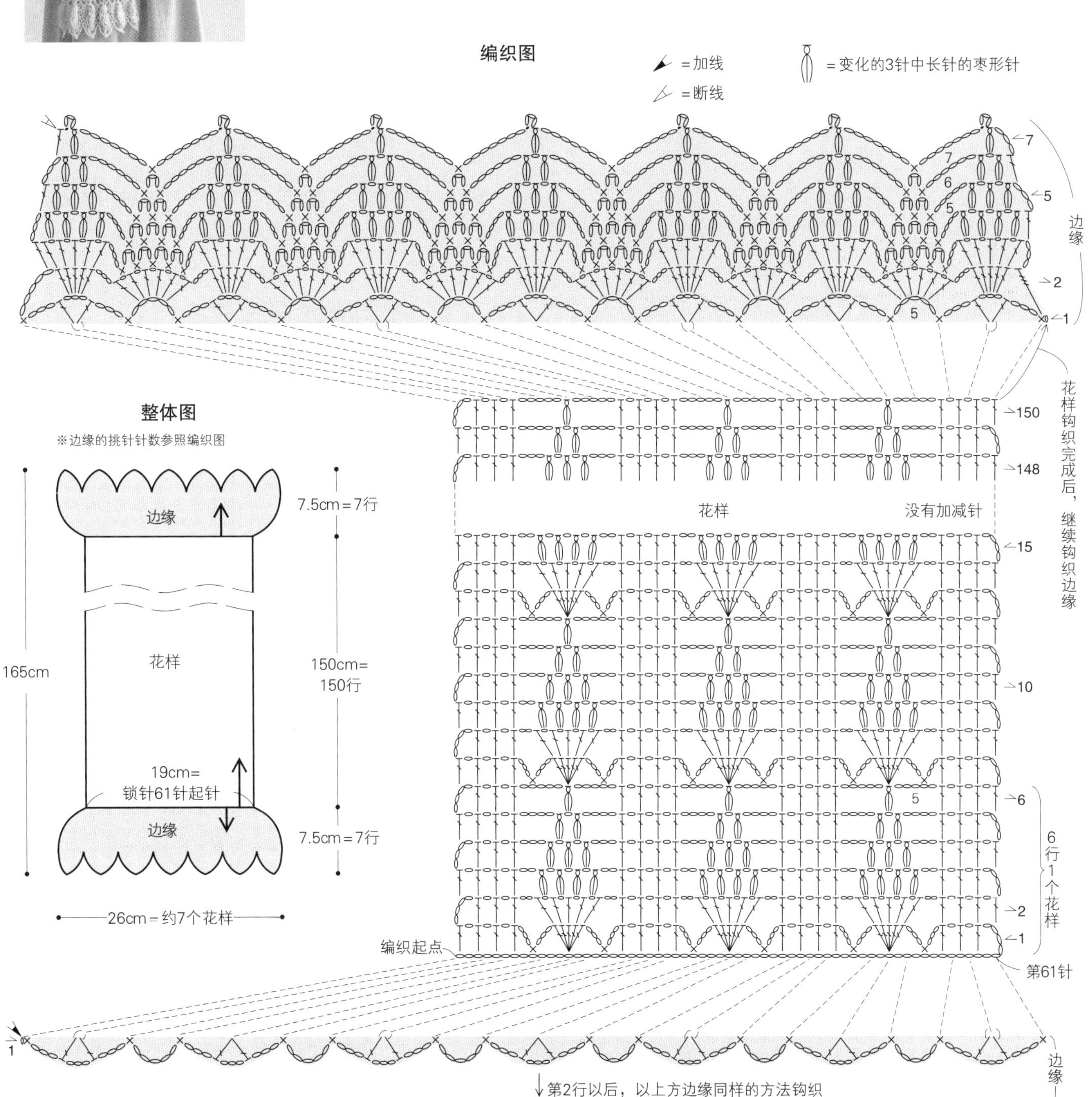

NO* 24 成品图→35页 荷叶边迷你围巾

●**尺寸** 宽27.5cm 长104cm

●**材料**

线 / 中粗平直毛线

黄色135g

钩针 / 3/0号钩针

●**钩织密度**

花样 1个花样=4cm 2个花样（12行）=8.5cm

●**钩织方法** 使用1股线钩织。

❶钩73针锁针起针。

❷钩织137行花样，没有加减针，断线。

❸在整体图的右上方加线，钩织3条边的边缘。

整体图

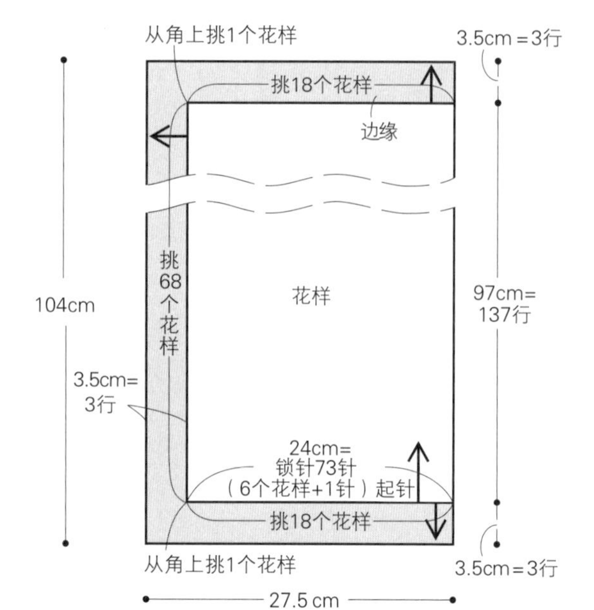

边缘的第1行

参照153页的编织图。※为了便于理解，使用了不同颜色的线材进行示范

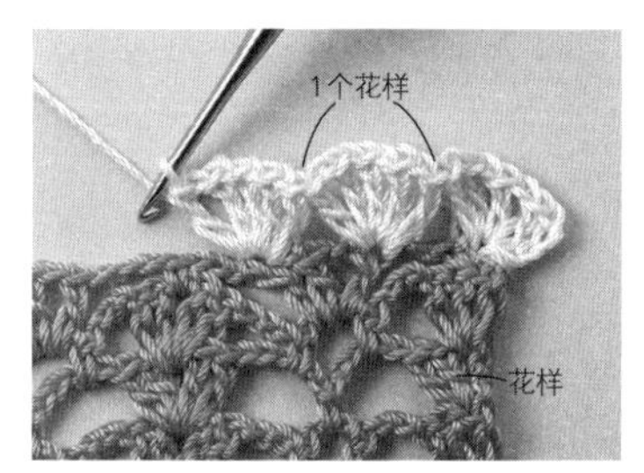

1 在花样的上方钩织边缘。在右侧加新线，在花样的最后一行（第137行）的针目上钩织边缘。

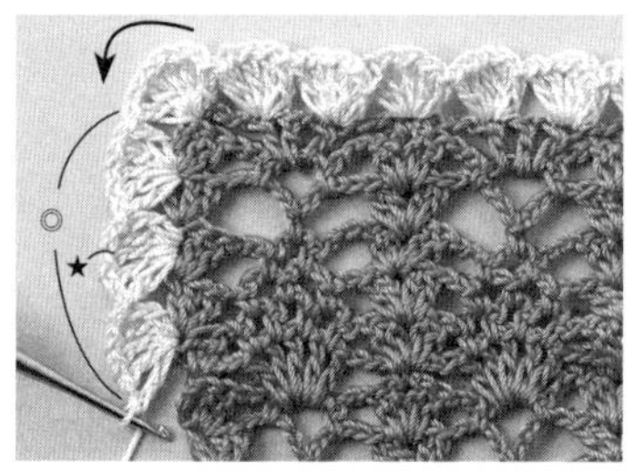

2 在花样左侧继续钩织边缘。重复◎至指定的位置。在花样两侧的3针锁针上整段挑针，钩织★的1个花样。

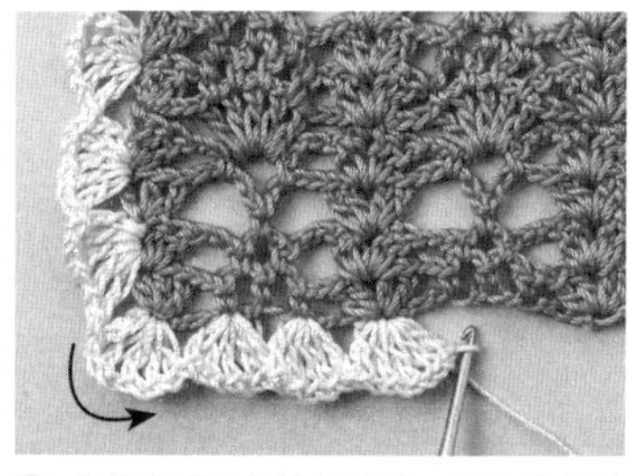

3 在花样的下方钩织边缘。下方在起针的锁针针目上钩织。

●上接169页

编织图b粗线符号的钩织方法

参照169页的编织图。

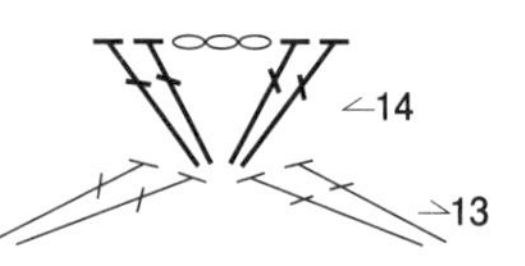

第4行的短针

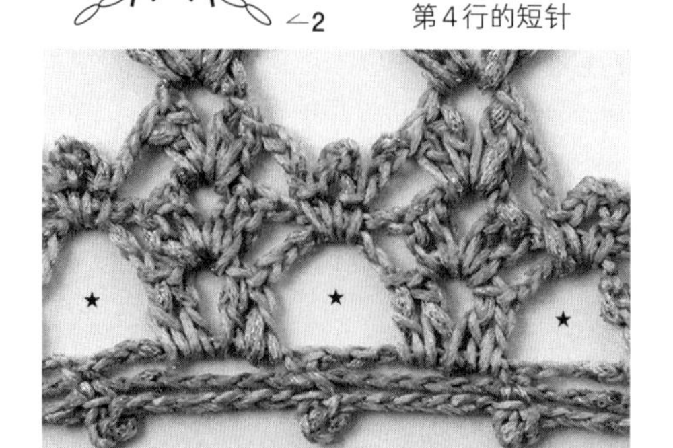

钩针插入第2行的7针锁针下方（★的位置），同时整段挑起第2行和第3行的锁针，钩织短针。将第2行和第3行包起来，如图所示，形成更大的空隙（镂空）。

第14行的长针

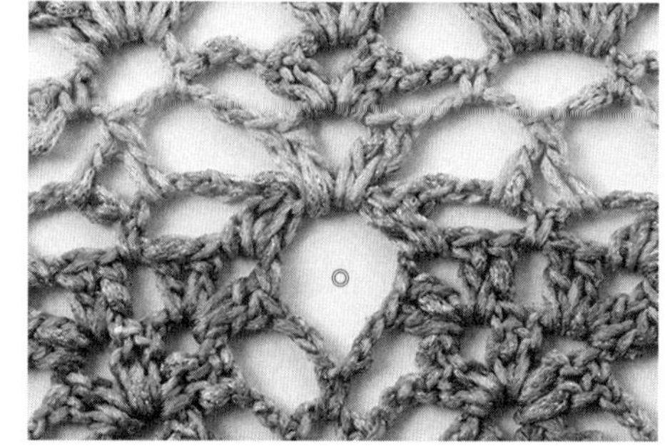

钩针插入第13行长针的针目之间（◎的位置），钩织长针。和左图的短针一样，形成更大的空隙（镂空）。

编织图

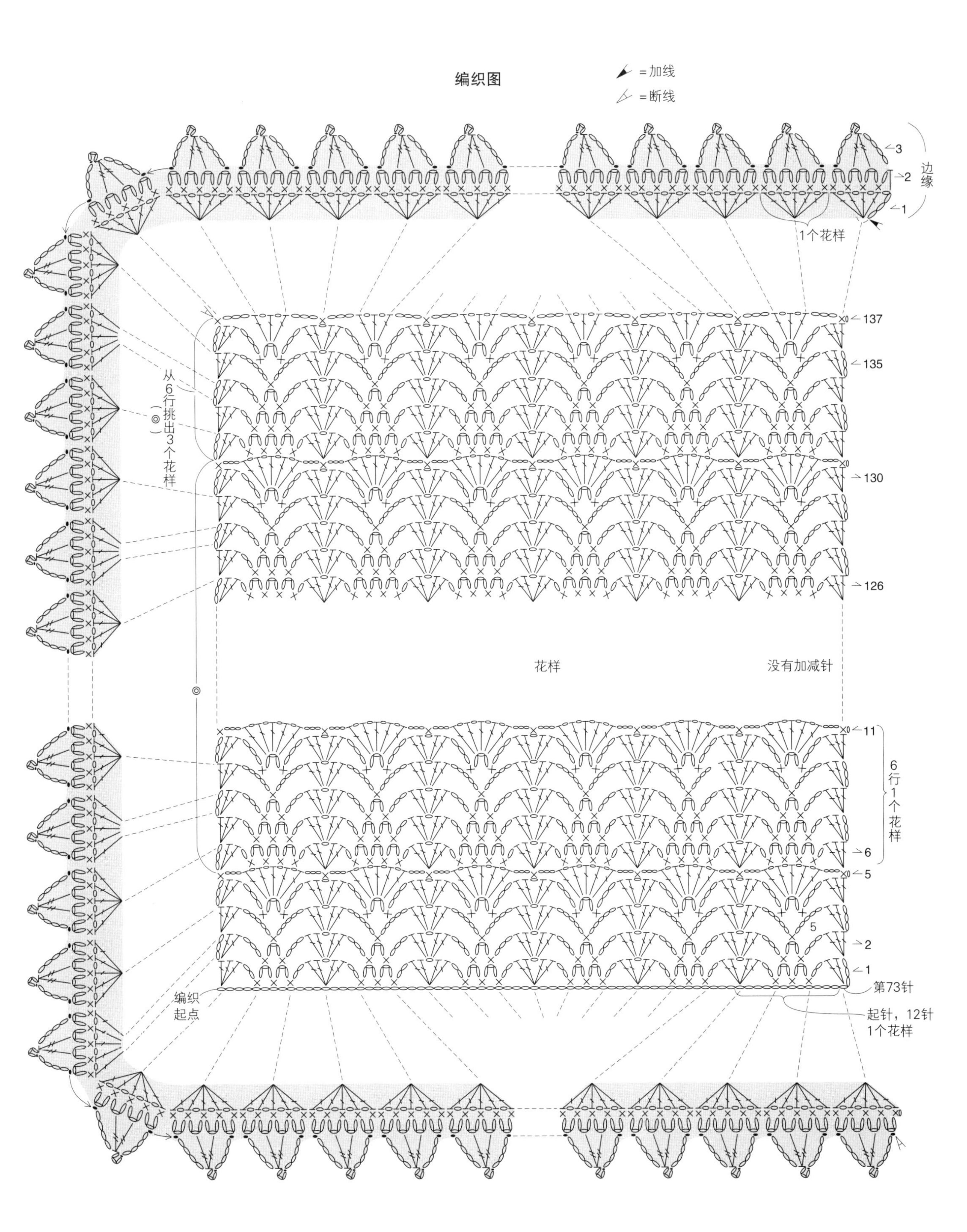

=加线
=断线
3
2
1
边缘
1个花样
137
135
130
126
从6行挑出3个花样（◎）
◎
花样
没有加减针
11
6
5
2
1
6行1个花样
5
第73针
编织起点
起针，12针1个花样

PINEAPPLE CROCHET

NO* 26 成品图→37页 波浪形迷你围巾

●**尺寸** 宽13cm 长120cm

●**材料**

线／中粗平直毛线

黄色系85g

钩针／4/0号钩针

●**钩织密度**

花样 1个花样（10行）=12.5cm

●**钩织方法** 使用1股线钩织。

❶钩1针锁针起针。

❷参照编织图钩织97行花样。

整体图

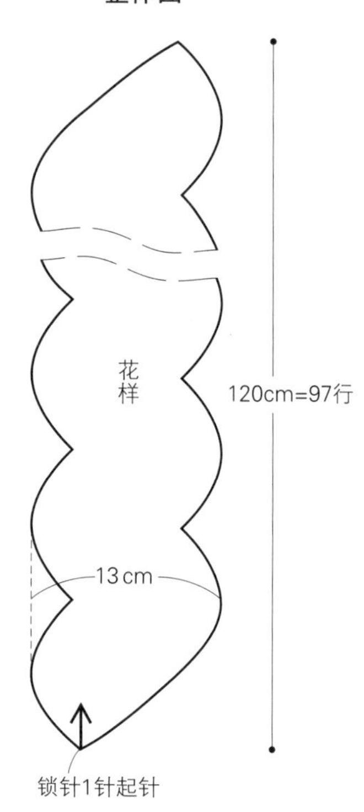

花样的钩织方法

每一行钩5针锁针之后开始钩织花样。从第2行开始，一行钩织完成后先钩织下一行的5针锁针，再翻转织物继续钩织花样。

编织图

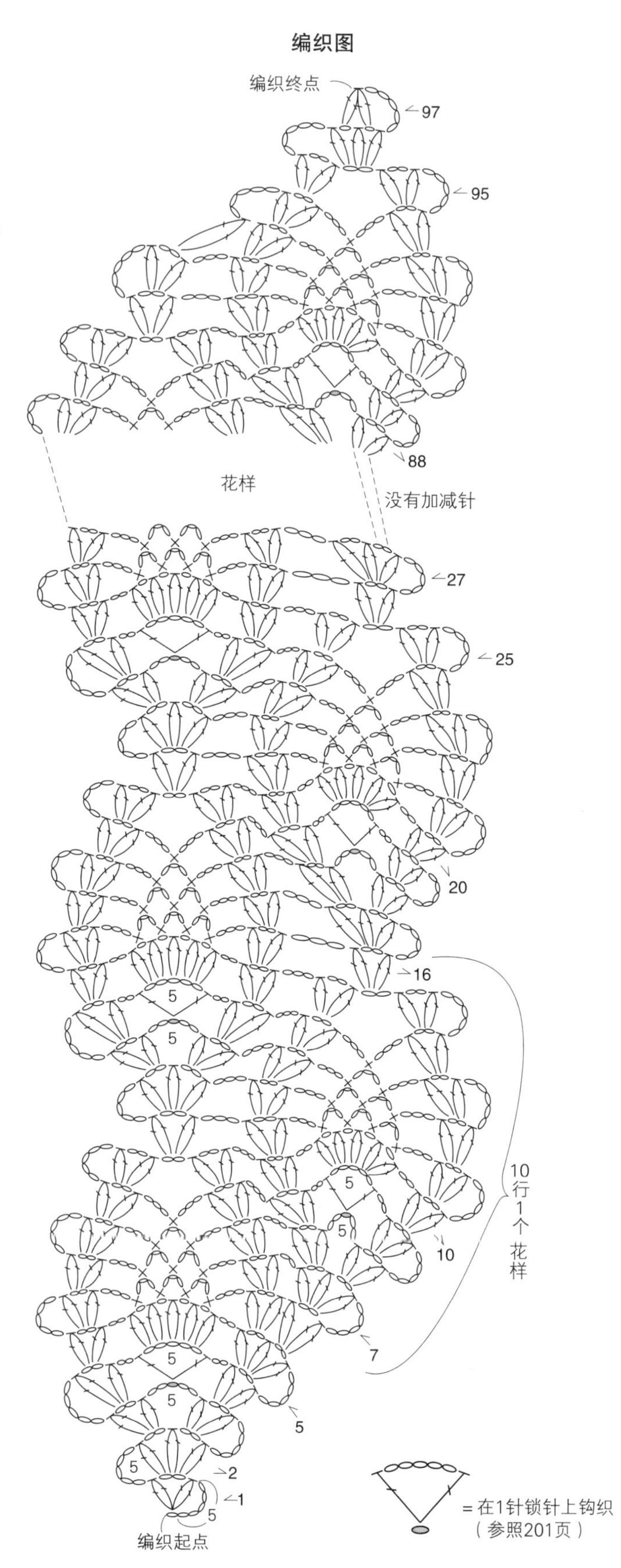

NO* 27 贝壳形菠萝花样迷你围巾

成品图→38页

●**尺寸** 宽18cm 长182cm

●**材料**

线 / 中粗平直毛线

原白色150g

钩针 / 3/0号钩针

●**钩织密度**

花样 边长10cm正方形=24.5针、9.5行

●**钩织方法** 使用1股线钩织。

❶钩44针锁针起针。

❷钩织172行花样。

❸加线，继续钩织边缘。

❹在起针针目的另一侧加线，钩织边缘。

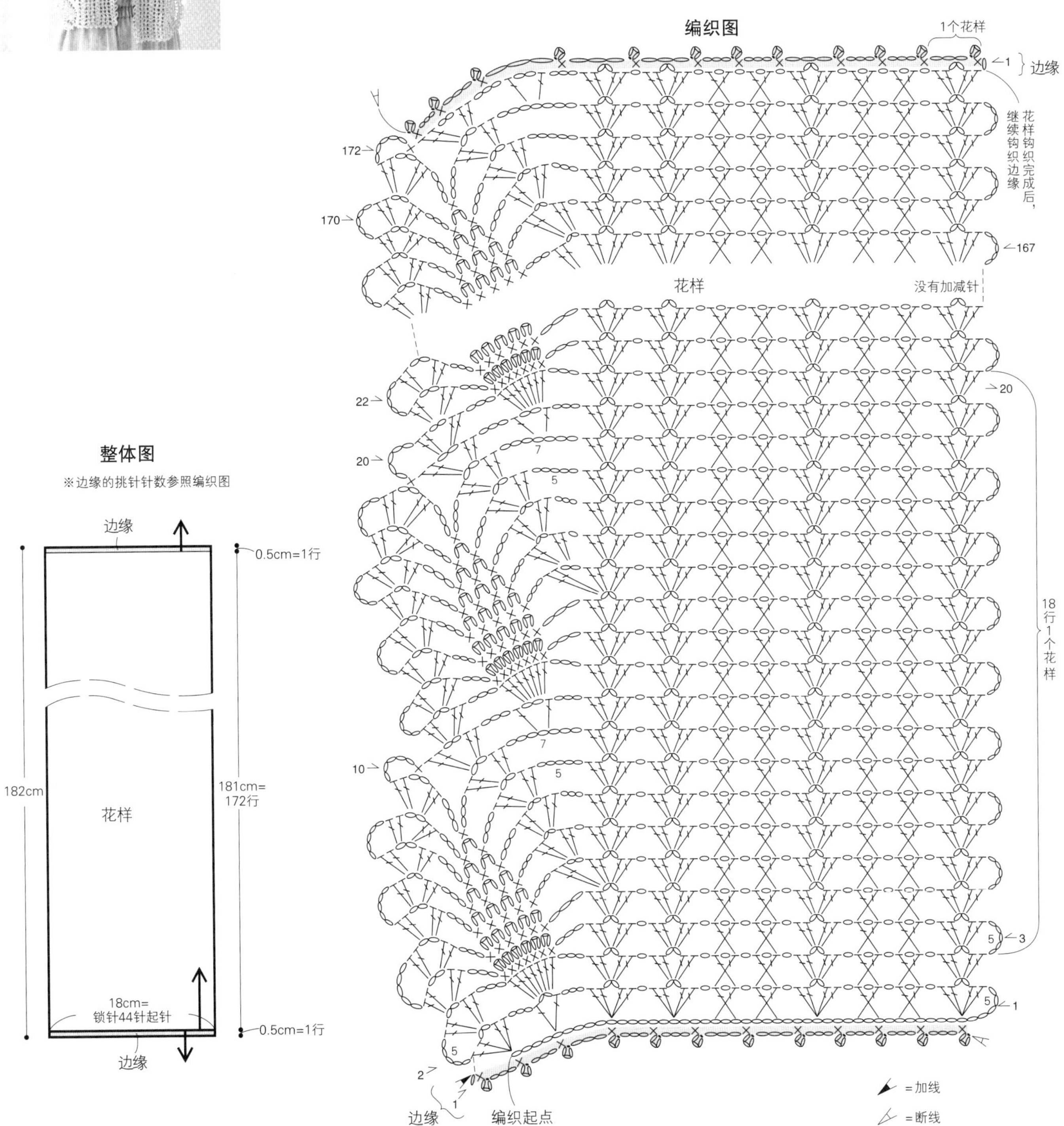

NO* 28 超迷你菠萝花样围巾

成品图→39页

●**尺寸**　宽21cm　长145cm

●**材料**

线 / 中细平直毛线

紫色系110g

钩针 / 3/0号钩针

●**钩织密度**

花样　1个花样=4.5cm　8行=7cm

●**钩织方法**　使用1股线钩织。

❶钩49针锁针起针。

❷钩织166行花样，没有加减针，断线。

❸在花样第1行的右侧加线，钩织边缘。

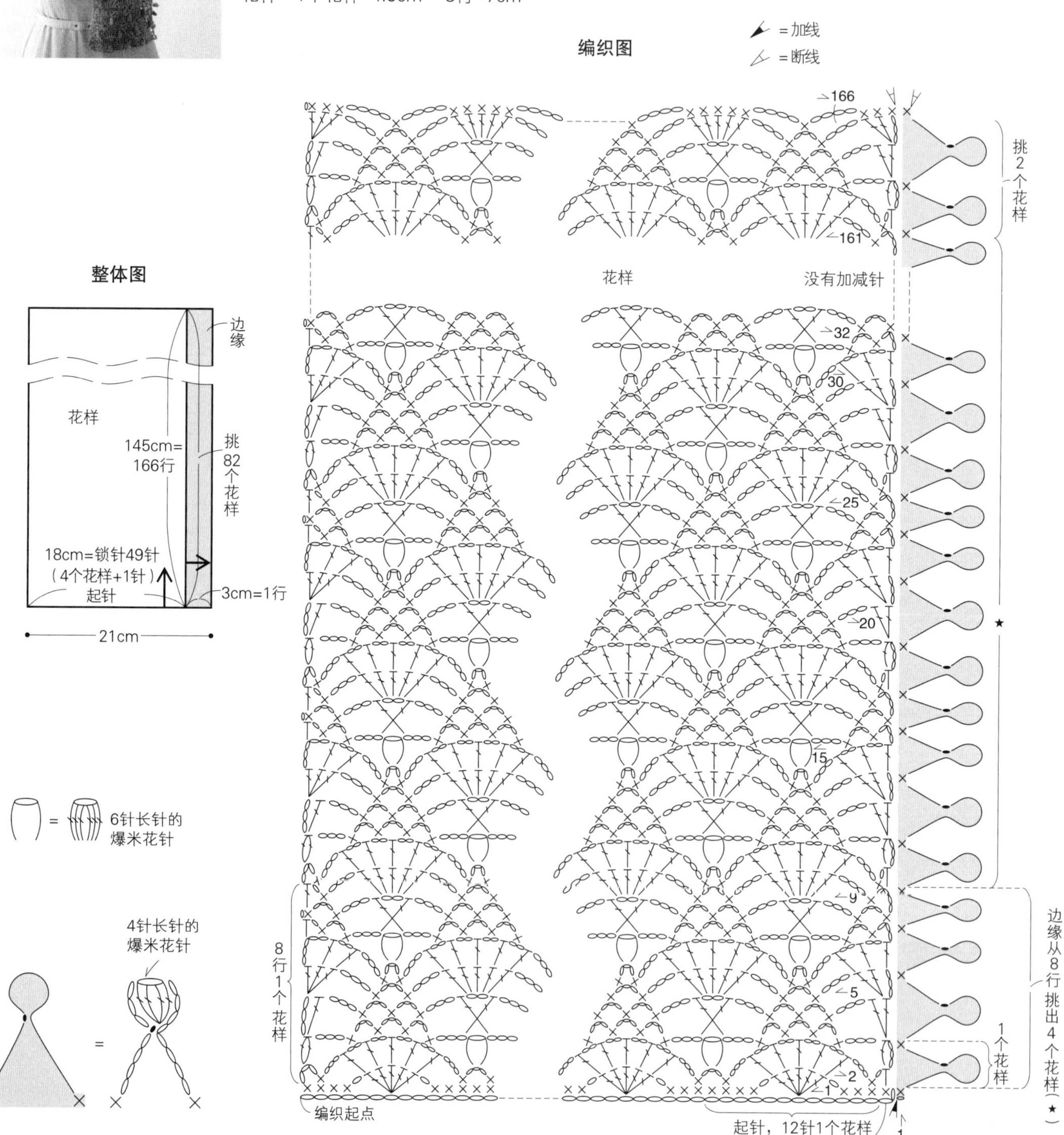

NO* 29 小巧菠萝花样迷你围巾

成品图→40页

●尺寸　宽17cm　长165cm

●材料

线 / 中粗平直毛线

　原白色120g

钩针 / 3/0号钩针

●钩织密度

花样　1个花样=4.5cm　10.5行=10cm

●钩织方法　使用1股线钩织。

❶钩41针锁针起针。

❷钩织169行花样，没有加减针，断线。

❸在整体图的左上方加线，钩织3条边的边缘。

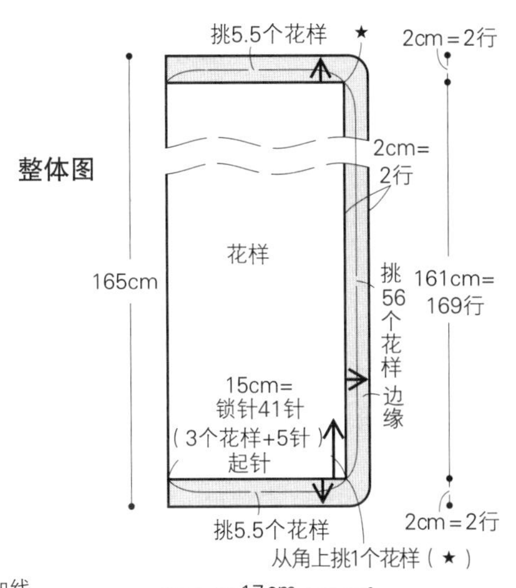

编织图

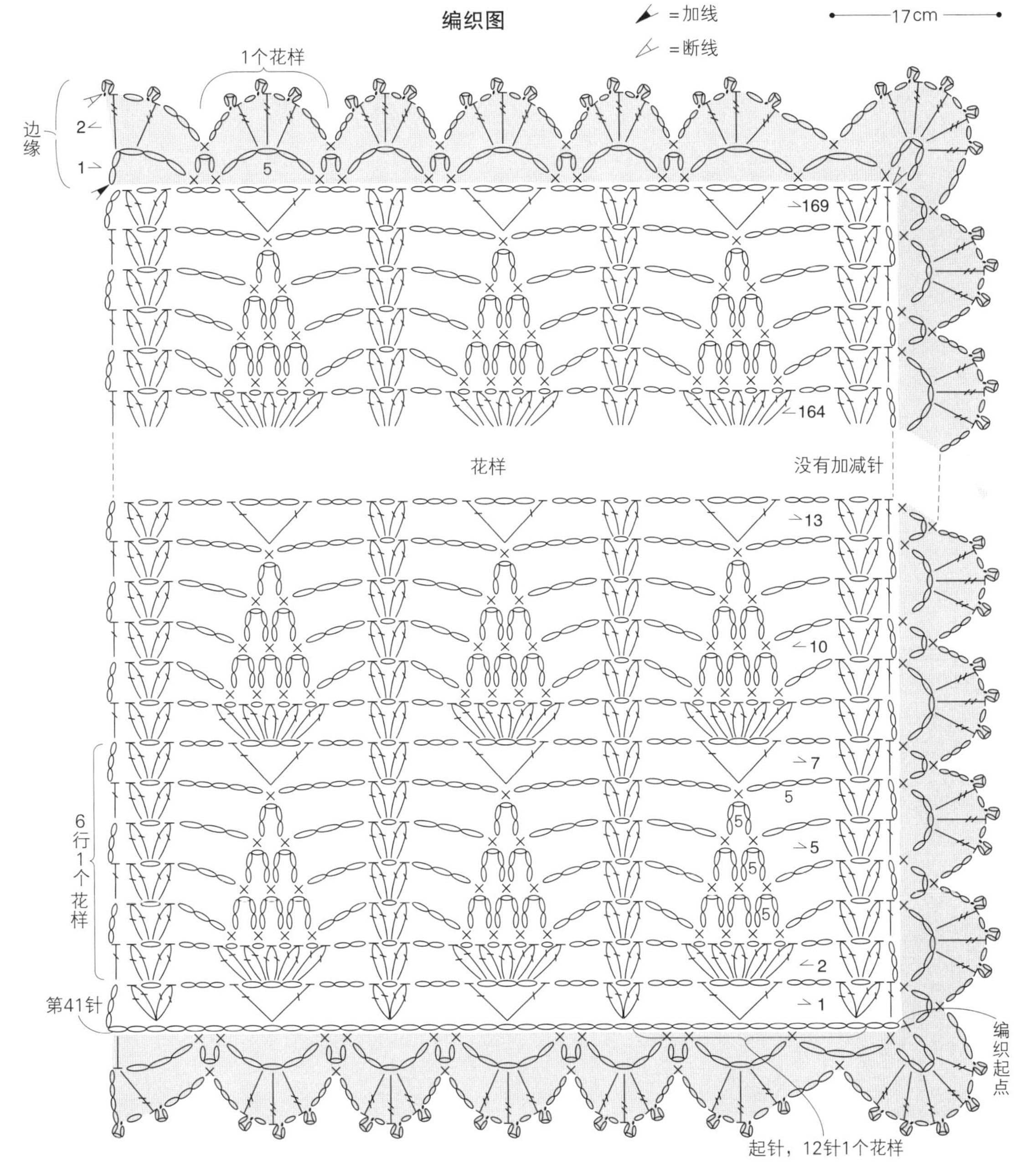

NO* 30 成品图→41页 麻叶花样围巾

●**尺寸** 宽32cm 长155cm

●**材料**

线／中粗平直毛线

蓝色135g

钩针／4/0号钩针

●**钩织密度**

花样 1个花样=4cm 6行=5cm

●**钩织方法** 使用1股线钩织。

❶钩81针锁针起针。

❷钩织167行花样，没有加减针，断线。

❸边缘分别加线，钩织每一个花样。

❹以步骤❸同样的方法，在起针针目的另一侧钩织边缘。

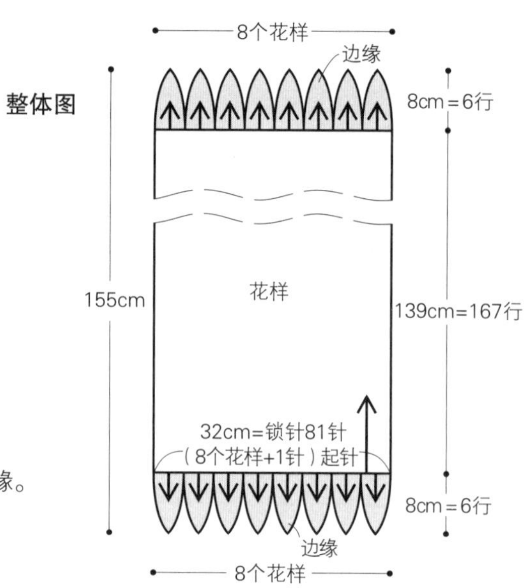

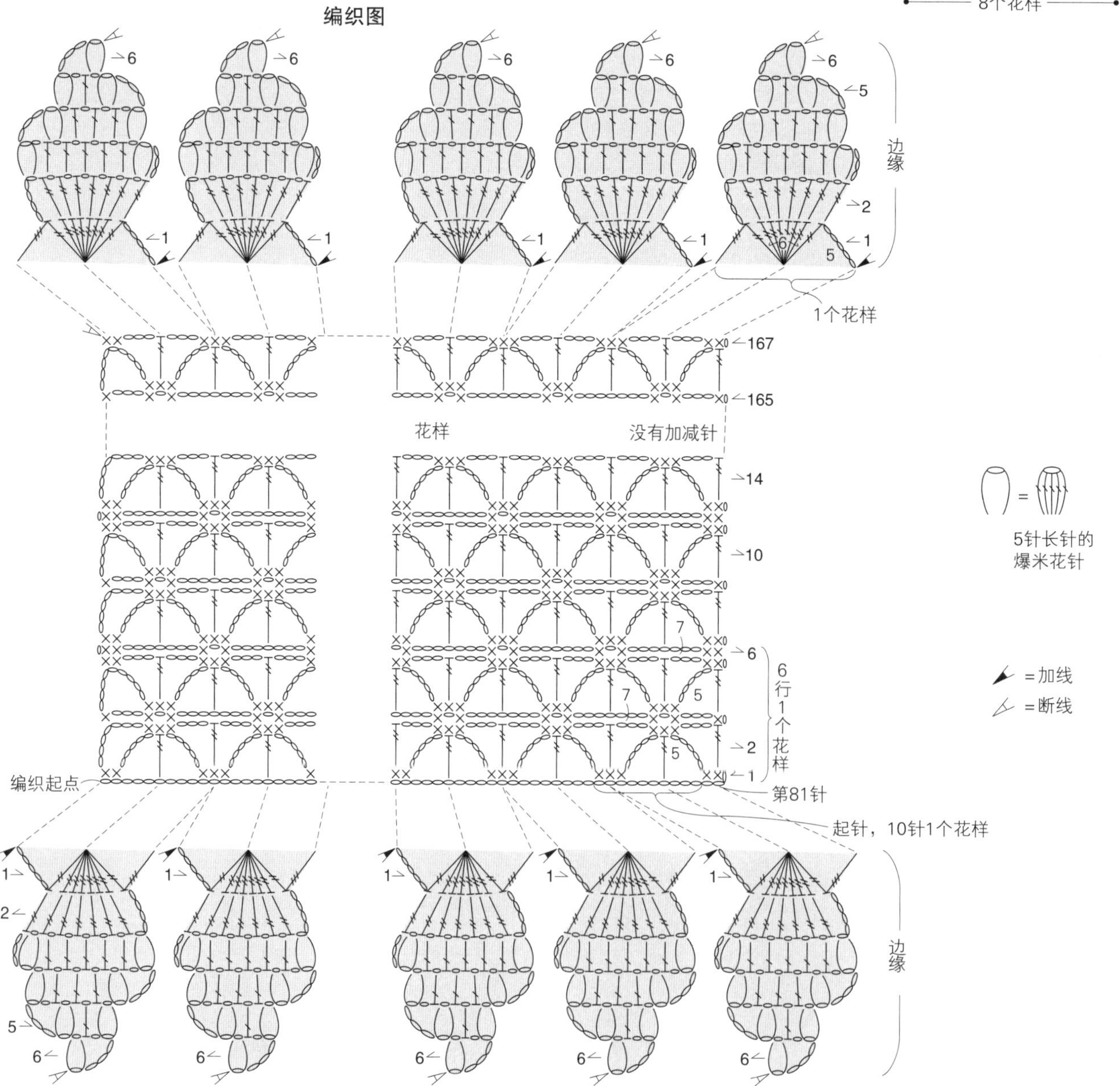

NO* 32 枣形针菠萝花样围巾

成品图→43页

●尺寸　宽23cm　长143cm

●材料

线 / 中细平直毛线
　　蓝色系125g

钩针 / 3/0号钩针

●钩织密度

花样　10行＝10cm

●钩织方法　使用1股线钩织。

❶钩53针锁针起针。

❷钩织141行花样，没有加减针。

❸加线，一周钩织边缘。

整体图

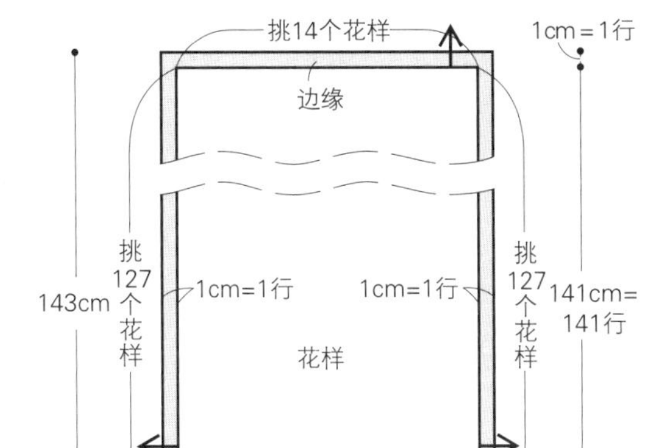

编织图

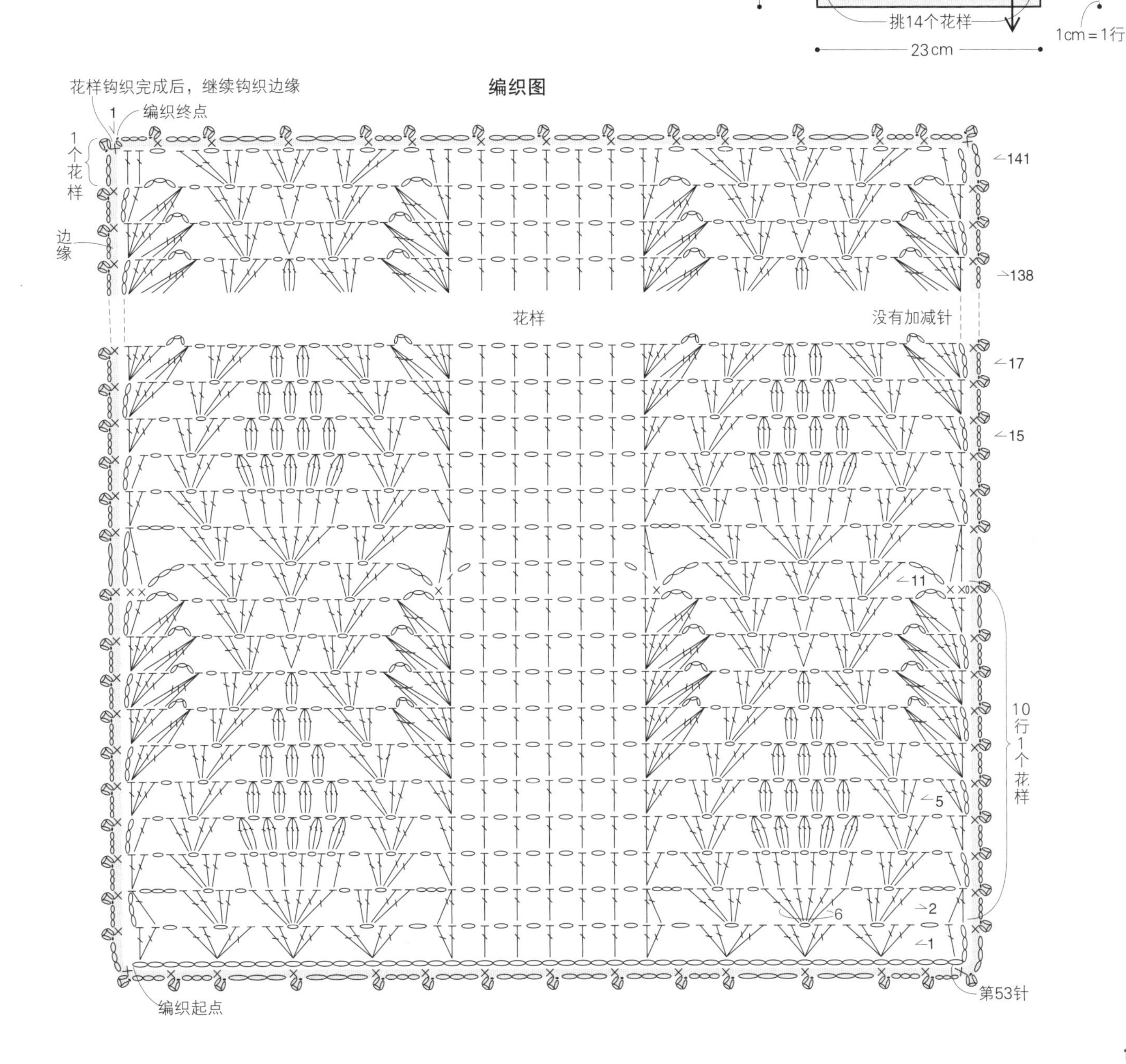

NO* 31 成品图→42页 菠萝花样花边三角披肩

●**尺寸** 宽34cm 长134cm

●**材料**

线 / 中粗平直毛线

浅蓝色系125g

钩针 / 4/0号钩针

●**钩织密度**

花样 1个花样＝约5.3cm 12行＝10cm

●**钩织方法** 使用1股线钩织。

❶钩303针锁针起针。

❷钩织33行花样，两端减针，断线。

❸在起针针目的右侧加线，钩织除起针针目之外的两边的边缘。

整体图

※边缘的挑针针数参照编织图

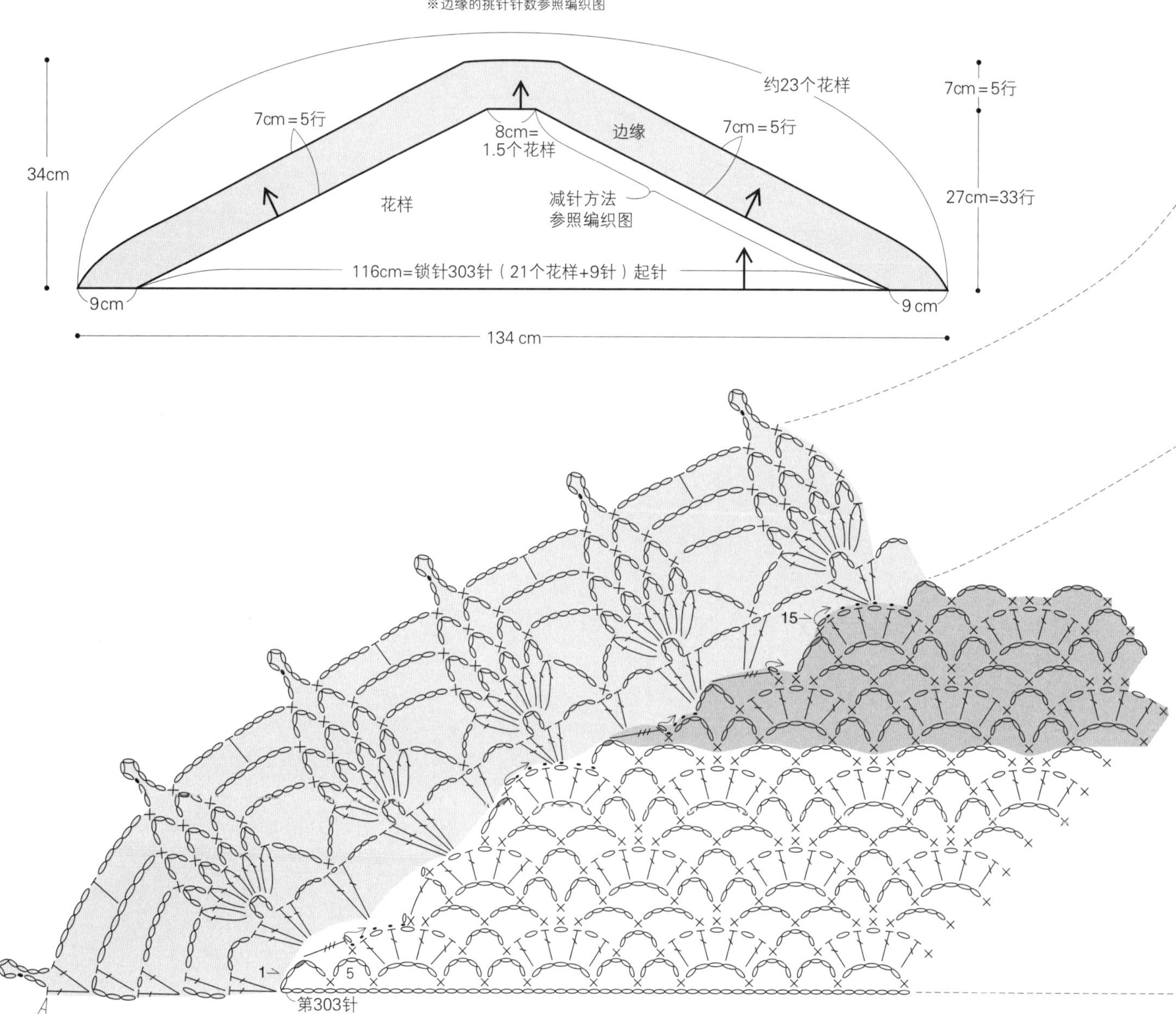

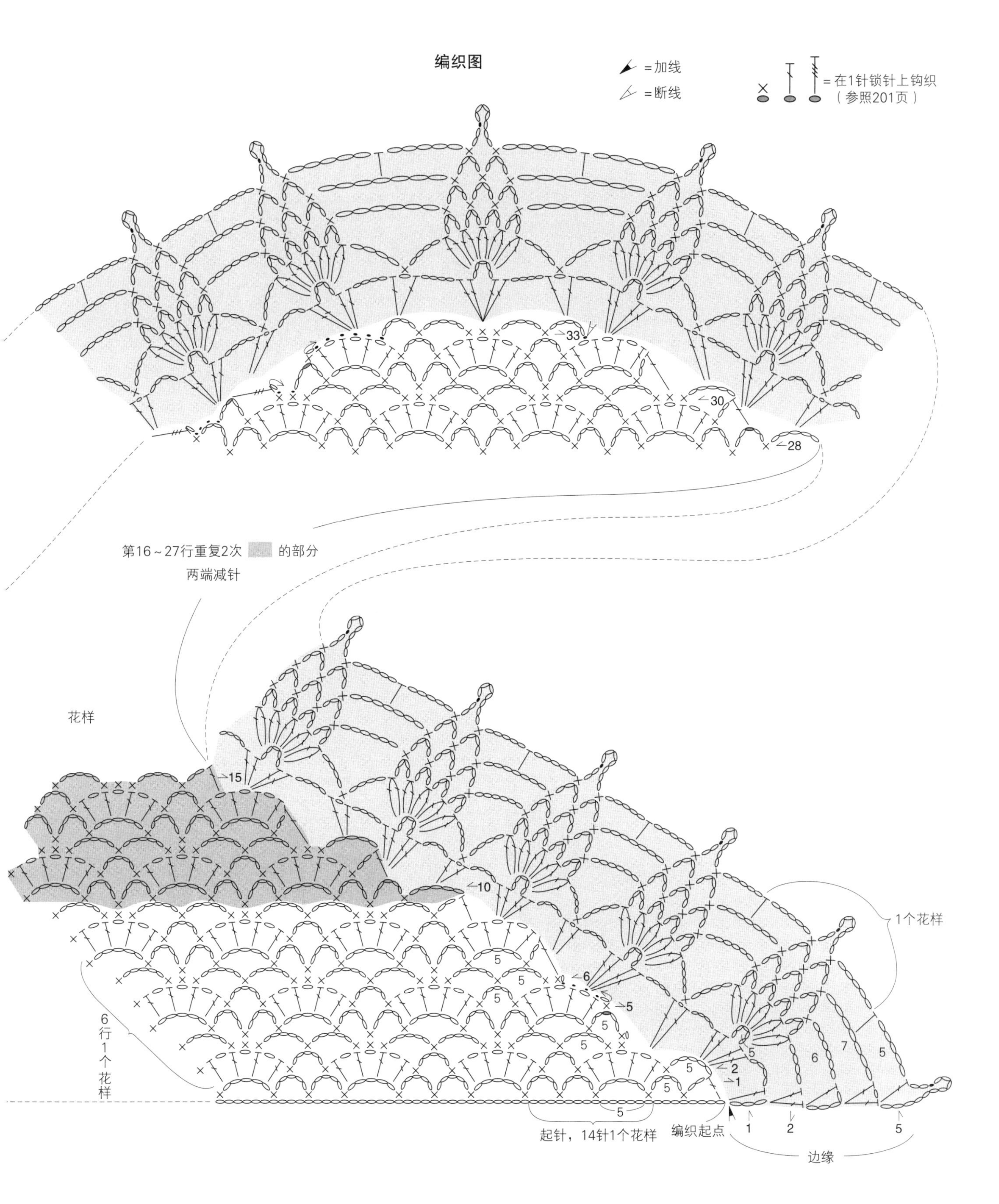
编织图
=加线
=断线
=在1针锁针上钩织
（参照201页）
33
30
28
第16～27行重复2次 的部分
两端减针
花样
15
10
1个花样
6
5
6行1个花样
2
1
5
6
7
起针，14针1个花样
编织起点
1
2
5
边缘

PINEAPPLE CROCHET

NO* 33

成品图→44页

菠萝花样迷你围巾

●尺寸　宽30cm　长135cm

●材料

线／中粗平直毛线

　米黄色130g

钩针／3/0号钩针

●钩织密度

花样　1个花样＝约6.5cm

9行＝10cm（起针33.5针＝10cm）

●钩织方法

使用1股线钩织。整体图参照147页。

❶钩81针锁针起针，钩织整体图上方的花样。参照编织图，钩织至第58行。第59、60行先钩织左侧的1个花样，断线，再分别加线钩织中间和右侧部分。

❷在起针针目的另一侧加线，钩织整体图下方的花样。以上方同样的方法钩织至第57行。第58、59行先钩织右侧的1个花样，断线，再分别加线钩织中间和左侧部分。

❸花样一周钩织1行边缘。

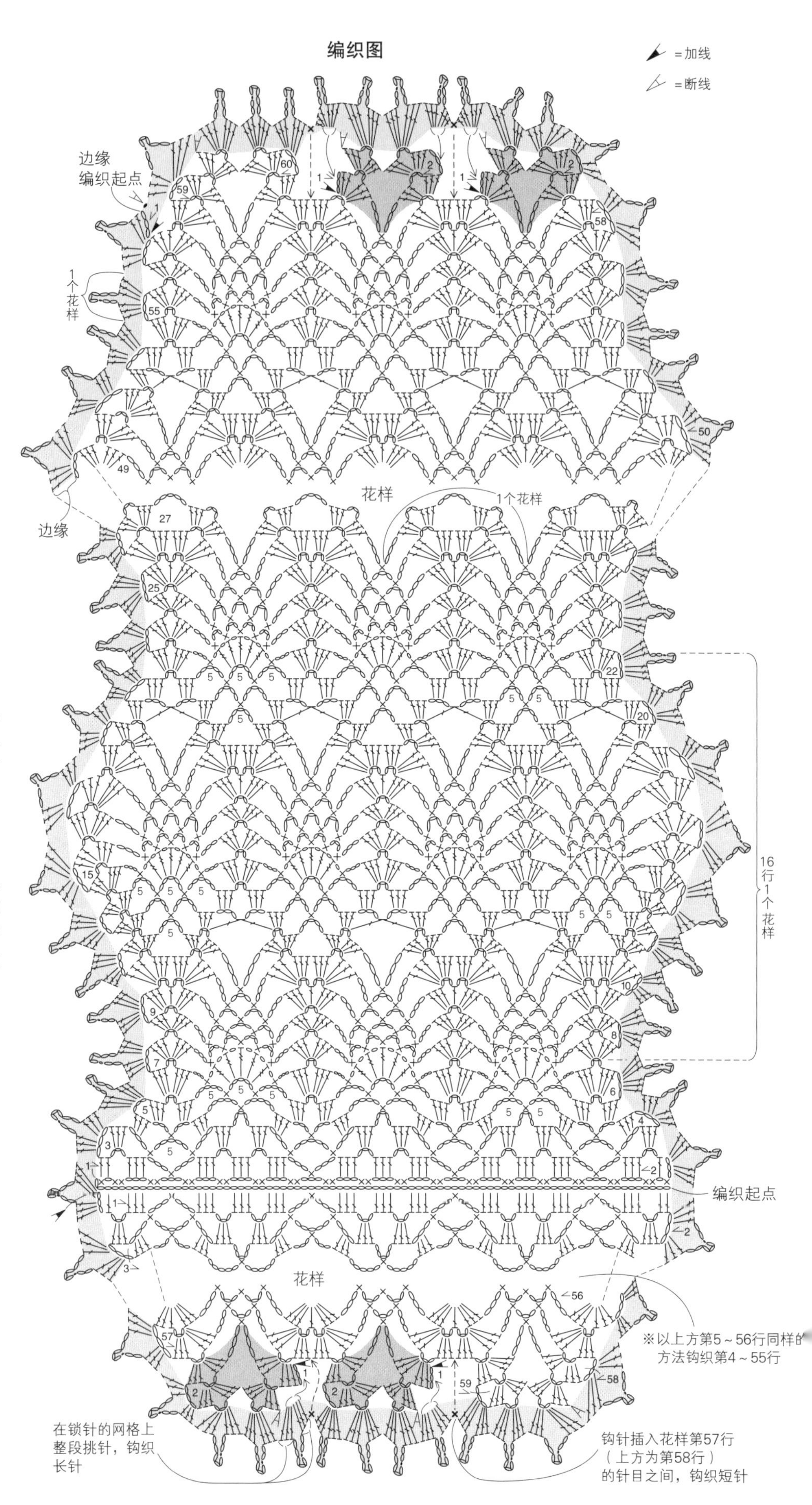

PINEAPPLE CROCHET

NO* 34 方眼花样菠萝花样三角披肩

成品图→45页

●尺寸　宽50cm　长126cm

●材料

线／粗平直毛线

　奶黄色155g

钩针／4/0号钩针

●钩织密度

花样

1个花样（8格）=8cm

12.5行=10cm

●钩织方法　使用1股线钩织。

❶钩2针锁针起针。

❷钩织60行花样，两端加针。

❸加线，一周钩织边缘A、B。

整体图

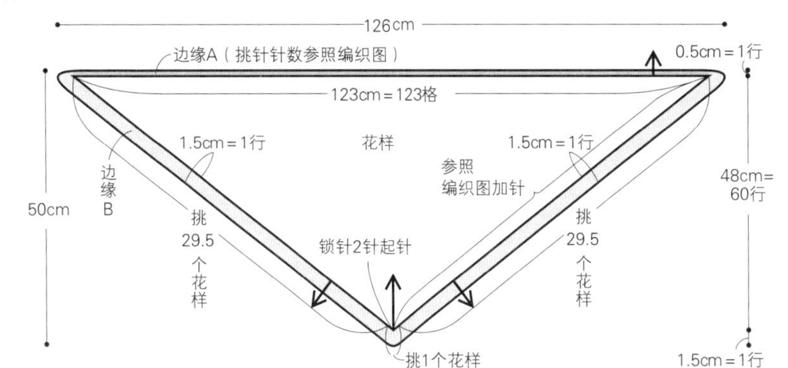

编织图

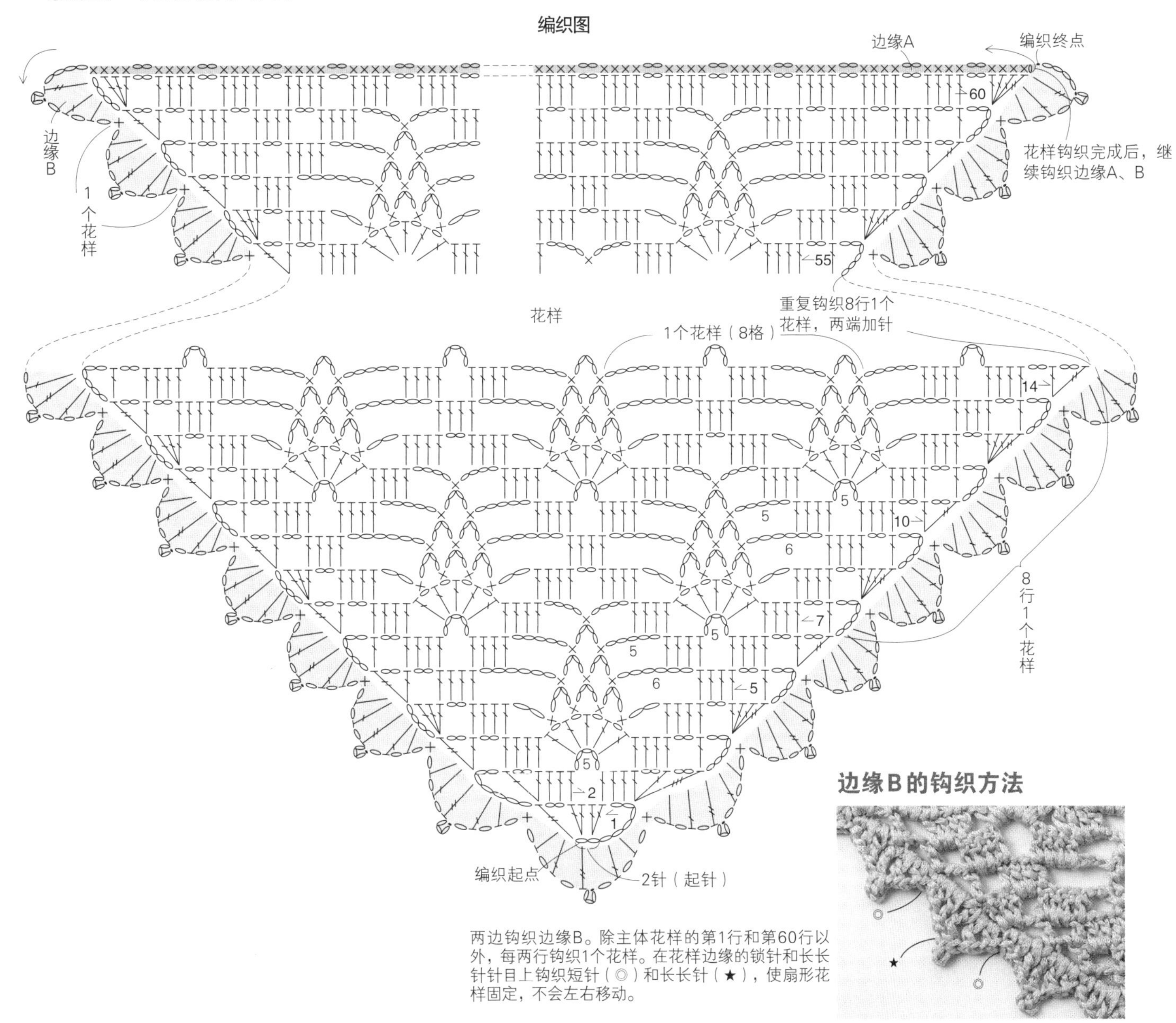

边缘B的钩织方法

两边钩织边缘B。除主体花样的第1行和第60行以外，每两行钩织1个花样。在花样边缘的锁针和长长针针目上钩织短针（◎）和长长针（★），使扇形花样固定，不会左右移动。

PINEAPPLE CROCHET

NO* 35 成品图→46页 大小菠萝花样围巾

●尺寸　宽32cm　长168cm

●材料

线 / 中细平直毛线
　　茶色系200g

钩针 / 4/0号钩针

●钩织密度

花样　1个花样（宽）=8cm　14行=12cm

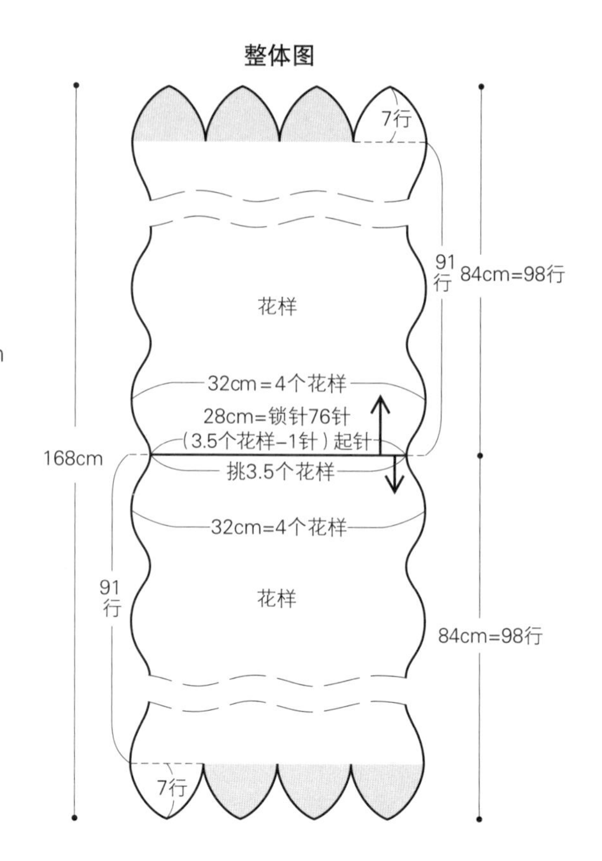

●钩织方法　使用1股线钩织。

❶钩76针锁针起针。

❷参照165页的编织图①，钩织91行整体图上方的花样。

❸参照下方的编织图②，第92~98行钩织右侧的1个花样，断线。第2个花样在指定的位置加线，钩织7行。以同样的方法钩织第3、4个花样（参照113页图示）。

❹在起针针目的另一侧加线，以上方同样的方法钩织整体图下方的花样。

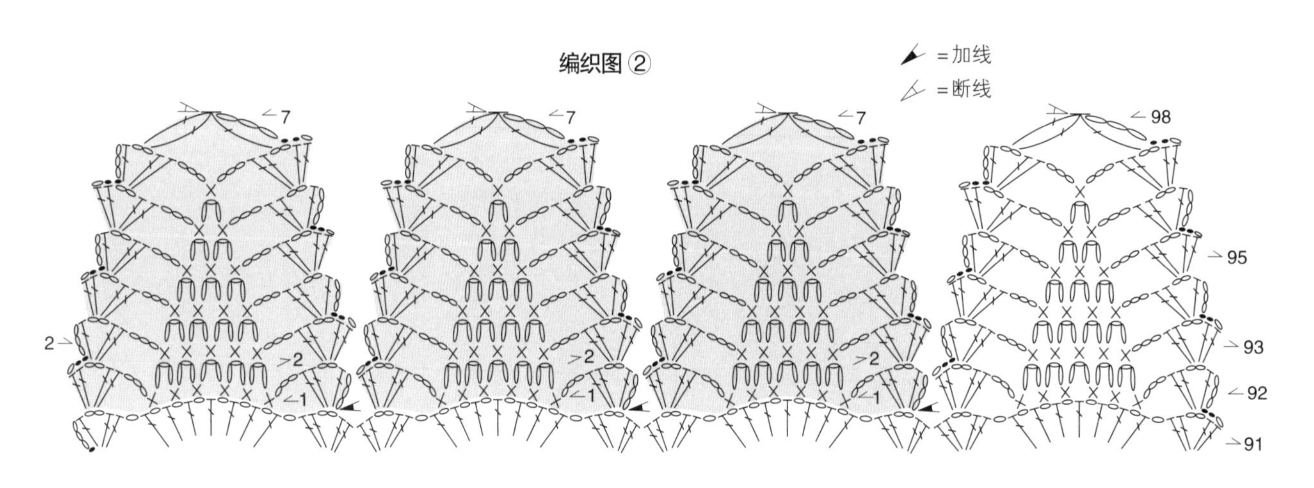

从中间开始钩织上方和下方的花样

如图**A**，钩针挑锁针背面的里山，钩织上方的花样；图**B**为钩针挑锁针的半针和背面的里山钩织上方的花样（参照223页的起针）。钩织下方花样时，相较于图**A**，图**B**的起针针目被拉大。这个作品是从中间开始，分别钩织上方和下方的花样，尽量减少起针针目的变形会比较美观，所以更推荐使用图**A**的钩织方法。

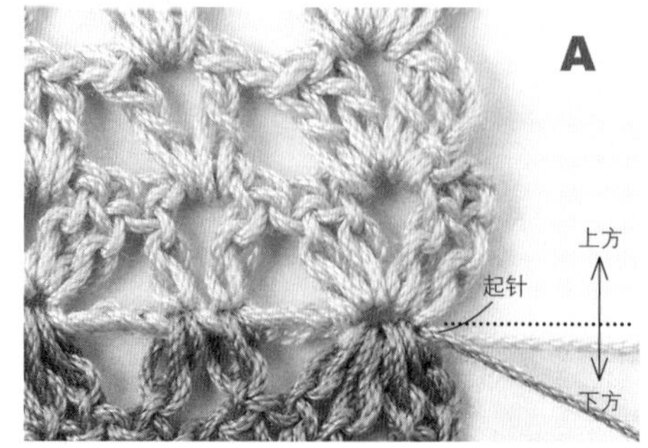

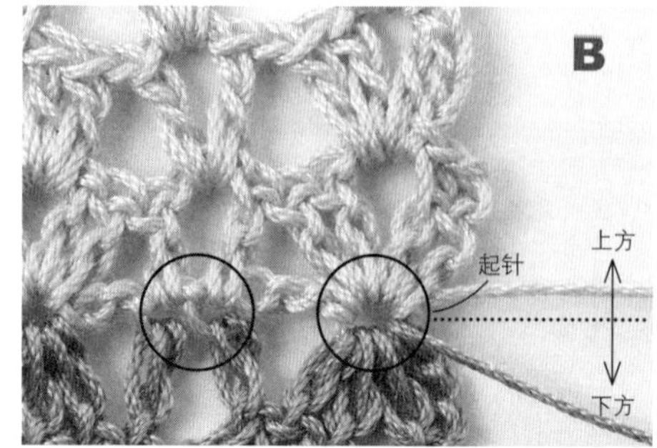

编织图①

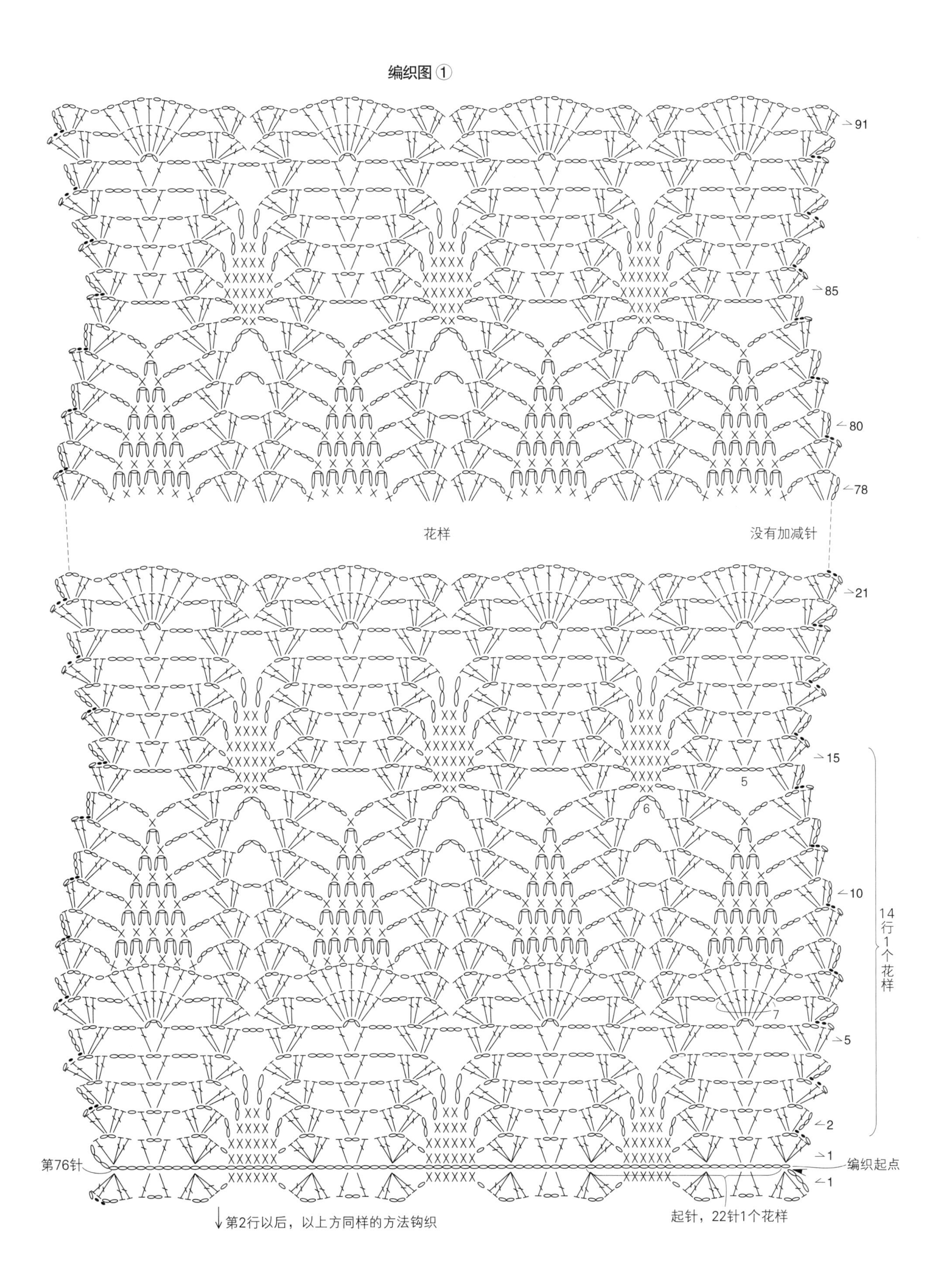

91
85
80
78
花样
没有加减针
21
15
5
6
10
14行1个花样
7
5
2
1
第76针
编织起点
1
起针，22针1个花样
↓第2行以后，以上方同样的方法钩织

NO* 36

成品图→47页

菠萝花样花边迷你围巾

●**尺寸**　宽18cm　长111.5cm

●**材料**

线 / 中细平直毛线

　　深橙色系75g

钩针 / 4/0号钩针

●**钩织密度**　花样　边长10cm正方形=34针、14行

●**钩织方法**　使用1股线钩织。

❶钩61针锁针起针。

❷钩织128行花样，没有加减针，断线。

❸在整体图的左上方加线，钩织边缘。第7行钩织完成后，钩织整体图右侧的1个花样，断线。在指定的位置加线，钩织第2个花样。以同样的方法钩织第3个花样。

❹在起针针目的另一侧加线，以步骤❸同样的方法钩织边缘。

整体图

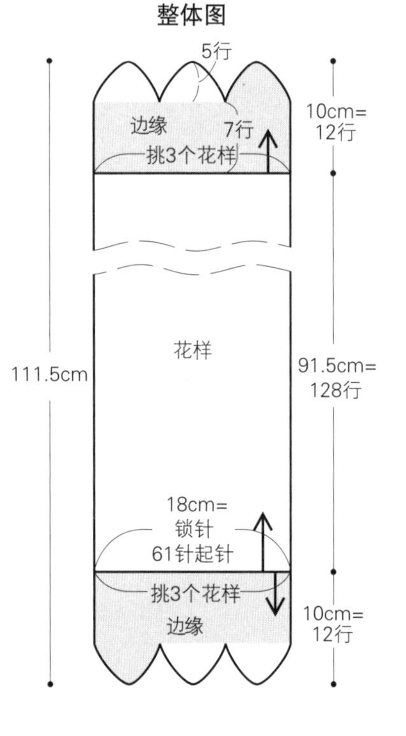

编织图

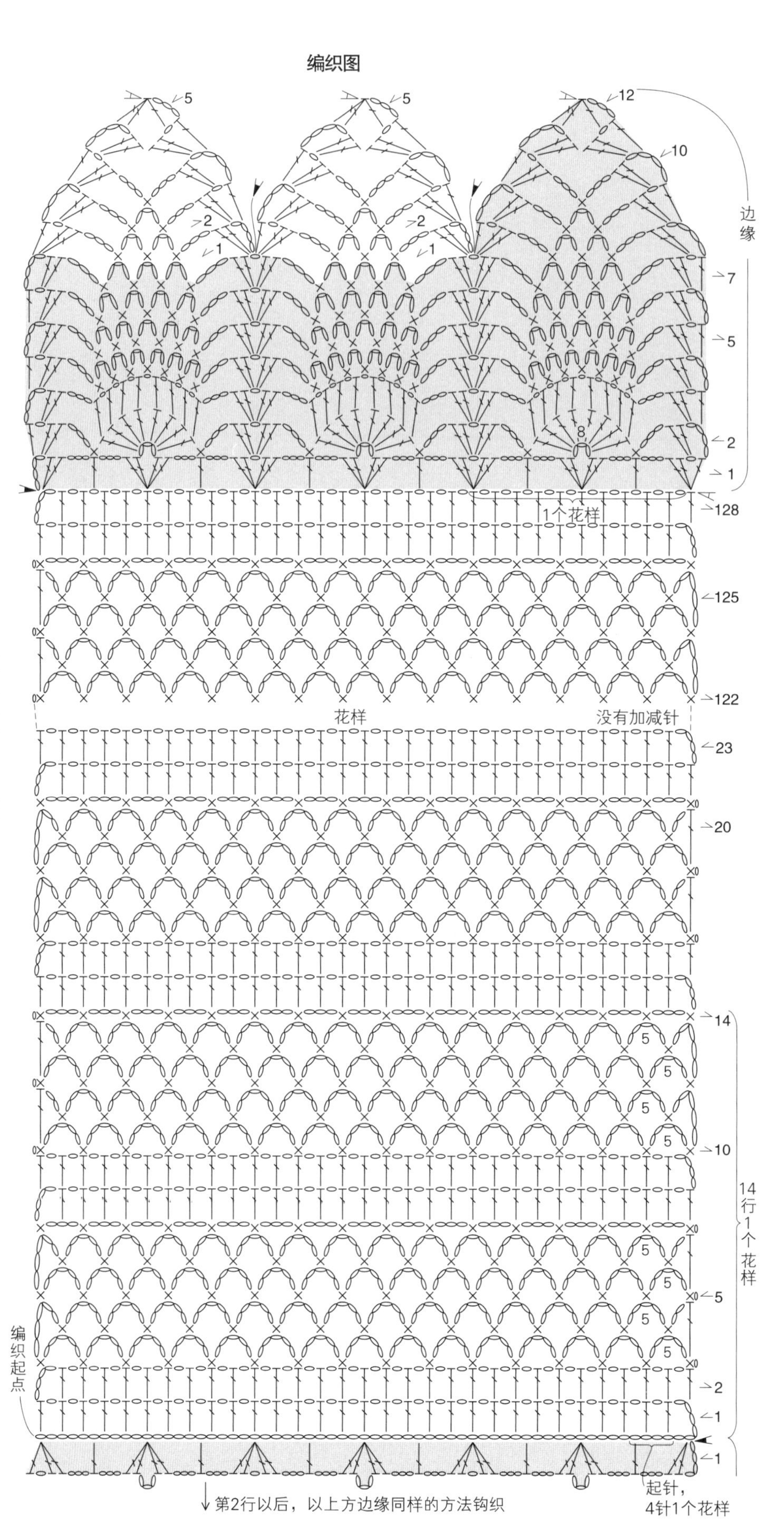

NO* 37

成品图→48页

镂空花样菠萝花样迷你围巾

●**尺寸** 宽14cm 长104cm

●**材料**

线／中粗平直毛线

灰粉色65g

钩针／3/0号钩针

●**钩织密度** 花样 9行＝10cm

●**钩织方法** 使用1股线钩织。利用花样的空隙作为穿围巾口。

❶钩53针锁针起针。

❷钩织46行花样，断线。

❸以步骤❶、❷同样的方法再钩织一片。两片正面相对对齐，钩针插入两片织物，钩织短针连接。

❹分别在两片织物的起针针目一侧加线，钩织边缘。

整体图

※边缘的挑针针数参照编织图

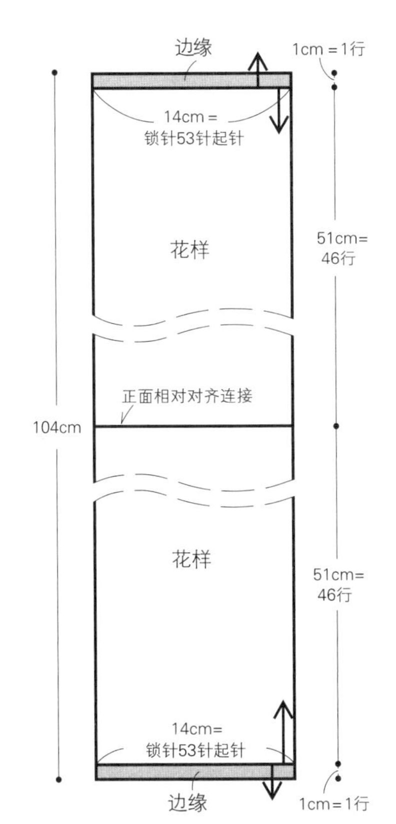

编织图

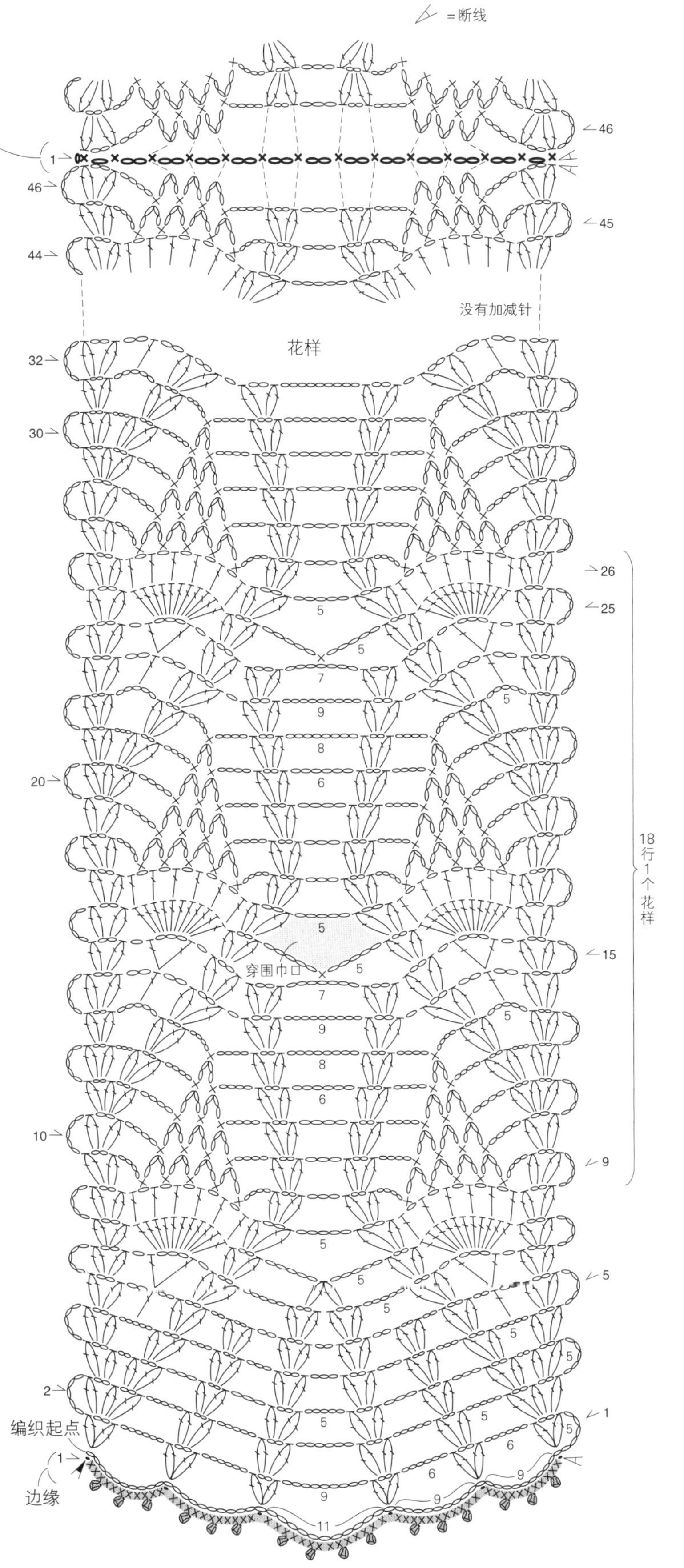

NO* 38 简洁菠萝花样迷你围巾

成品图→49页

●**尺寸** 宽10cm 长112.5cm

●**材料**

线 / 粗平直毛线
深粉色70g

钩针 / 4/0号钩针

●**钩织密度**

花样 8行 = 10cm

●**钩织方法** 使用1股线钩织。

❶钩7针锁针起针。

❷钩织90行花样。

花样的钩织方法

※每一行两端钩织4针锁针的狗牙拉针

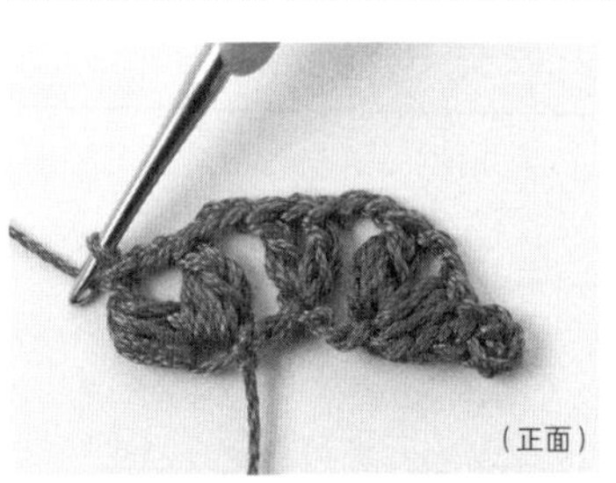

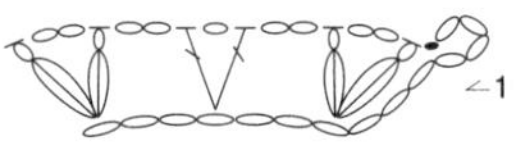

1 第1行钩织锁针，钩织狗牙拉针，继续钩织至这一行最后的狗牙拉针之前。

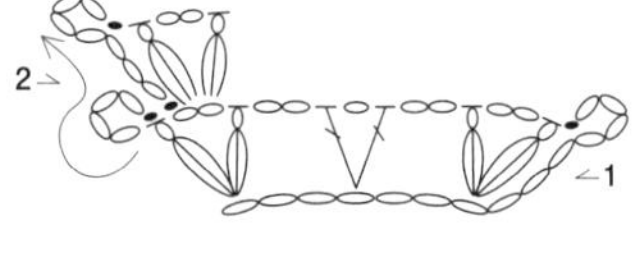

2 钩织第1行最后的狗牙拉针，翻转织物钩织引拔针（★）。以第1行同样的方法，继续钩织第2行。

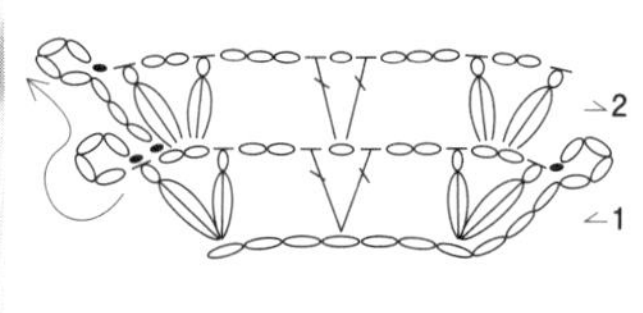

3 钩织至第2行最后的狗牙拉针之前。

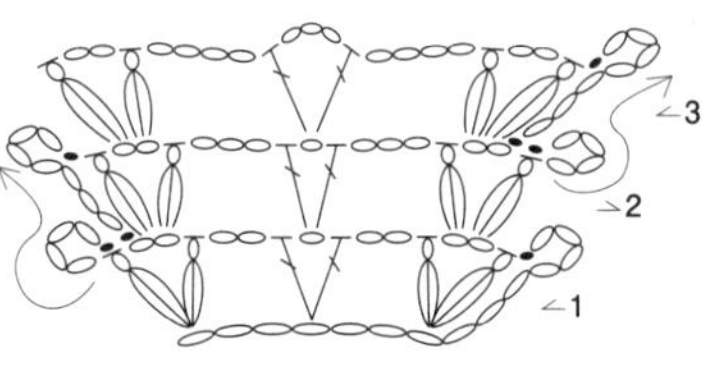

4 钩织第2行最后的狗牙拉针，以步骤**2**、**3**同样的方法，继续钩织第3行（第4行以后也以同样的方法钩织）。

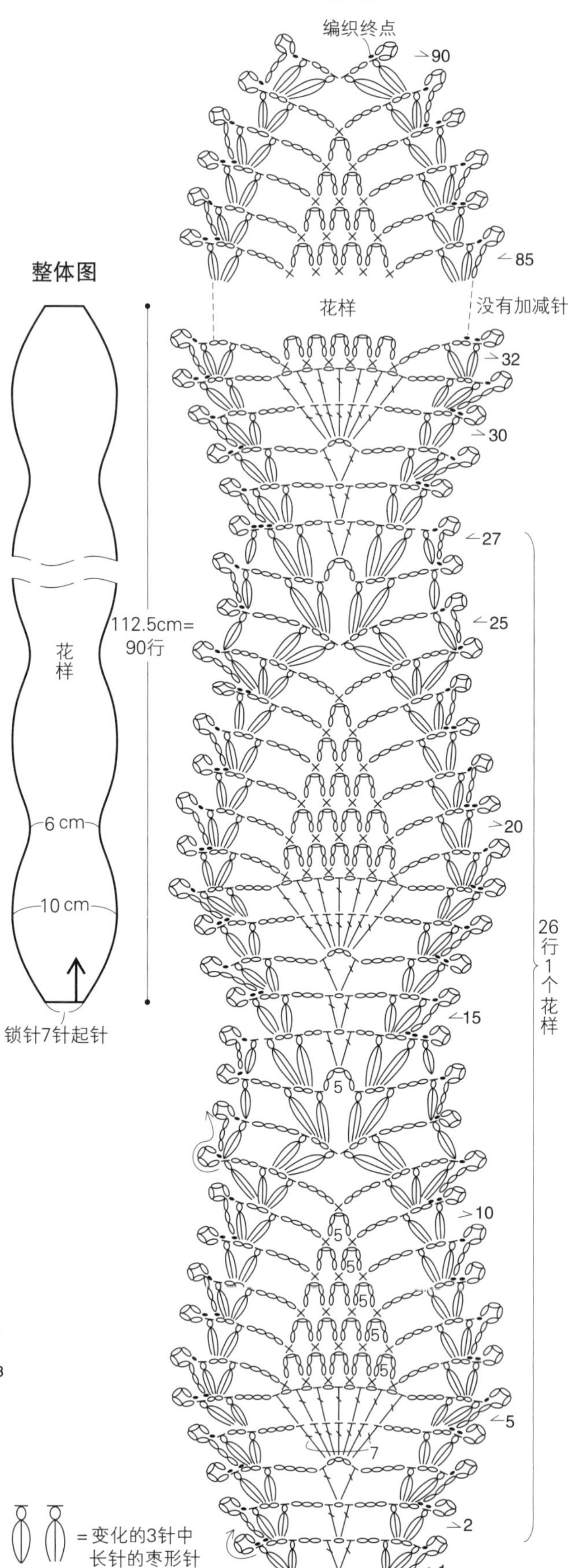

NO* 40 成品图→51页

※为了便于理解，改变了图示的方向

大小菠萝花样斗篷披肩

●**尺寸** 宽25cm 长160cm

●**材料**

线／中细平直毛线

紫色系95g

钩针／4/0号钩针

●**钩织密度**

长针

1行＝1cm

●**钩织方法** 使用1股线钩织。

❶钩155针锁针起针。

❷钩织21行花样，第22行开始钩织整体图右侧的1个花样，断线。第2个花样在指定位置加线，钩织3行。以同样的方法钩织第3～22个花样。

❸在起针针目的另一侧加线，钩织边缘。

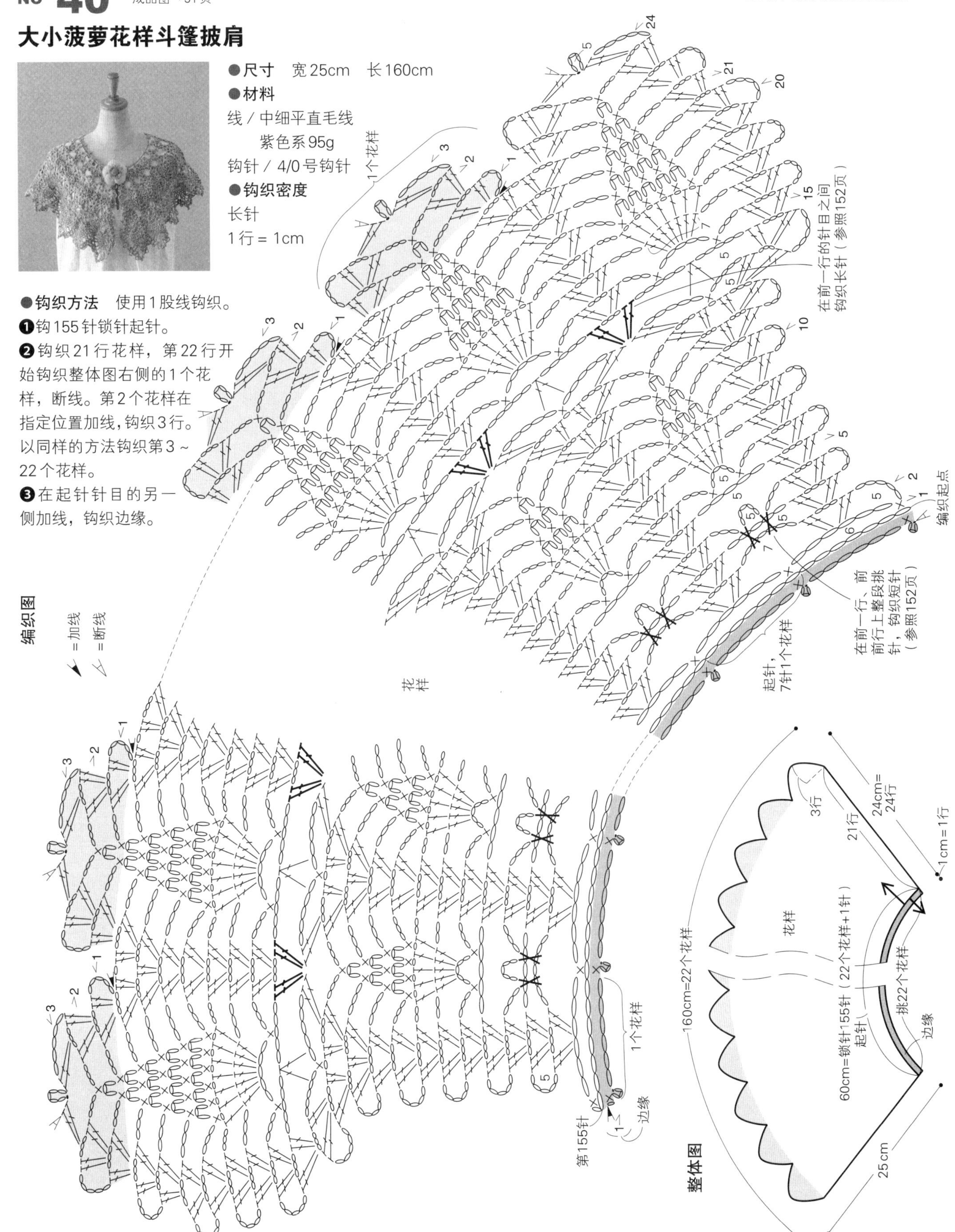

NO* 41、42、43、44

成品图→52、53页

迷你围巾

●**尺寸**　41、42　宽12cm　长83cm
　　　　43、44　宽11cm　长83cm

●**材料**

线／中粗平直毛线　41米黄色系、42蓝紫色各45g
　　中细平直毛线　43红色、44粉色系各45g

钩针／4/0号钩针

●**钩织密度**　花样　8行（1个花样）=约9.5cm

●**钩织方法**　使用1股线钩织。

钩1针锁针起针，钩织74行花样。

整体图

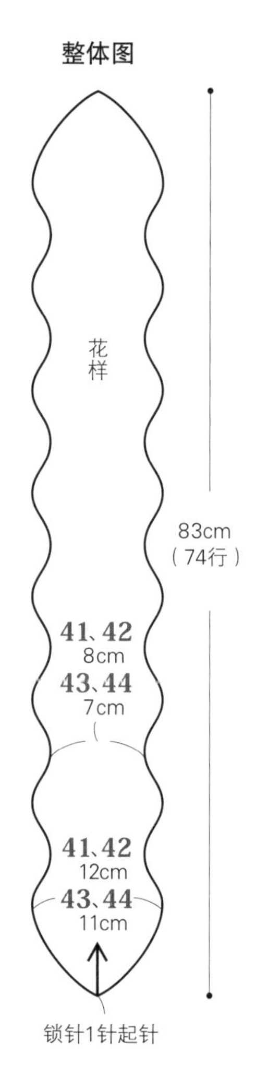

编织图

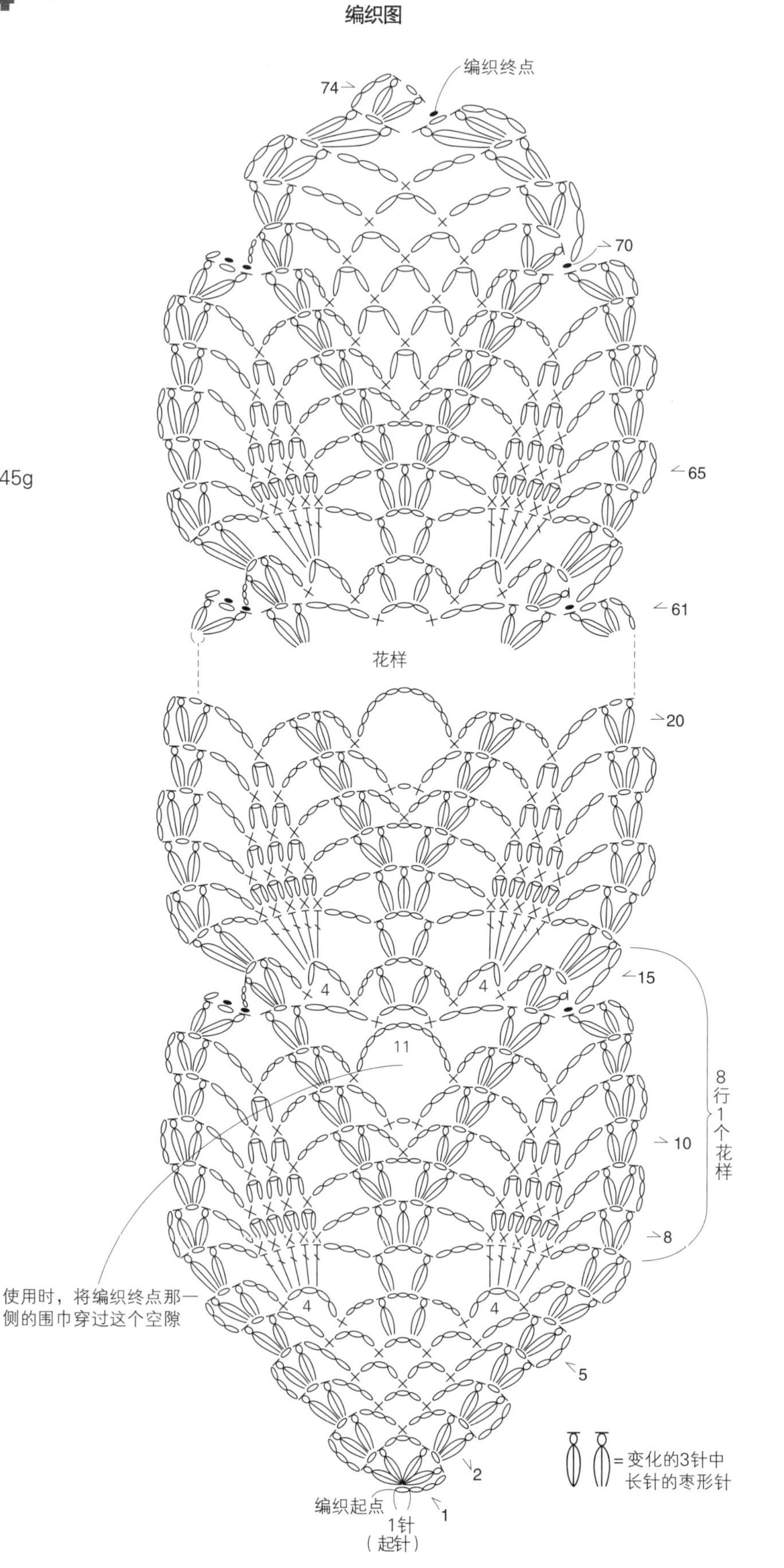

NO* 45 带花饰菠萝花样迷你围巾

成品图→54页

●**尺寸** 宽13cm 长74.5cm

●**材料**

线 / 中细平直毛线

原白色65g

钩针 / 3/0号钩针

●**钩织密度**

花样 1个花样=4.3cm 13.5行=10cm

●**钩织方法** 使用1股线钩织。

❶参照整体图，钩织主体。钩37针锁针起针，钩织91行花样，没有加减针。断线。

❷在起针针目的另一侧加线，长针钩织穿围巾口，留出约30cm的线，断线。

❸钩织花饰（参照145页的编织图）。花钩5针锁针起针，钩织引拔针绕成环状，参照编织图继续钩织。花芯绕线环起针，叶片钩9针锁针起针。

❹参照组合方法，将穿围巾口对折，使用步骤❷留出的线锁缝。

❺在穿围巾口的正面缝制花、花芯和叶片。

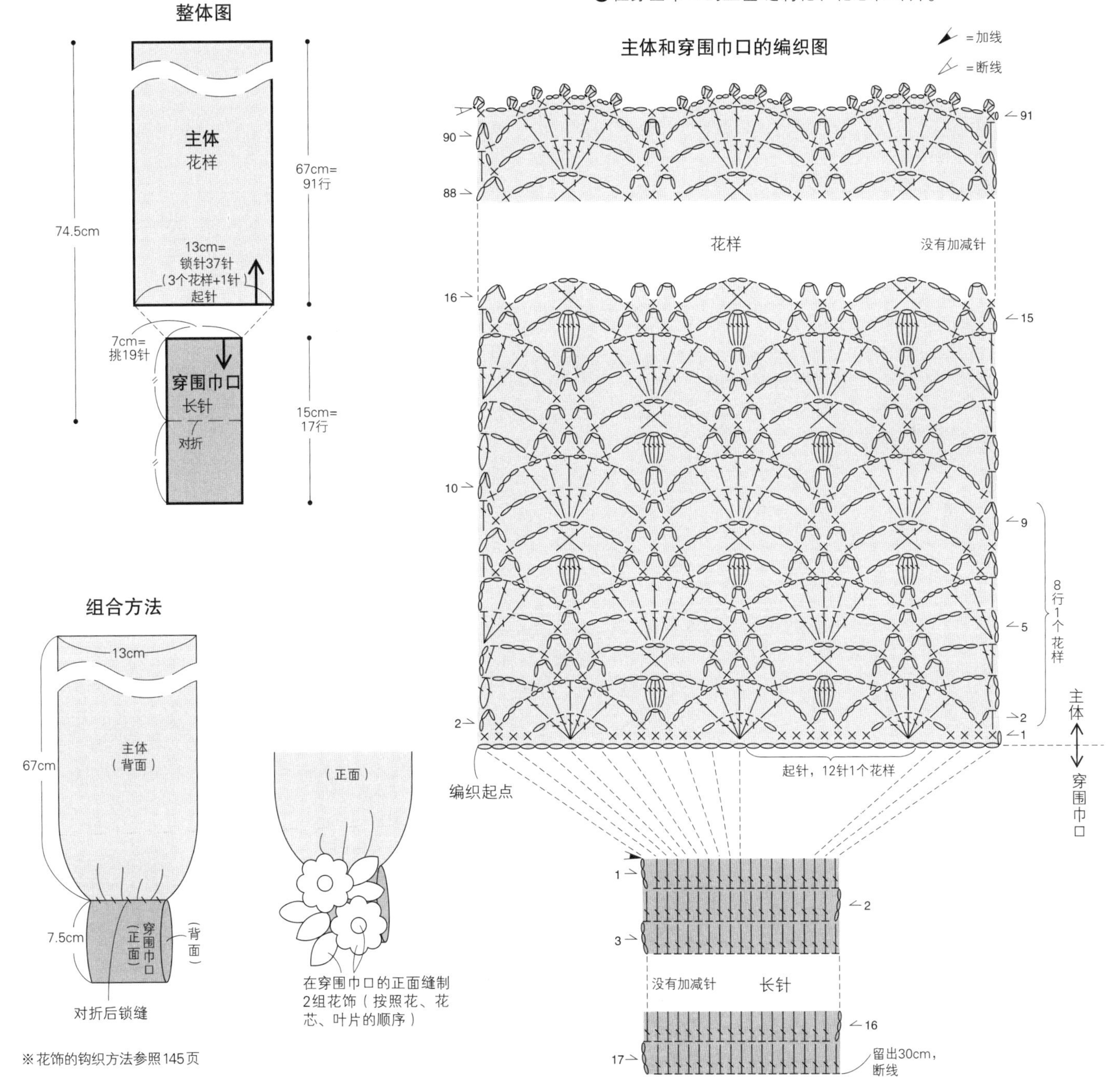

※花饰的钩织方法参照145页

MOTIF CROCHET

NO* **46** 成品图→56、57页

立体花片L形披肩

● **尺寸** 宽28.5cm 长190cm

● **材料**

线／中粗平直毛线

粉色和黄绿色各95g、

米黄色20g

钩针／3/0号钩针

● **花片尺寸** 边长9.5cm正方形

● **钩织方法** 使用1股线，按照指定的配色钩织。

❶从花片①（第1片）开始，按编号顺序钩织花片。钩6针锁针起针，钩织引拔针绕成环状，参照编织图继续钩织。

❷从花片②（第2片）开始，一边钩织，一边在最后一行（第6行）上钩织引拔针连接。

❸按编号顺序钩织连接45片花片。

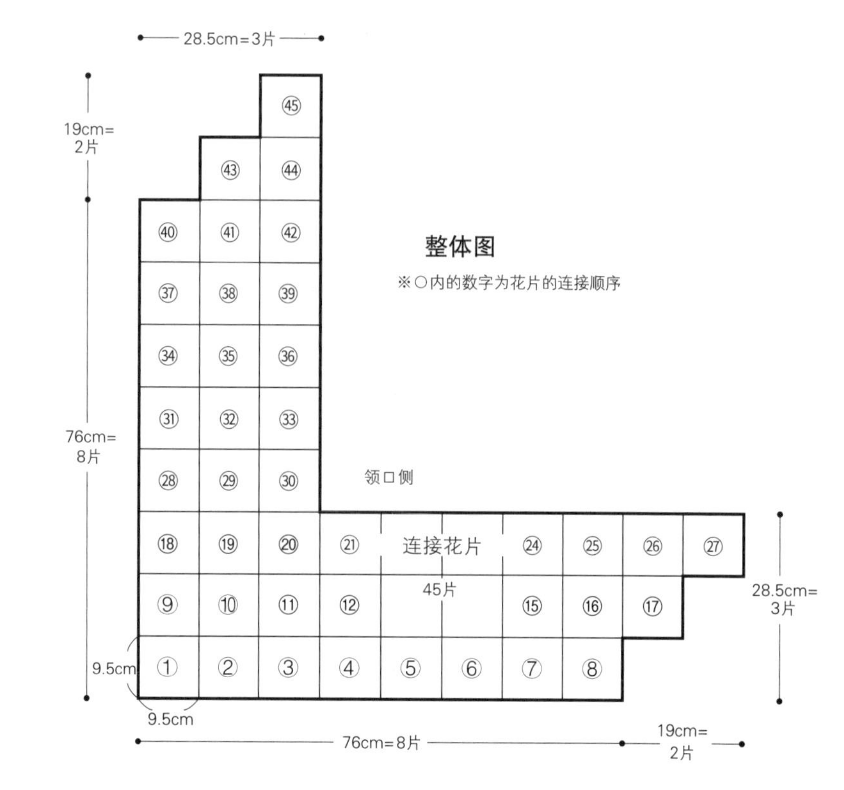

编织图和连接方法

花片的配色

第5、6行	黄绿色
第2～4行	粉色
第1行	米黄色

※将第2行倒向面前，在第1行的短针针目上钩织第3行的短针（参照109页图示）

MOTIF CROCHET

NO* 48 成品图→59页 双色花片梯形披肩（1）

成品图→59页

●**尺寸** 宽47cm 长120cm

●**材料**

线／粗平直毛线

粉色210g、紫色65g

钩针／4/0号钩针

●**花片尺寸** 直径8cm

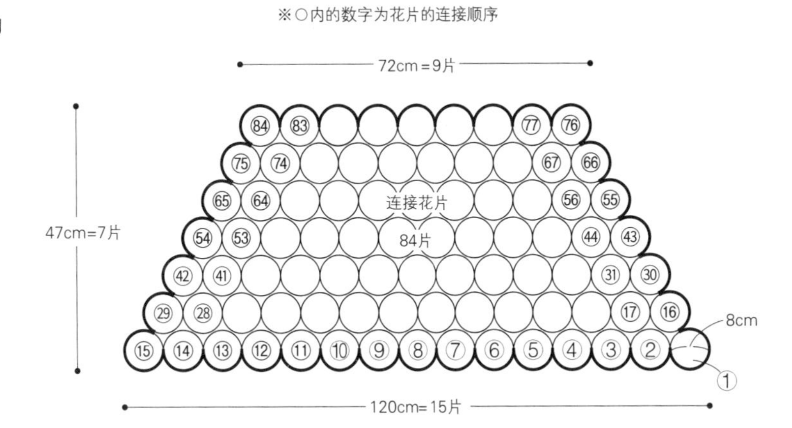

●**钩织方法** 使用1股线，按照指定的配色钩织。

❶从花片①（第1片）开始，按编号顺序钩织花片。绕线环起针，参照编织图继续钩织。

❷从花片②（第2片）开始，一边钩织，一边在最后一行（第5行）上钩织引拔针连接。

❸按编号顺序钩织连接84片花片。

编织图和连接方法

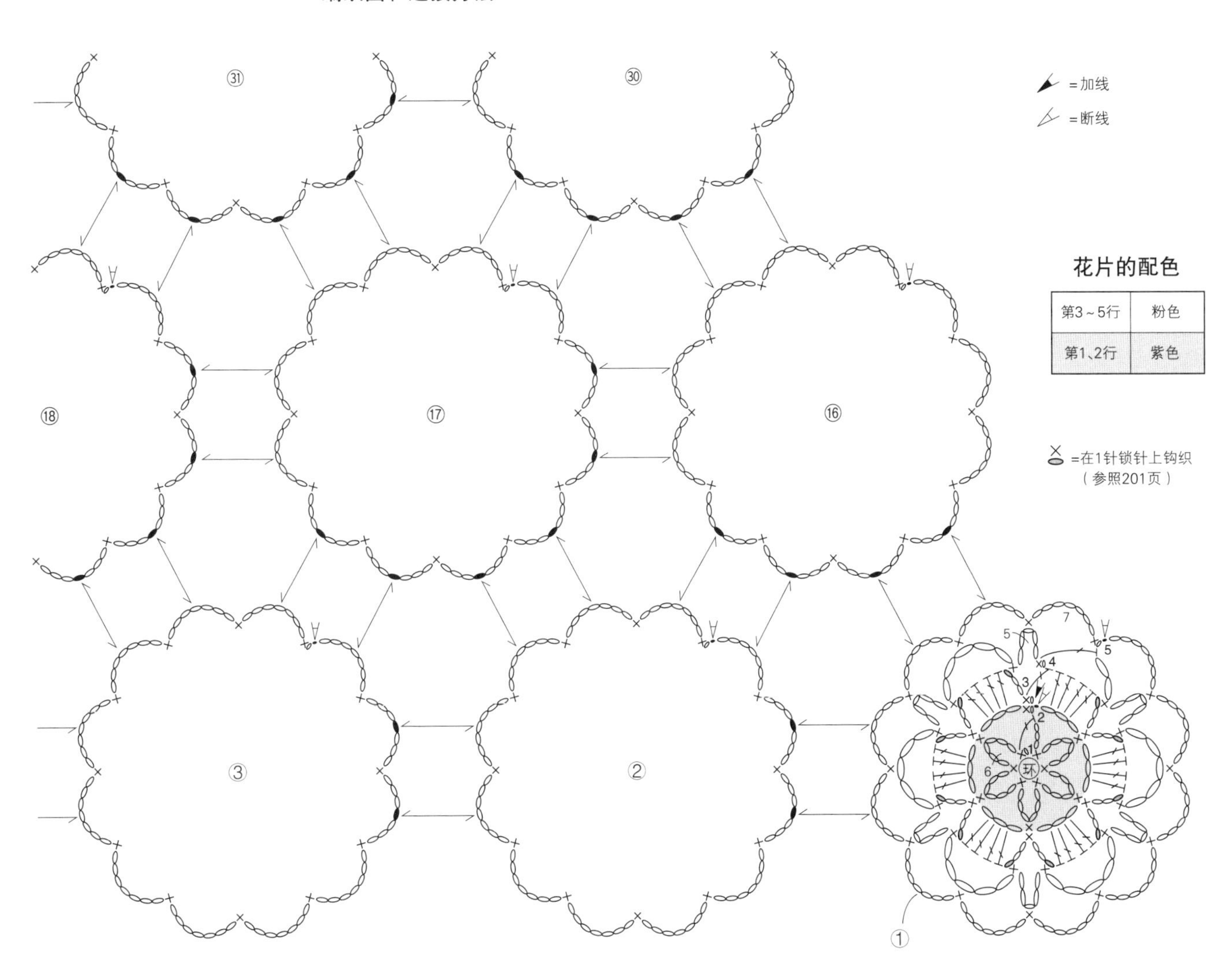

花片的配色

第3～5行	粉色
第1、2行	紫色

MOTIF CROCHET

NO* 47 成品图→58页

正方形花片梯形披肩

●**尺寸** 宽48cm 长144cm

●**材料**

线 / 中粗平直毛线

粉色195g

钩针 / 3/0号钩针

●**花片尺寸**

A 边长12cm正方形

B、B' 腰长12cm等腰三角形

●**钩织方法** 使用1股线钩织。

❶从花片A①（第1片）开始，按编号顺序钩织花片。钩5针锁针起针，钩织引拔针绕成环状，参照编织图继续钩织。

❷从花片A②（第2片）开始，一边钩织，一边在最后一行（第7行）上钩织引拔针连接。

❸按编号顺序钩织连接A、B、B'共36片。

花片的编织图

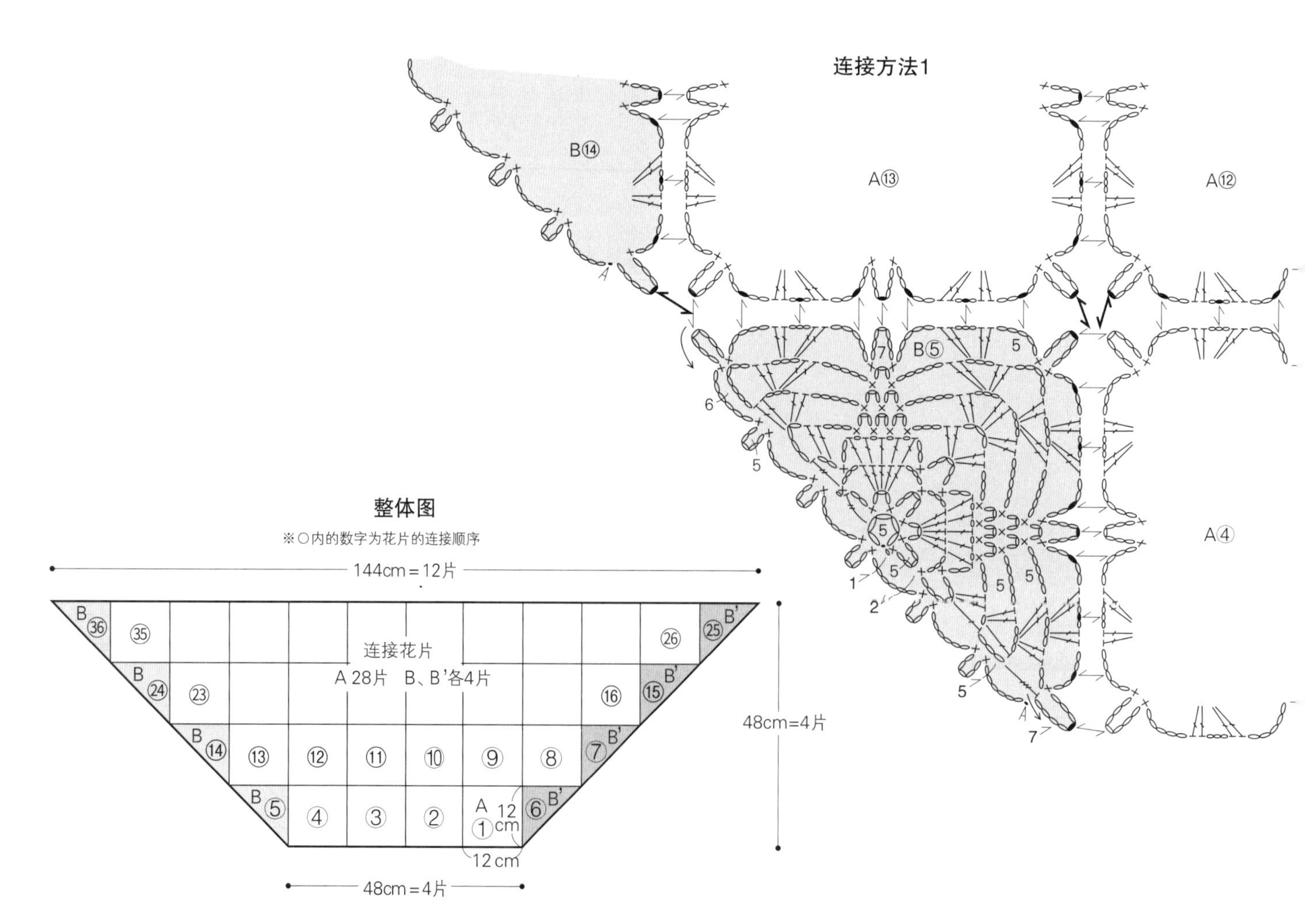

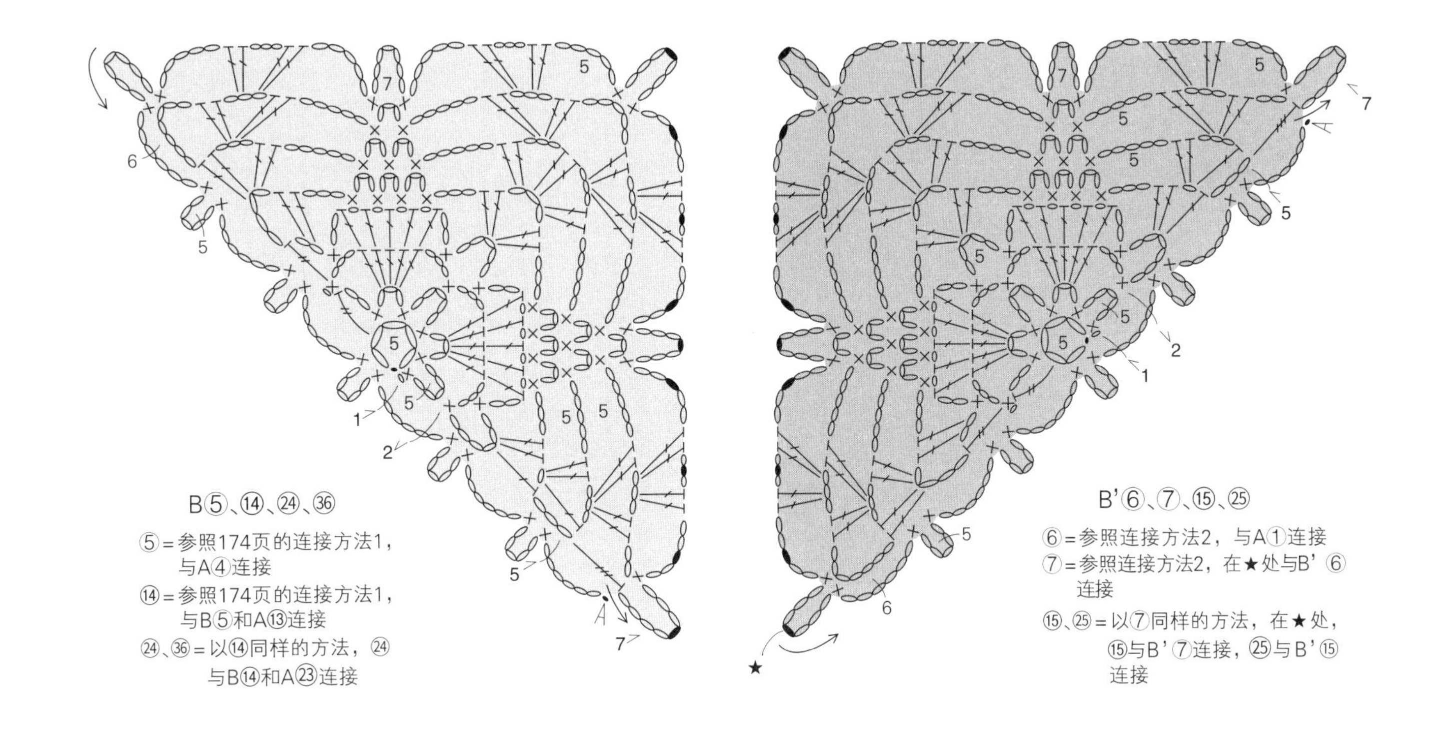

B⑤、⑭、㉔、㊱

⑤＝参照174页的连接方法1，与A④连接

⑭＝参照174页的连接方法1，与B⑤和A⑬连接

㉔、㊱＝以⑭同样的方法，㉔与B⑭和A㉓连接

B'⑥、⑦、⑮、㉕

⑥＝参照连接方法2，与A①连接

⑦＝参照连接方法2，在★处与B'⑥连接

⑮、㉕＝以⑦同样的方法，在★处，⑮与B'⑦连接，㉕与B'⑮连接

连接方法2

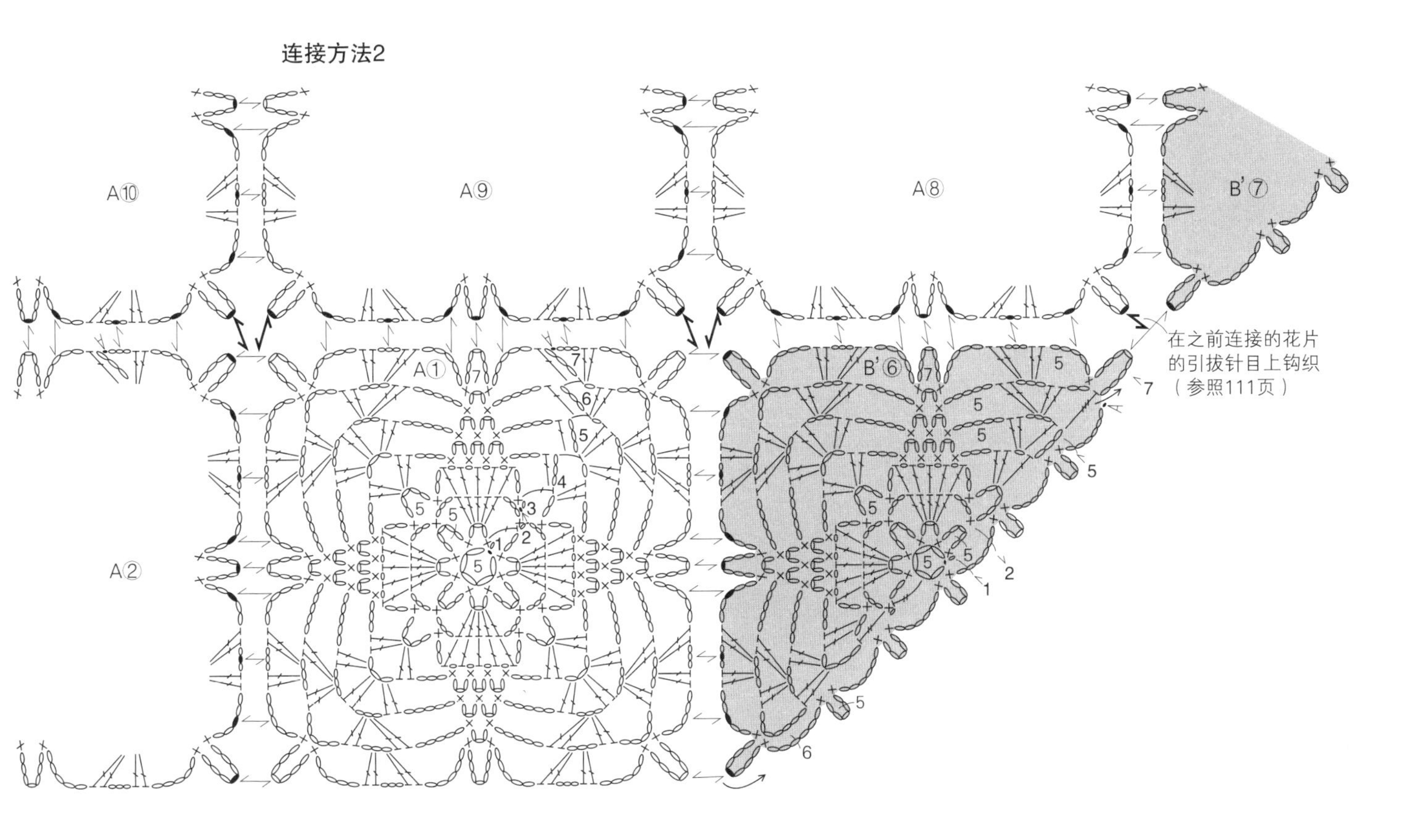

MOTIF CROCHET

NO* 49 成品图→60页 自然色围巾

●**尺寸** 宽42cm 长147cm

●**材料**

线／中粗平直毛线

原白色290g

钩针／3/0号钩针

●**花片尺寸** 边长10.5cm正方形

●**钩织方法** 使用1股线钩织。

❶从花片①（第1片）开始，按编号顺序钩织花片。钩5针锁针起针，钩织引拔针绕成环状，参照编织图继续钩织。

❷从花片②（第2片）开始，一边钩织，一边在最后一行（第9行）上钩织引拔针连接。

❸按编号顺序钩织连接56片花片。

整体图

※○内的数字为花片的连接顺序

147cm=14片

42cm=4片

10.5cm

10.5cm

连接花片56片

㊱ ㊾ ... ① ② ③ ④ ⑤ ⑥ ⑦ ⑧ ⑨ ⑫ ⑬ ⑯ ⑰ ⑳ ㉑ ㉔ ㊺ ㊽ ㊾ 52 53 56

编织图

MOTIF CROCHET

NO* 50 成品图→61页 雏菊形花片围巾

●**尺寸** 宽42.5cm 长144.5cm

●**材料**

线/粗平直毛线

米黄色260g

钩针/6/0号钩针

●**花片尺寸**

(大)A 直径8.5cm (小)B 直径2.5cm

●**钩织方法** 使用1股线钩织。

❶从花片A①(第1片)开始，按编号顺序钩织花片。钩5针锁针起针，钩织引拔针绕成环状，参照编织图继续钩织。

❷从花片A②(第2片)开始，一边钩织，一边在最后一行(第5行)上钩织引拔针连接。

❸按编号顺序钩织连接85片花片。

❹花片B钩5针锁针起针，钩织引拔针绕成环状。参照编织图钩织第1行时，与花片A连接。共钩织连接64片。

整体图

※○内的数字为花片A的连接顺序

连接花片

A 85片 B 64片

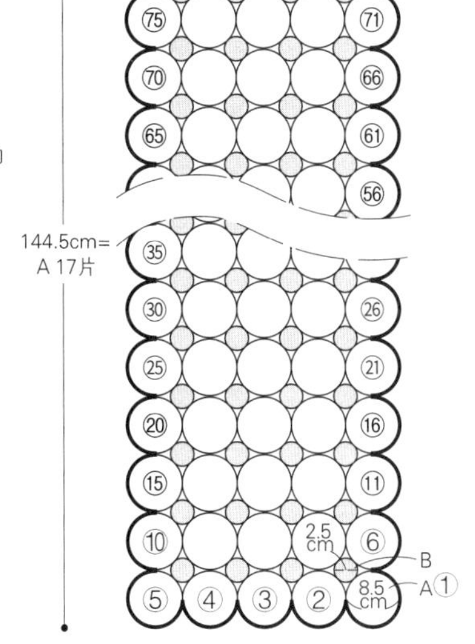

编织图和连接方法

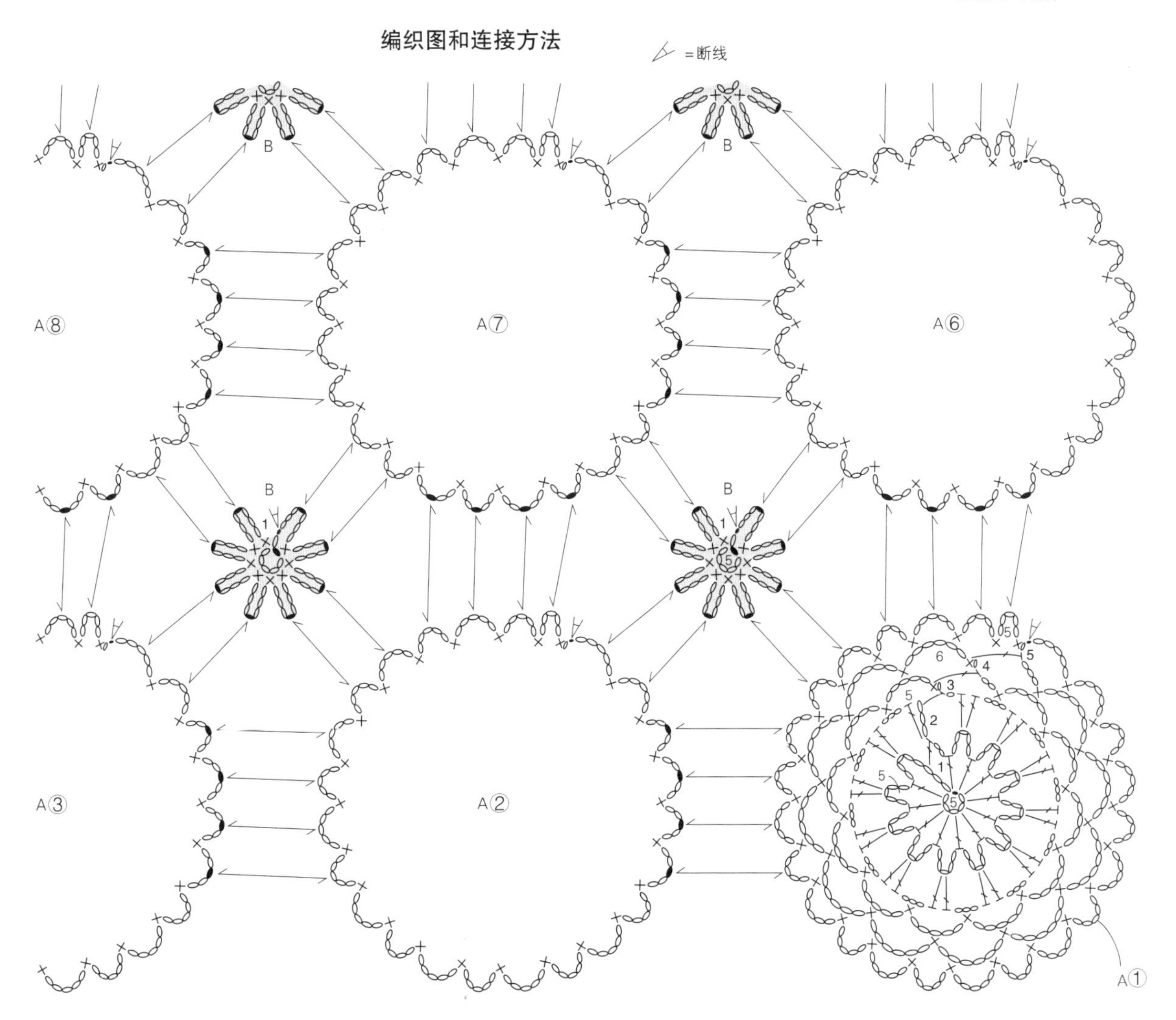

NO* 52 成品图→63页 正方形花片围巾

●尺寸　宽40cm　长183cm

●材料

线／中细平直毛线

白色250g

钩针／3/0号钩针

●花片尺寸　边长13cm正方形

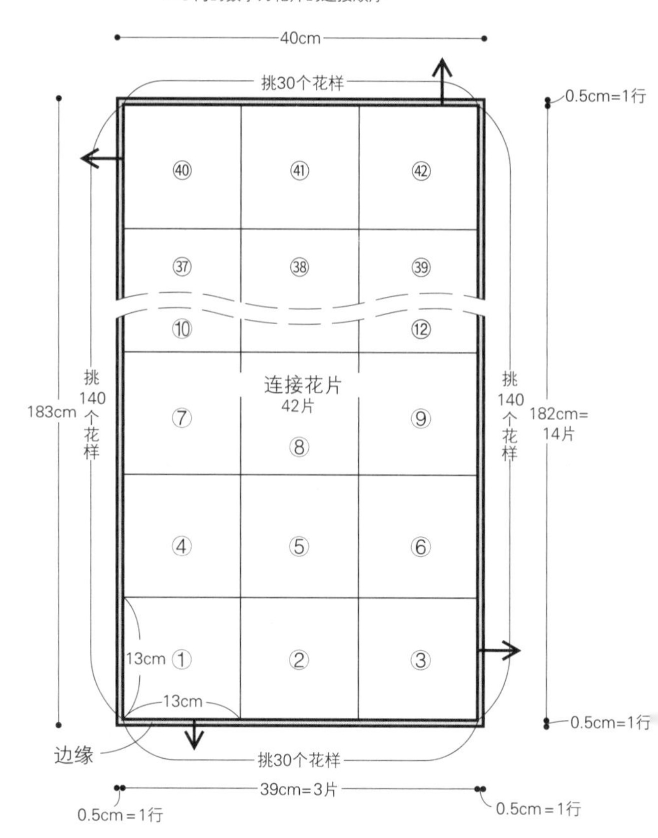

●钩织方法　使用1股线钩织。

❶从花片①（第1片）开始，按编号顺序钩织花片。绕线环起针，参照编织图继续钩织。

❷从花片②（第2片）开始，一边钩织，一边在最后一行（第6行）上钩织引拔针连接。

❸按编号顺序钩织连接42片花片。

❹在编织图的下方指定位置加线，一周钩织边缘。

编织图和连接方法

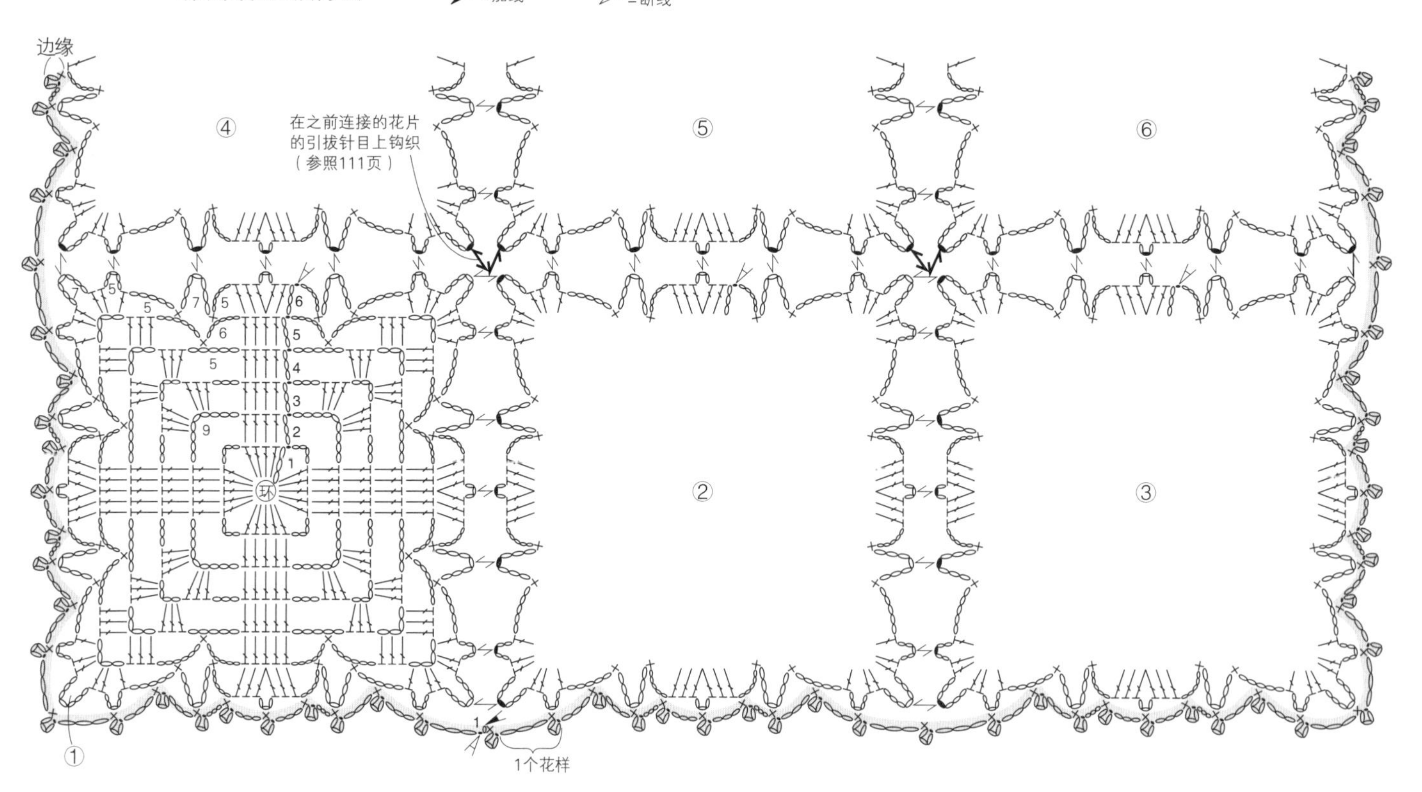

NO* 53 成品图→64页

带流苏的花片围巾

●**尺寸** 宽42cm 长196cm（含流苏）

●**材料**

线／中粗平直毛线

原白色245g、黄色35g

钩针／3/0号钩针

●**花片尺寸** 边长10.5cm正方形

●**钩织方法** 使用1股线，按照指定的配色钩织。

❶从花片①（第1片）开始，按编号顺序钩织花片。绕线环起针，参照编织图继续钩织。

❷从花片②（第2片）开始，一边钩织，一边在最后一行（第8行）上钩织引拔针连接。

❸按编号顺序钩织连接64片花片。

❹围巾两端制作流苏（参照图示）。

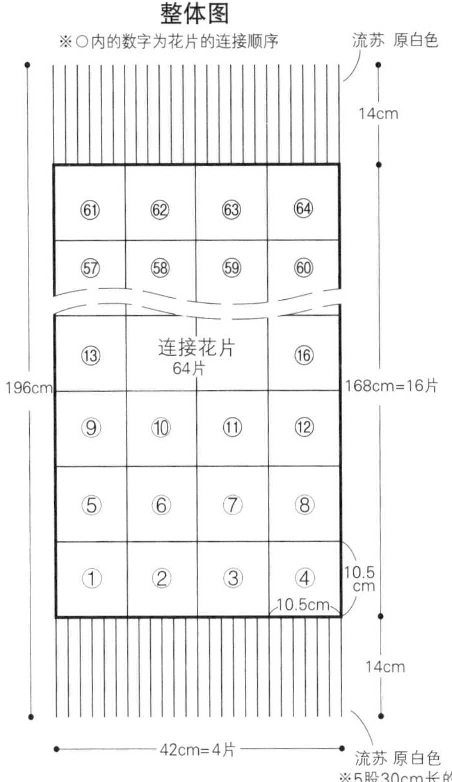

花片的配色

第3～8行	原白色
第1、2行	黄色

编织图和连接方法

=加线　=断线　●=制作流苏位置

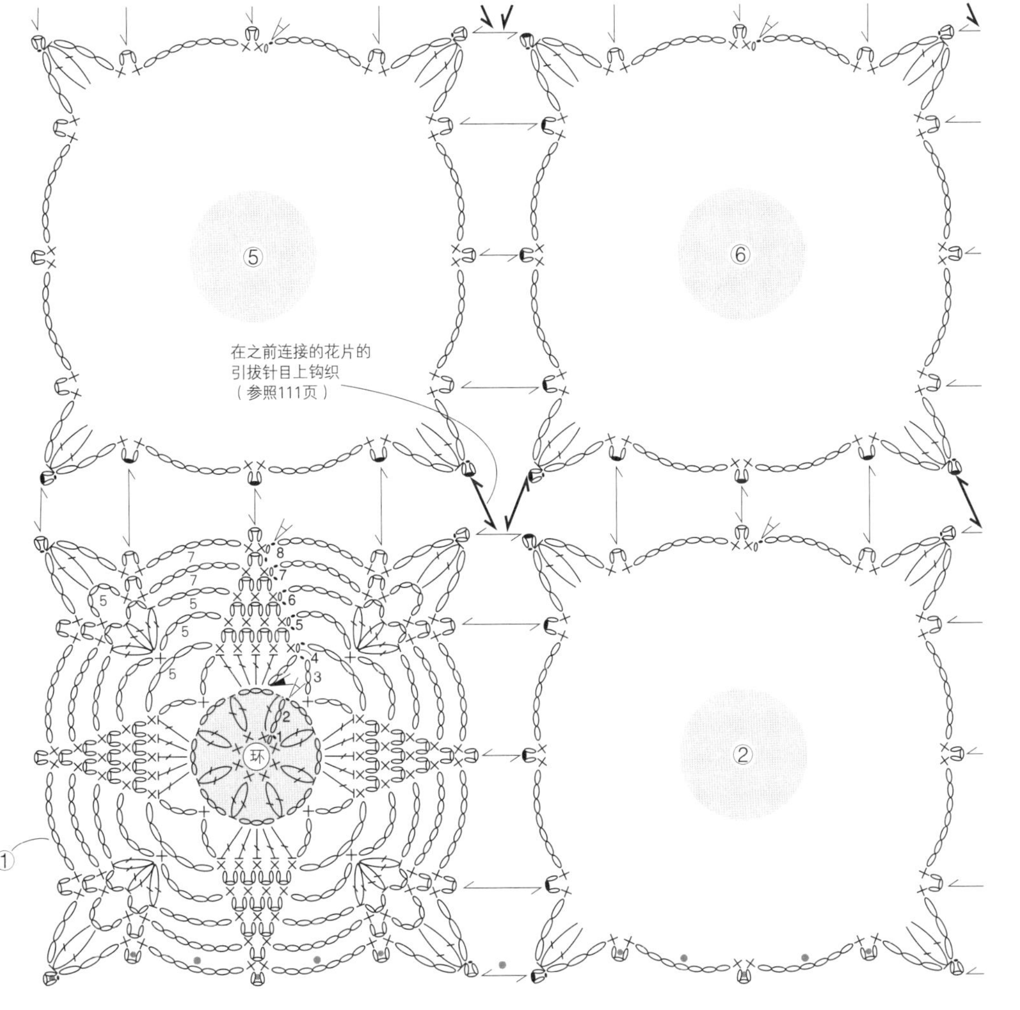

制作流苏的方法

※为了便于理解，使用了不同颜色的线材进行示范

1 将指定股数的线材对折，使用钩针把对折后的线穿过花片。

2 退出钩针，将线穿过线圈，抽紧。全部完成后，将流苏修剪整齐。

MOTIF CROCHET

NO* 54 大小花片连接围巾

成品图→65页

●**尺寸** 宽45cm 长180cm

●**材料**

线／中细平直毛线 原白色220g

钩针／3/0号钩针

●**花片尺寸** （大）A 直径15cm （小）B 直径6cm

●**钩织方法** 使用1股线钩织。

❶从花片A①（第1片）开始，按编号顺序钩织花片。钩7针锁针起针，钩织引拔针绕成环状，参照编织图继续钩织。

❷从花片A②（第2片）开始，一边钩织，一边在最后一行（第5行）上钩织引拔针连接。

❸按编号顺序钩织连接36片花片。

❹花片B钩9针锁针起针，钩织引拔针绕成环状。参照编织图，一边钩织，一边在最后一行（第2行）上钩织引拔针，与花片A连接。共钩织连接22片。

整体图

※○内的数字为花片的连接顺序

连接花片
A 36片 B 22片

180cm=12片

45cm=3片

B 6cm

A① 15cm

编织图和连接方法

MOTIF CROCHET

NO* 56 成品图→67页 菠萝花样花片迷你围巾

●尺寸 宽18cm 长144cm

●材料

线／中粗平直毛线

绿色系95g

钩针／5/0号钩针

●花片尺寸 边长9cm正方形

●钩织方法 使用1股线钩织。

❶从花片①（第1片）开始，按编号顺序钩织花片。钩1针锁针起针，参照编织图往返钩织第1~13行，第14行从正面圈状钩织一周（参照107页）。

❷从花片②（第2片）开始，一边钩织，一边在最后一行（第14行）正面钩织引拔针连接，注意花片的方向。

❸按编号①~⑯的顺序钩织连接16片花片。

❹以步骤❷、❸同样的方法，在花片①（第1片）、花片②（第2片）的另一侧钩织连接⑰~㉜的16片花片，注意花片的方向。

整体图

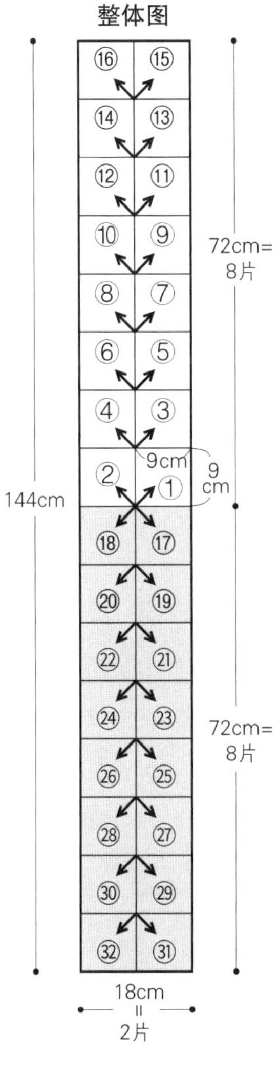

※○内的数字为花片的连接顺序，连接花片32片

花片的连接方法

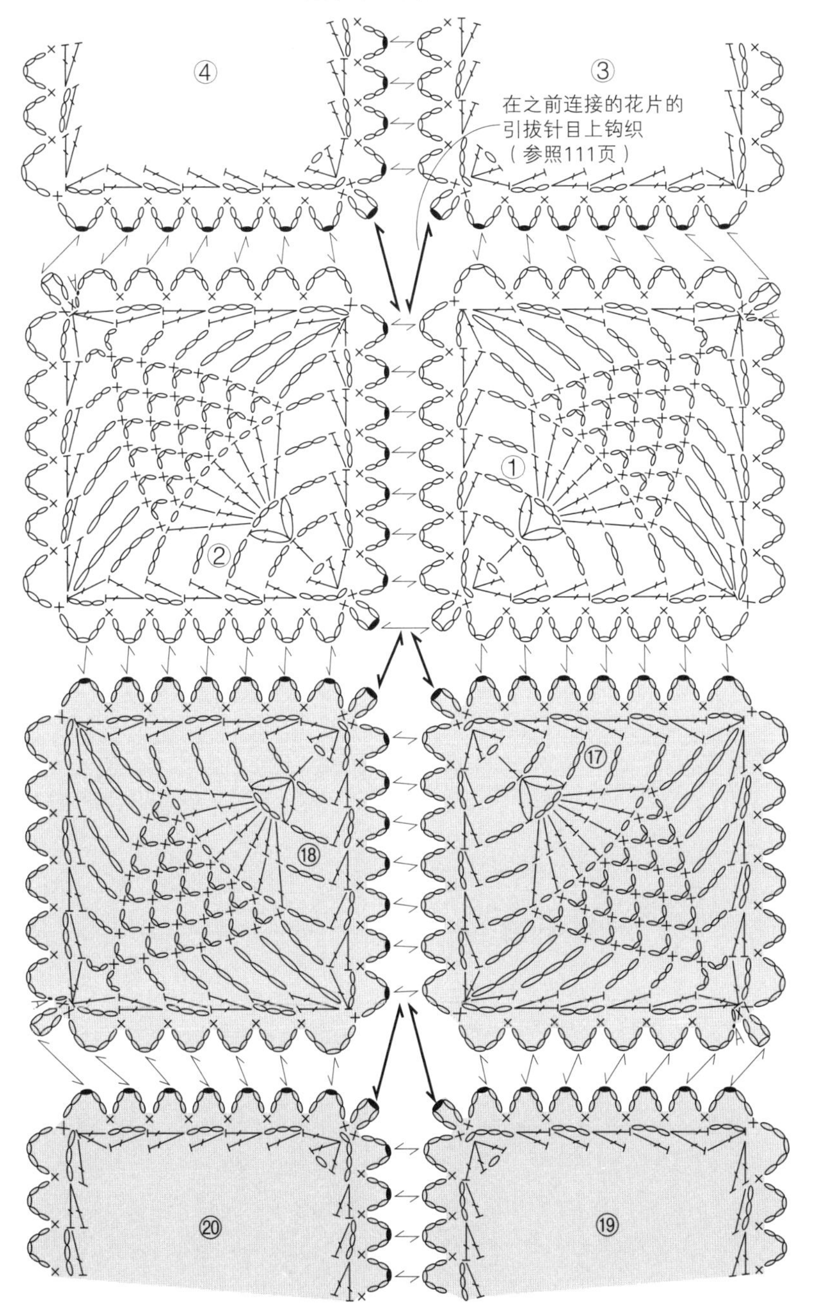

花片的编织图

※参照107页

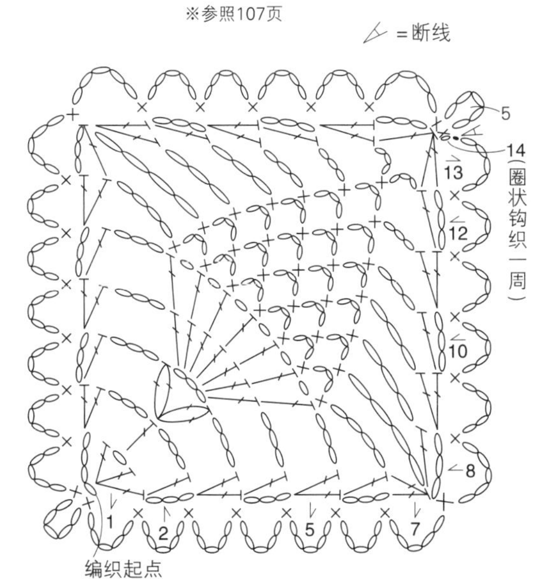

NO* 57 成品图→68页 小六边形花片梯形披肩

●**尺寸** 宽42cm 长119.5cm

●**材料**

线 / 中粗平直毛线

奶黄色系220g

钩针 / 4/0号钩针

●**花片尺寸**

宽6cm、高5.2cm六边形

●**钩织方法** 使用1股线钩织。

❶从花片①（第1片）开始，按编号顺序钩织花片。钩4针锁针起针，钩织引拔针绕成环状，参照编织图继续钩织。

❷从花片②（第2片）开始，一边钩织，一边在最后一行（第3行）上钩织引拔针连接。

❸按编号顺序钩织连接171片花片。

整体图

※○内的数字为花片的连接顺序

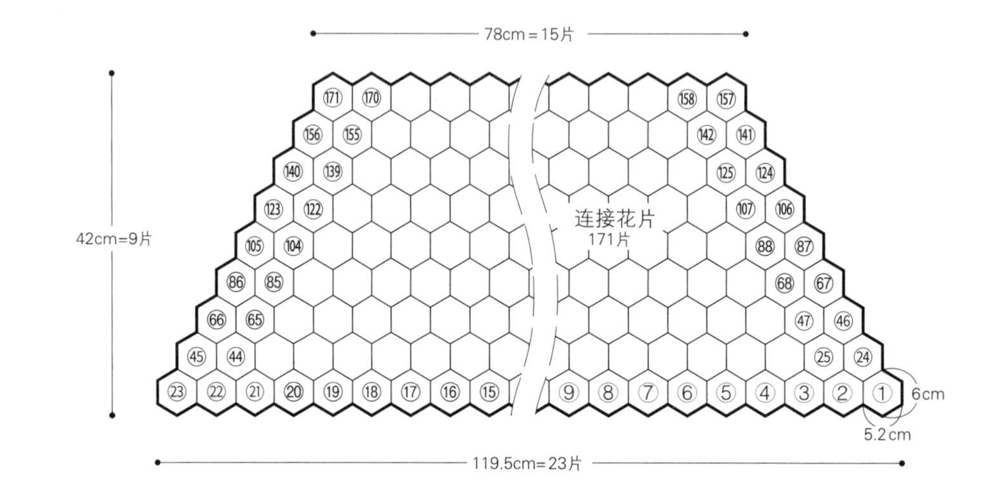

编织图和连接方法

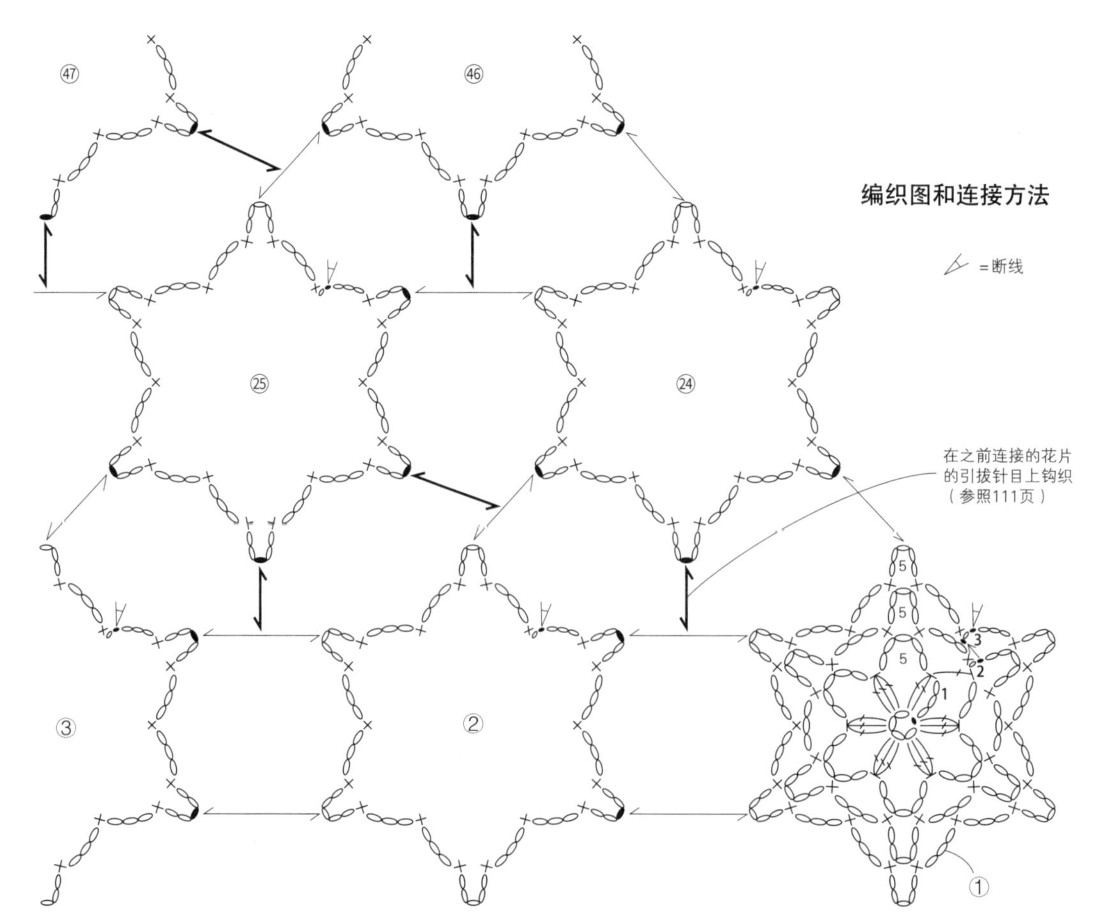

MOTIF CROCHET

NO* 58 成品图→69页

花片连接梯形披肩

●**尺寸** 宽38cm 长144.5cm

●**材料**

线 / 中粗平直毛线

茶色190g

钩针 / 3/0号钩针

●**花片尺寸** 直径8.5cm

●**钩织方法** 使用1股线钩织。

❶从花片①（第1片）开始，按编号顺序钩织花片。钩5针锁针起针，钩织引拔针绕成环状,参照编织图继续钩织。

❷从花片②（第2片）开始，一边钩织，一边在最后一行（第4行）上钩织引拔针连接。

❸按编号顺序钩织连接63片花片。

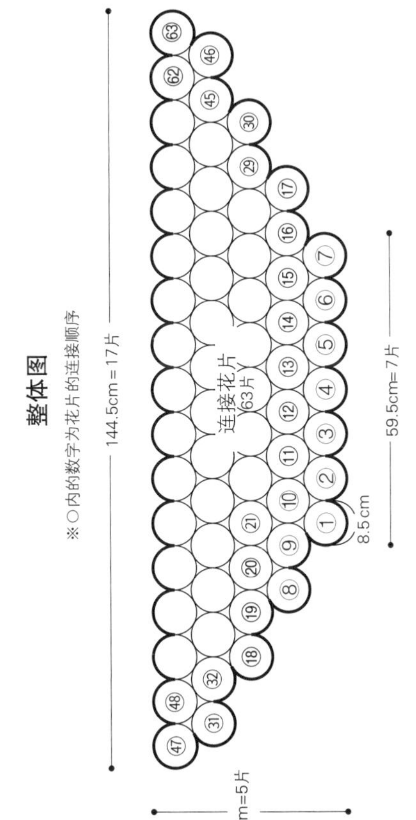

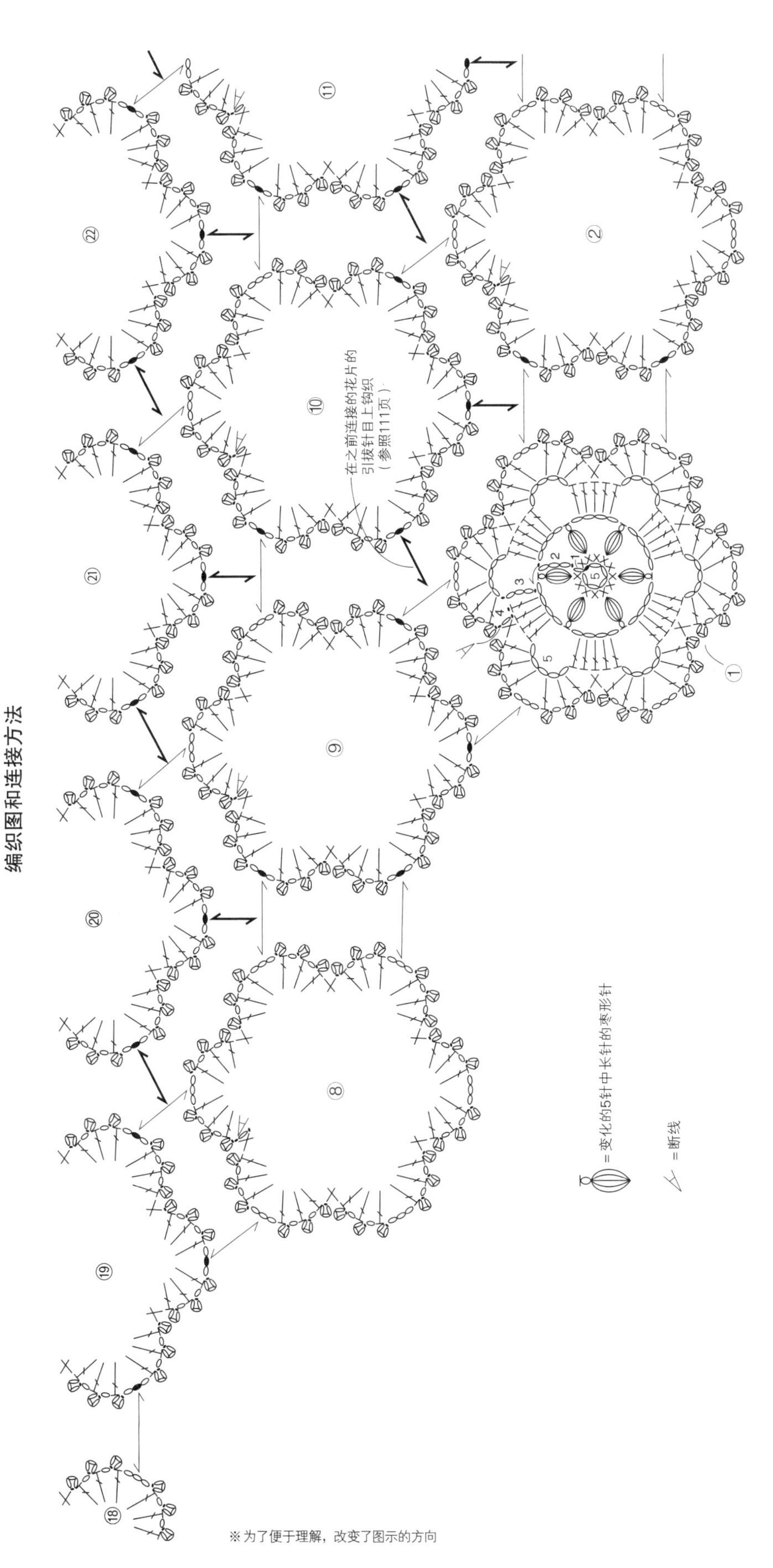

MOTIF CROCHET

NO* 59 六边形花片梯形披肩

成品图→70页

●**尺寸** 宽36cm 长137cm

●**材料**

线 / 中粗平直毛线

粉紫色145g

钩针 / 4/0号钩针

●**花片尺寸** 直径8cm

●**钩织方法** 使用1股线钩织。

❶从花片①（第1片）开始，按编号顺序钩织花片。绕线环起针，参照编织图继续钩织。

❷从花片②（第2片）开始，一边钩织，一边在最后一行（第4行）上钩织引拔针连接。

❸按编号顺序钩织连接75片花片。

❹在连接花片的右侧加线，一周钩织边缘。

整体图

※○内的数字为花片的连接顺序

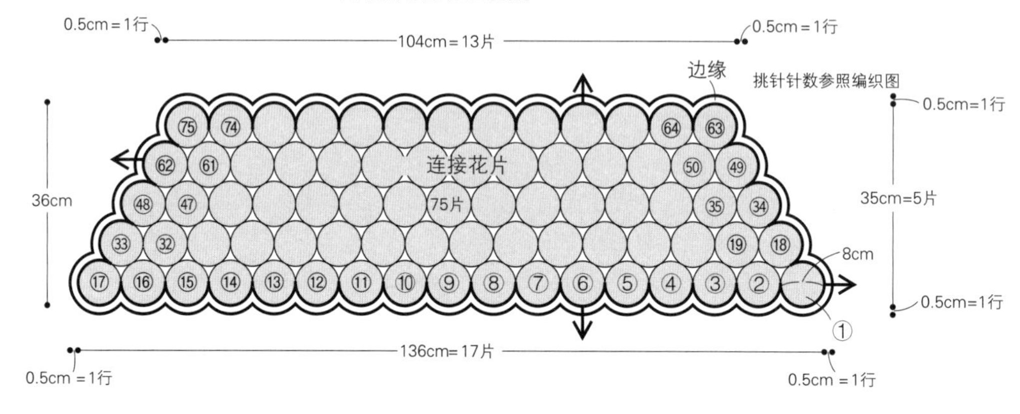

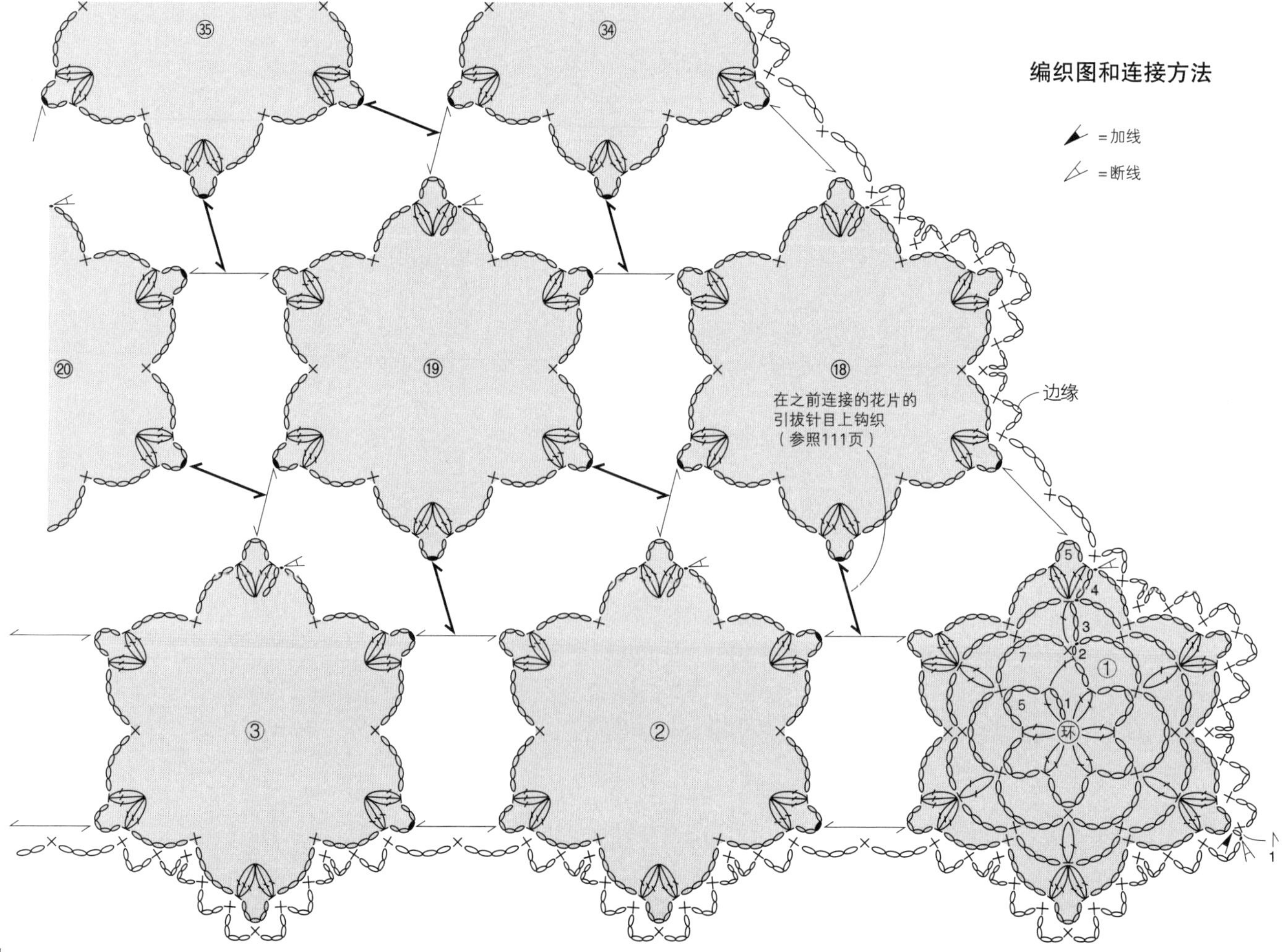

MOTIF CROCHET

NO* 60 迷你菠萝花样花片围巾

成品图→71页

●尺寸　宽21.5cm　长155cm

●材料

线／中粗平直毛线
　　粉色100g

钩针／3/0号钩针

●花片尺寸　直径11.5cm

●钩织方法　使用1股线钩织。

❶从花片①（第1片）开始，按编号顺序钩织花片。绕线环起针，参照编织图继续钩织。

❷从花片②（第2片）开始，一边钩织，一边在最后一行（第6行）上钩织引拔针连接。

❸按编号顺序钩织连接26片花片。

整体图

※○内的数字为花片的连接顺序

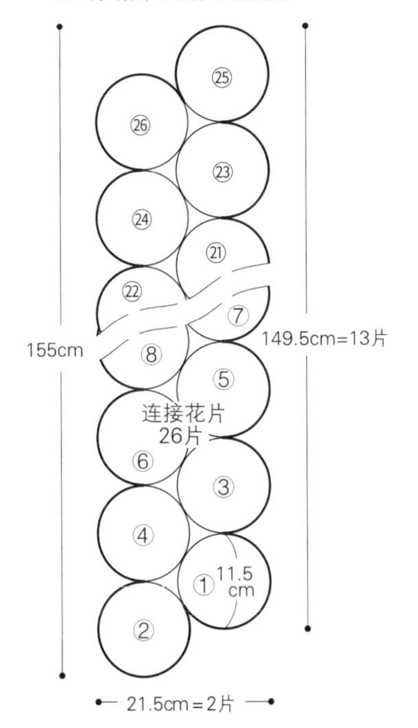

编织图和连接方法

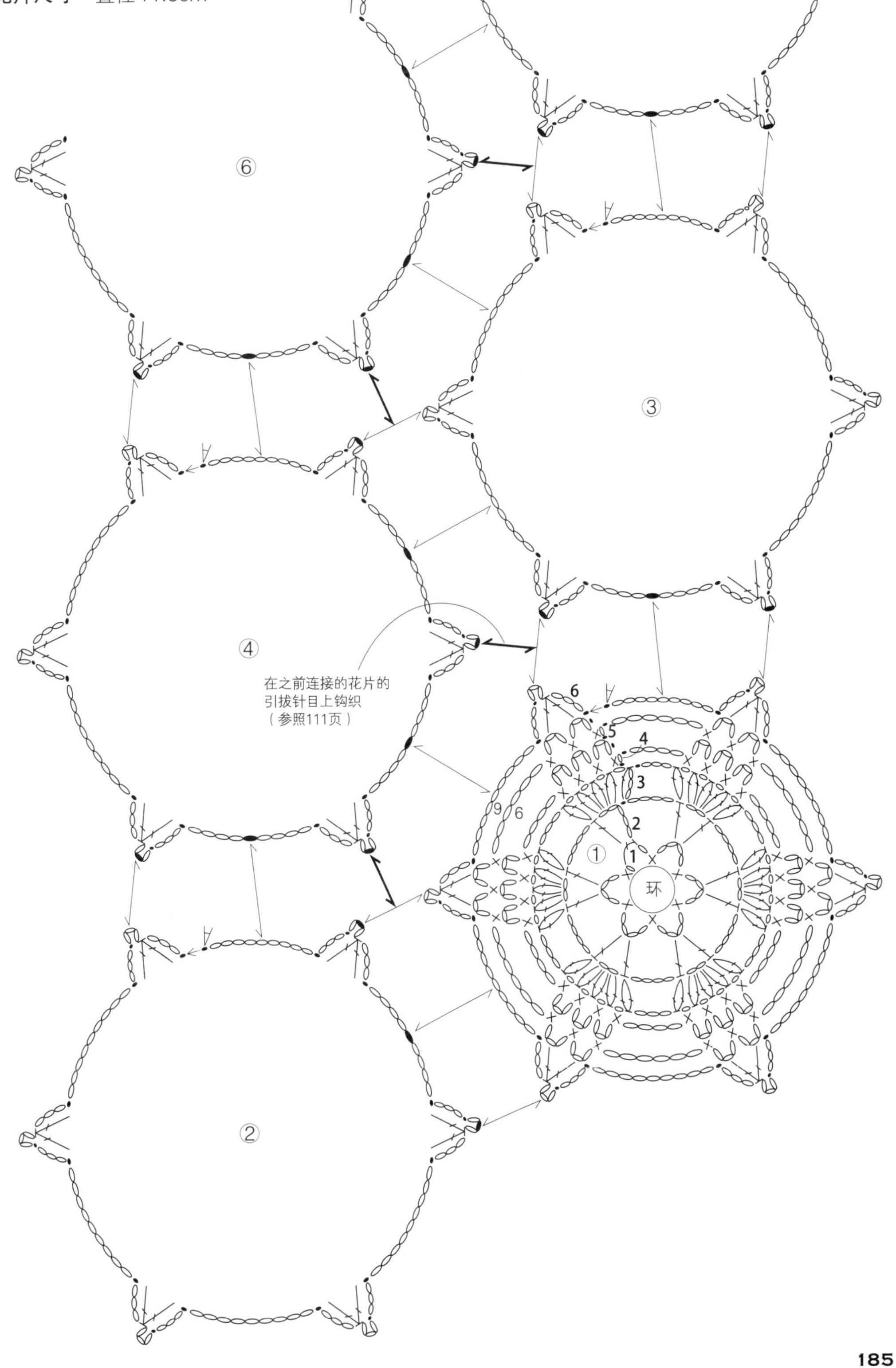

NO* 63 成品图→75页 梯形披肩兼短上衣

●**尺寸** 宽约39cm 长102cm

●**材料**

线／中细平直毛线

原白色140g

钩针／3/0号钩针

其他材料／直径1.5cm纽扣 2个、

手缝线、手缝针

●**花片尺寸** 边长5.7cm六边形

●**钩织方法** 使用1股线钩织。

❶从花片①（第1片）开始，按编号顺序钩织花片。绕线环起针，参照编织图继续钩织。

❷从花片②（第2片）开始，一边钩织，一边在最后一行（第4行）上钩织引拔针连接。

❸按编号顺序钩织连接34片花片。

❹在连接完成的花片一周钩织边缘。

❺使用手缝线缝制纽扣。

整体图

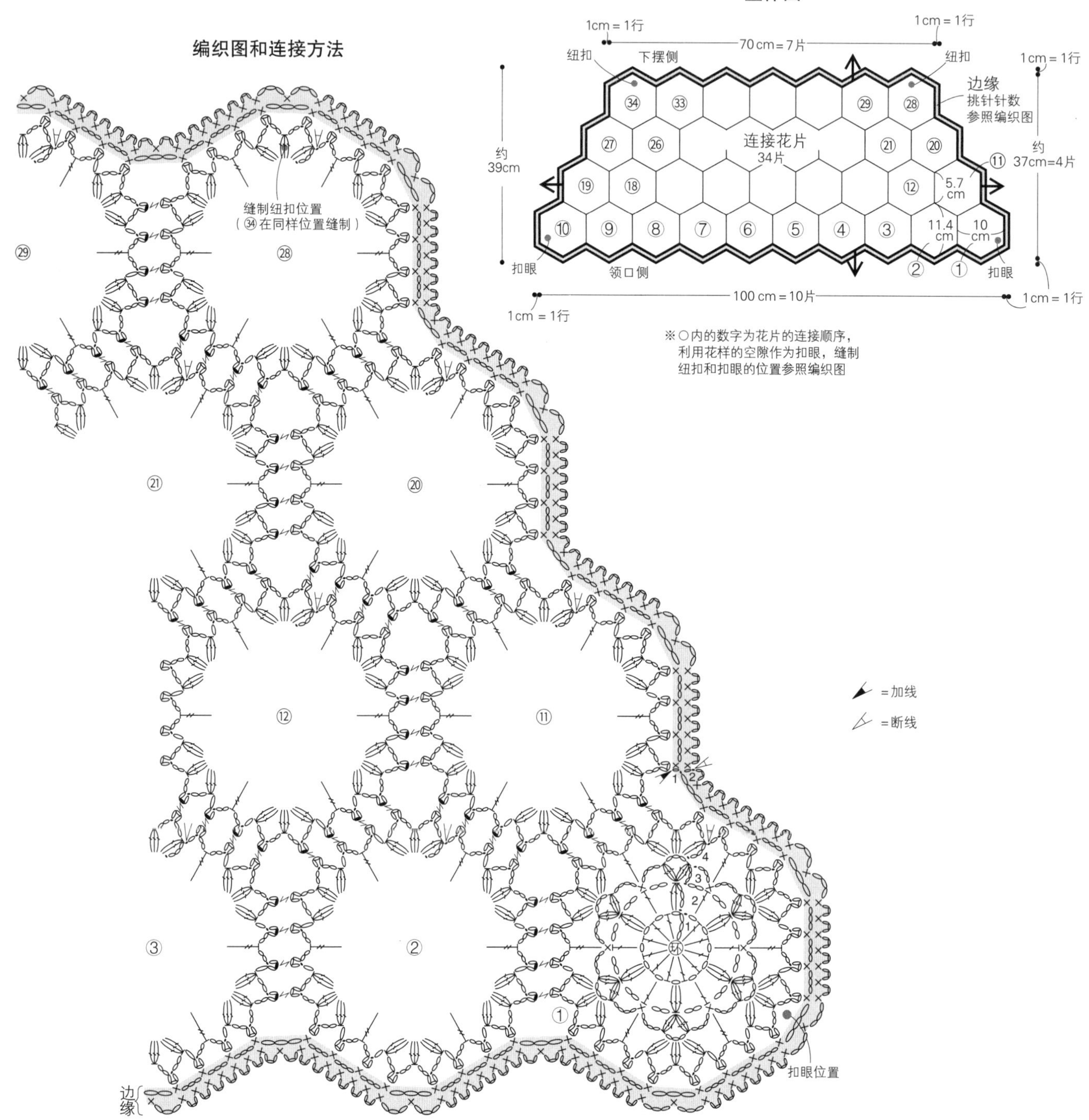

MOTIF CROCHET

NO* 64、65、66 成品图→76、77页 三角披肩

●**尺寸** 64、66 宽36cm 长109cm
65 宽40cm 长120cm

●**材料**

线／64 中粗平直毛线 原白色115g
65 粗平直毛线 灰色125g
66 中粗平直毛线 焦茶色75g、浅茶色55g

钩针／64、66 4/0号钩针 65 7/0号钩针

●**花片尺寸**

64、66 边长4.5cm六边形
65 边长5cm六边形

●**钩织方法** 使用1股线钩织。64、65使用单色线，66按照指定的配色钩织。

❶从花片①（第1片）开始，按编号顺序钩织花片。绕线环起针，参照编织图继续钩织。

❷从花片②（第2片）开始，一边钩织，一边在最后一行（第4行）上钩织引拔针连接。

❸按编号顺序钩织连接40片花片。

整体图

※○内的数字为花片的连接顺序

64、66 109cm 65 120cm（14片）

连接花片（40片）

⑩ ㉖ ⑮ ⑭ ⑬ ⑫ ⑪ ⑩ ⑨ ⑧ ⑯ ㉗ ⑦ ⑥ ⑤ ④ ③ ② ①

64、66 36cm 65 40cm（5片）

64、66 4.5cm 65 5cm

64、66 7.8cm 65 8.6cm

64、66 9cm 65 10cm

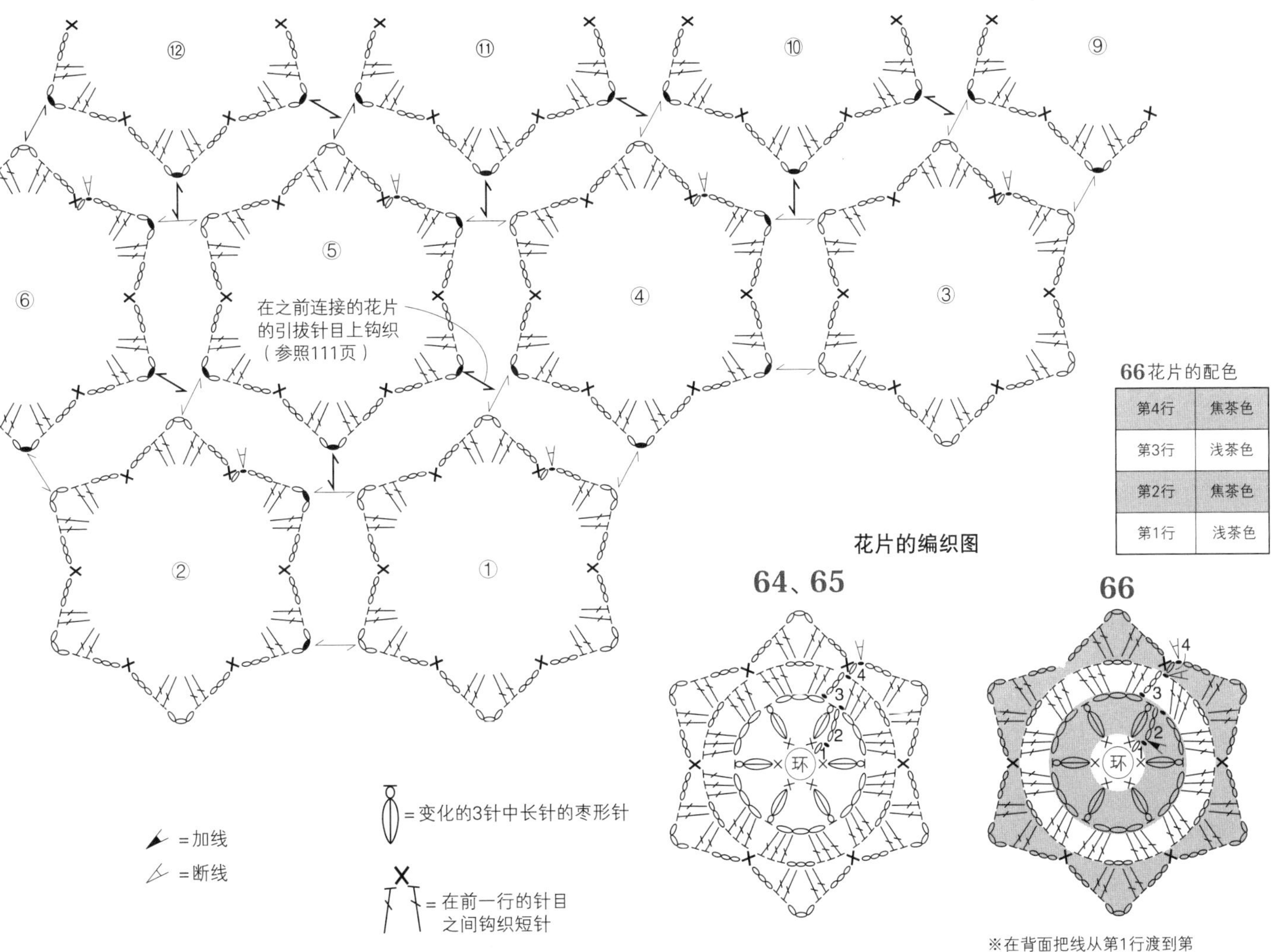

66花片的配色

第4行	焦茶色
第3行	浅茶色
第2行	焦茶色
第1行	浅茶色

MOTIF CROCHET

NO* 67 成品图→78页 双色花片迷你围巾

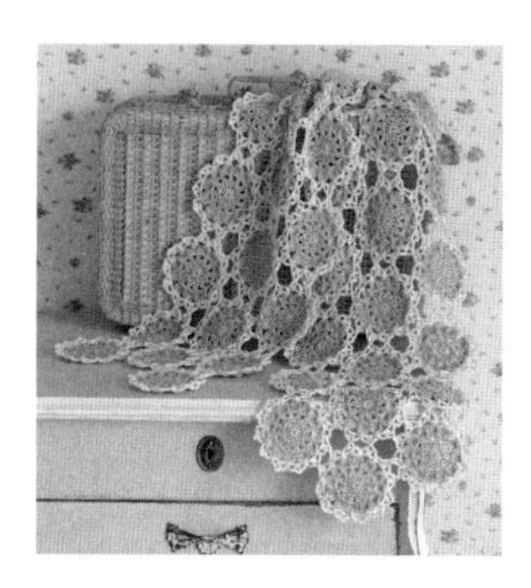

●**尺寸** 宽24cm 长135cm

●**材料**

线 / 中粗平直毛线

蓝色95g、原白色65g

钩针 / 3/0号钩针

●**花片尺寸** 直径9cm

●**钩织方法** 使用1股线，按照指定的配色钩织。

❶从花片①（第1片）开始，按编号顺序钩织花片。钩5针锁针起针，钩织引拔针绕成环状，参照编织图继续钩织。

❷从花片②（第2片）开始，一边钩织，一边在最后一行（第5行）上钩织引拔针连接。

❸按编号顺序钩织连接45片花片。

整体图

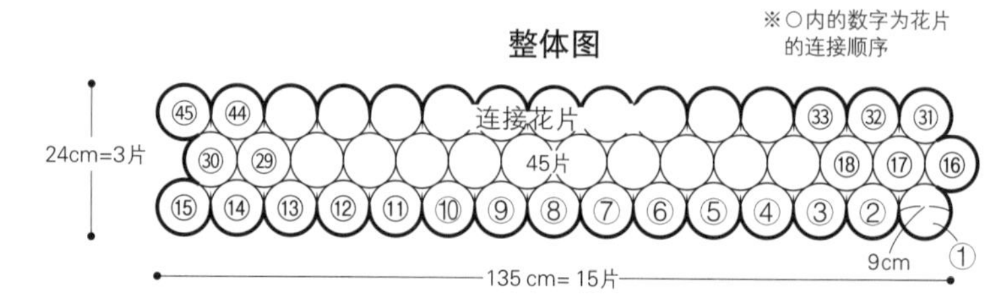

编织图和连接方法

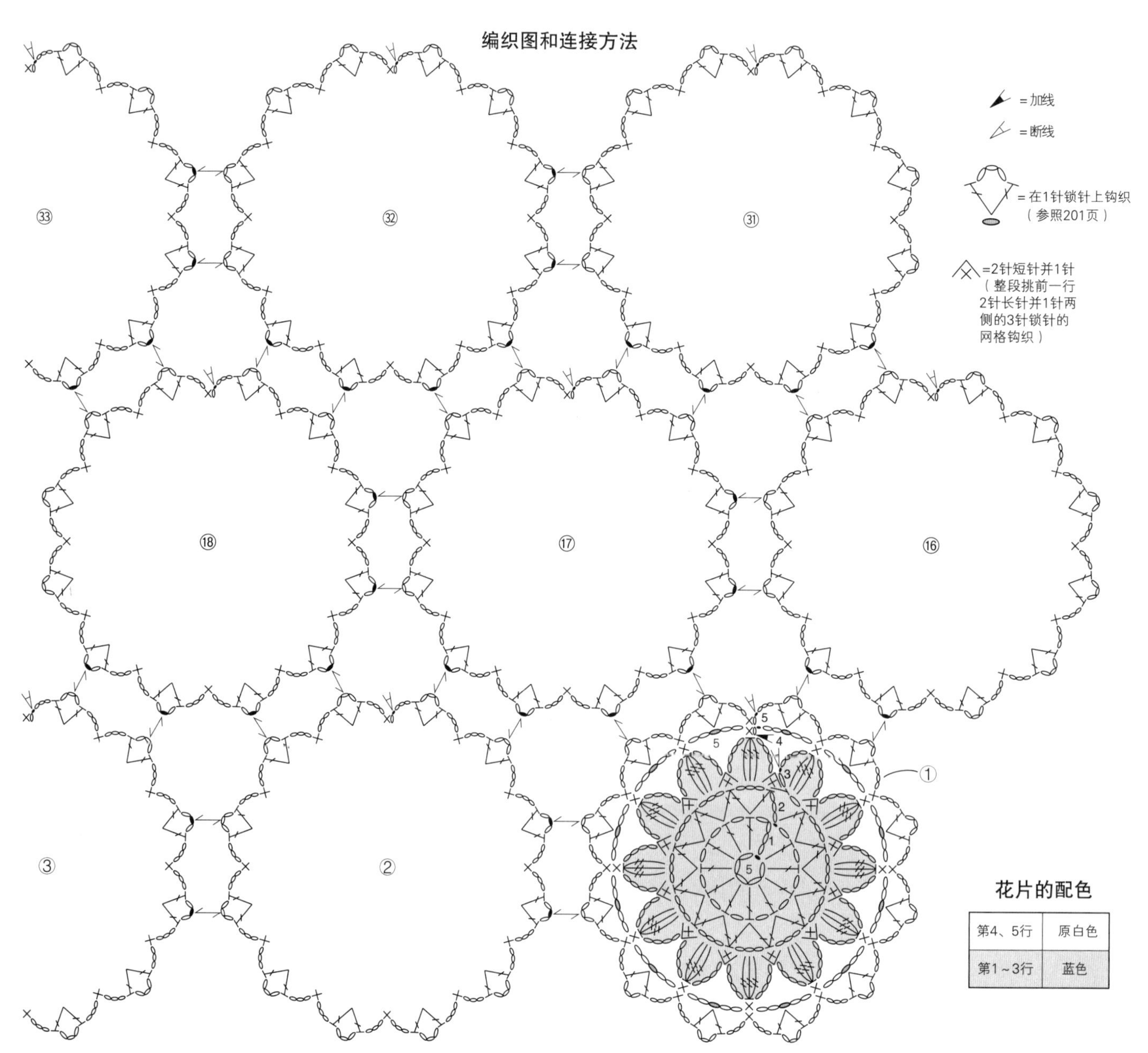

花片的配色

第4、5行	原白色
第1～3行	蓝色

MOTIF CROCHET

NO* 68 成品图→79页 网眼花片围巾

●**尺寸** 宽45.5cm 长161.5cm

●**材料**

线／粗平直毛线

原白色420g

钩针／5/0号钩针

●**花片尺寸** 边长6.5cm正方形

●**钩织密度**

花样 1个花样＝约1.3cm 12行＝7.5cm

●**钩织方法** 使用1股线钩织。

❶从花片①（第1片）开始，按编号顺序钩织花片。绕线环起针，参照编织图继续钩织。

❷从花片②（第2片）开始，一边钩织，一边在最后一行（第3行）上钩织引拔针连接。

❸按编号顺序钩织连接14片花片（整体图中●）4组，钩织连接7片花片（整体图中△）3组。

❹从整体图的下方开始，按照顺序钩织花样。连接●花片时挑针钩织12行花样。

❺连接△花片时挑针钩织11行花样，钩织最后一行（第12行）时，在步骤❹的花样上钩织引拔针连接。

❻以步骤❹、❺同样的方法，钩织花样连接花片，并连接花样。

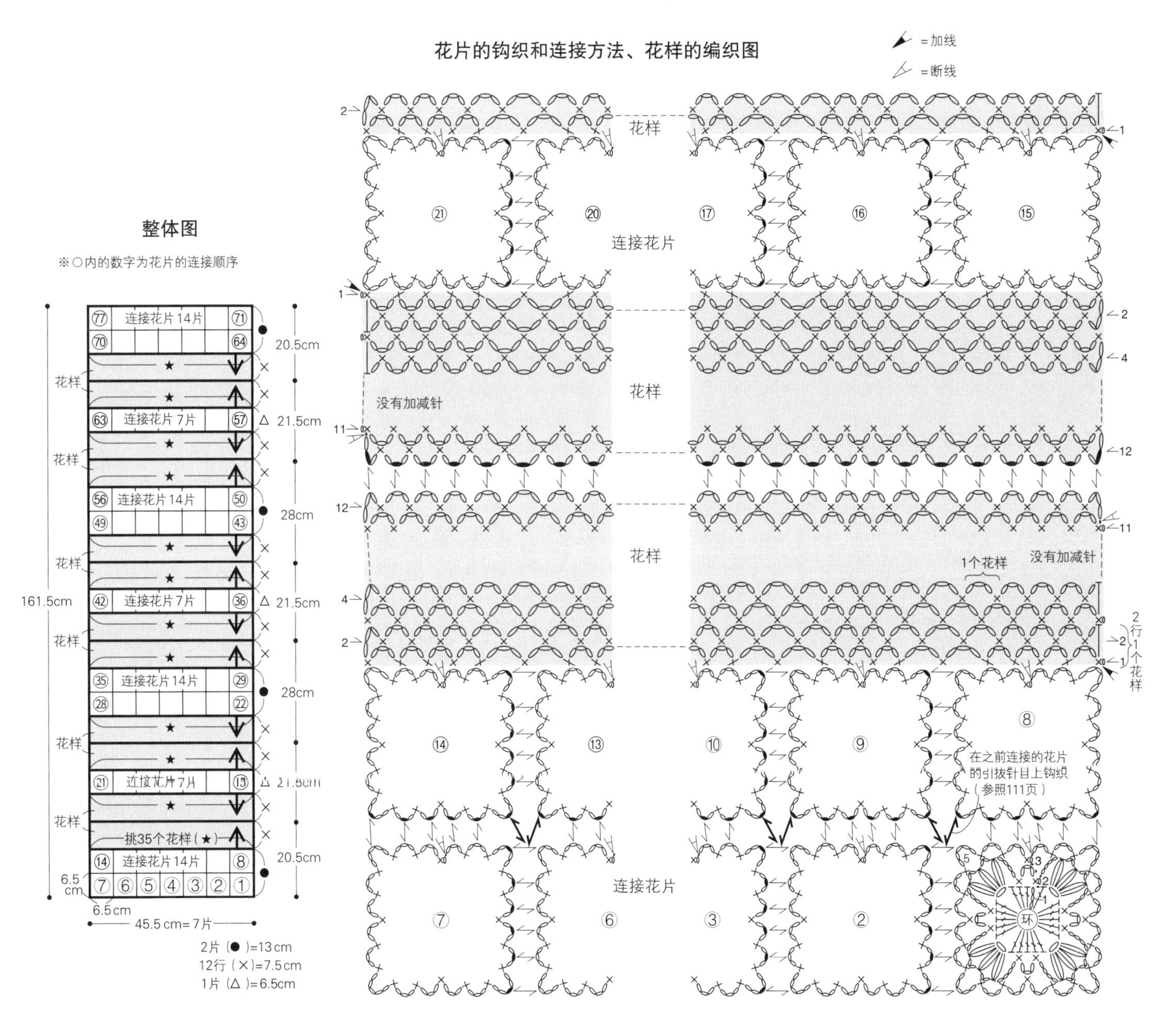

MOTIF CROCHET

NO* 69 成品图→80页 网眼花片梯形披肩（1）

●尺寸　宽36.5cm　长135cm

●材料

线／粗平直毛线

蓝色220g

钩针／5/0号钩针

●花片尺寸　直径7.5cm

●钩织密度

花样　4行＝2.5cm

●钩织方法　使用1股线钩织。整体图参照191页。

❶从花片①（第1片）开始，按编号顺序钩织花片。绕线环起针，参照编织图继续钩织。

❷从花片②（第2片）开始，一边钩织，一边在最后一行（第3行）上钩织引拔针连接。

❸参照整体图，按编号顺序分别钩织连接A部分（18片）、B部分（16片）、C部分（14片）。

❹钩织D部分。从完成连接的A部分上挑针，钩织4行，断线。接着从完成连接的B部分上挑针，钩织E部分，钩织最后一行（第4行）时，在D部分上钩织引拔针连接，断线。

❺以步骤❹同样的方法，钩织F~H部分，H部分完成后继续钩织边缘。

花片的编织图

48片

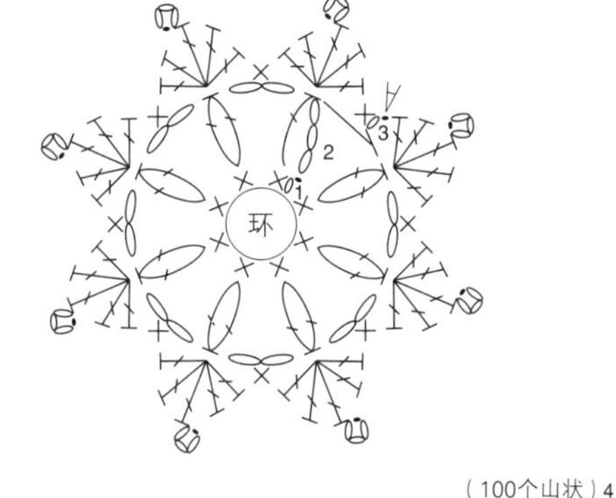

花片的编织图

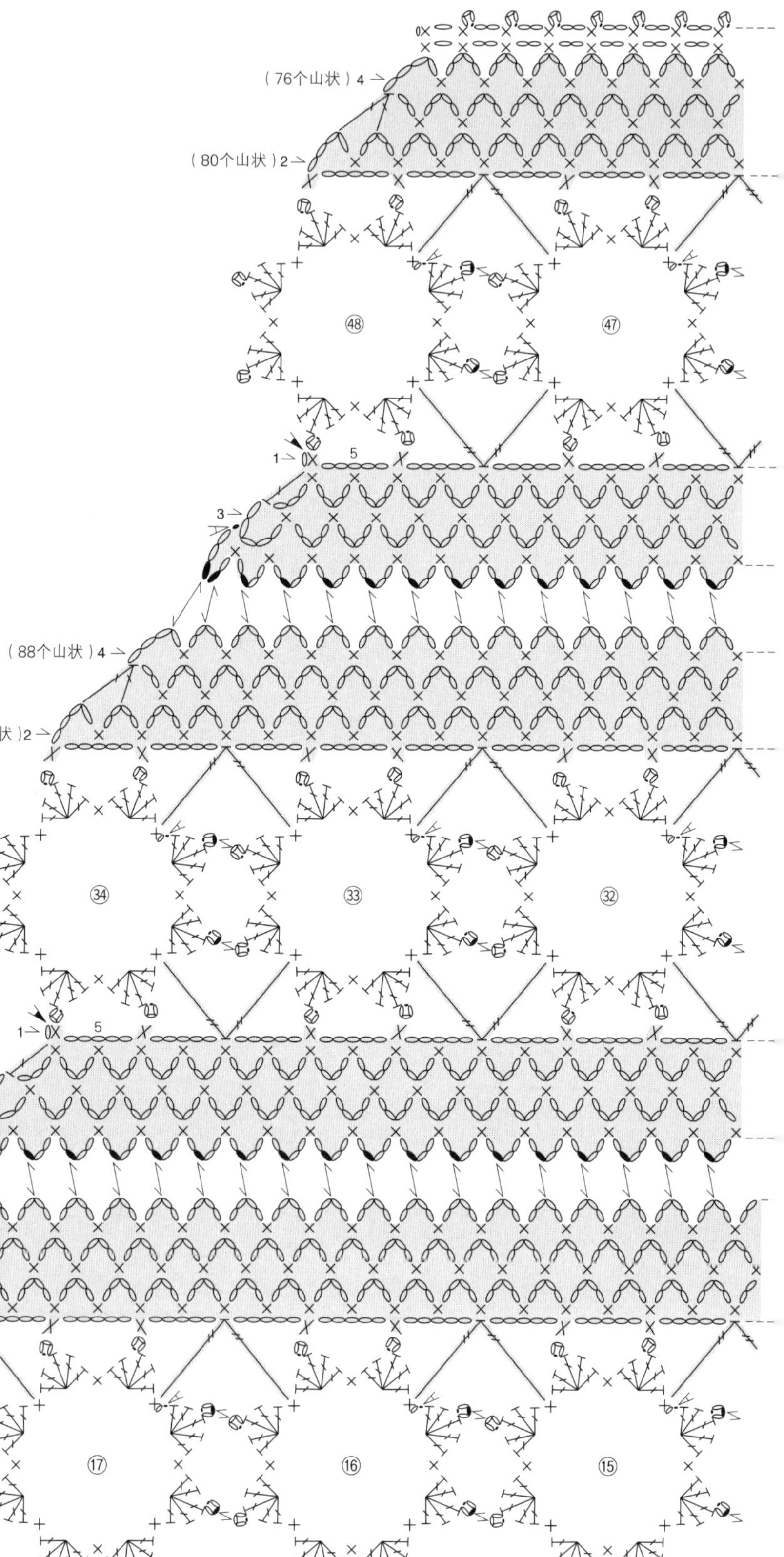

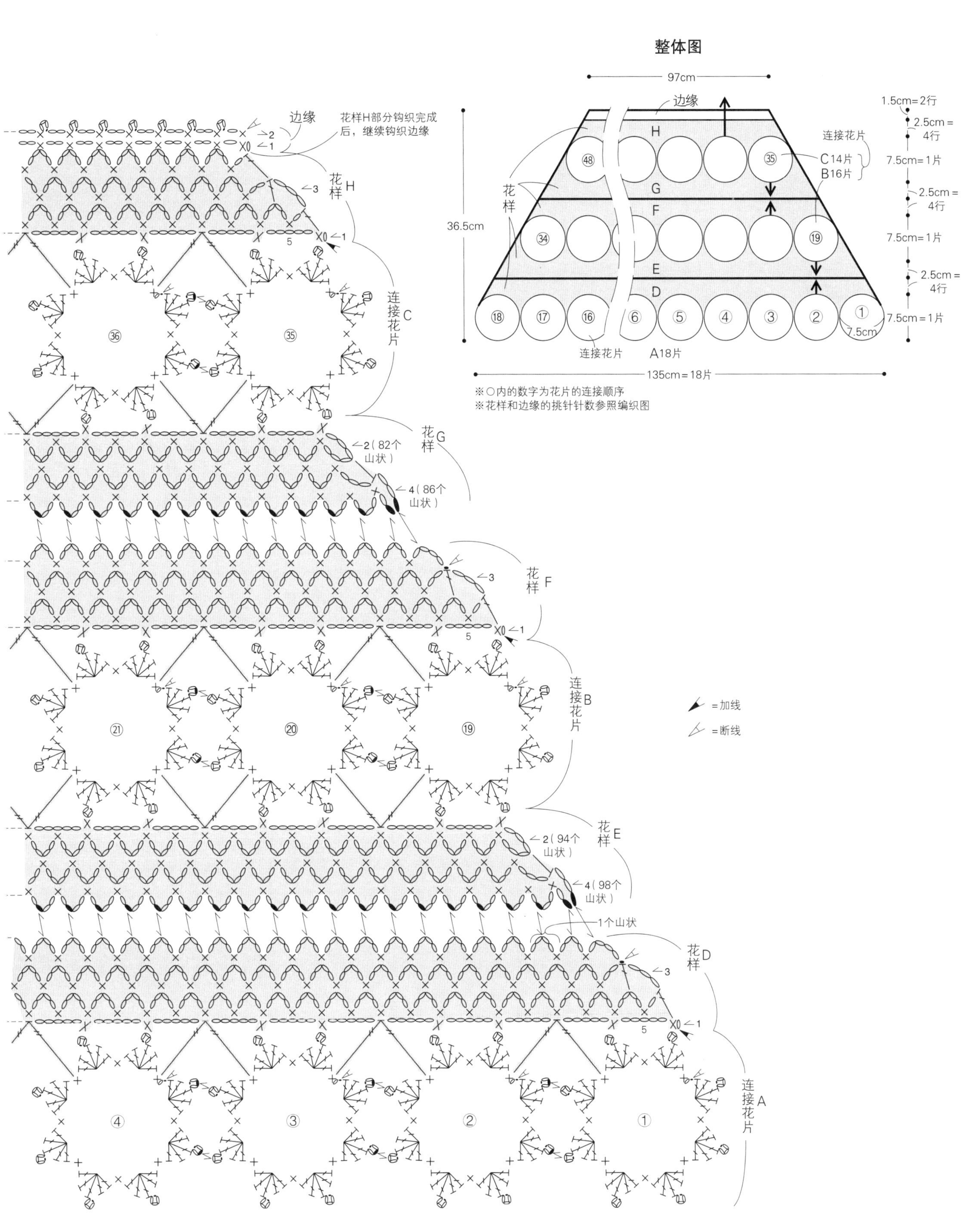

整体图
97cm
边缘
H
G
F
E
D
花样
36.5cm
连接花片
C14片
B16片
A18片
7.5cm
135cm=18片
1.5cm=2行
2.5cm=4行
7.5cm=1片
※○内的数字为花片的连接顺序
※花样和边缘的挑针针数参照编织图
花样H部分钩织完成后，继续钩织边缘
花样H
连接花片C
花样G
2（82个山状）
4（86个山状）
花样F
连接花片B
花样E
2（94个山状）
4（98个山状）
1个山状
花样D
连接花片A
=加线
=断线

MOTIF CROCHET

NO* 70

成品图→81页

网眼花片梯形披肩（2）

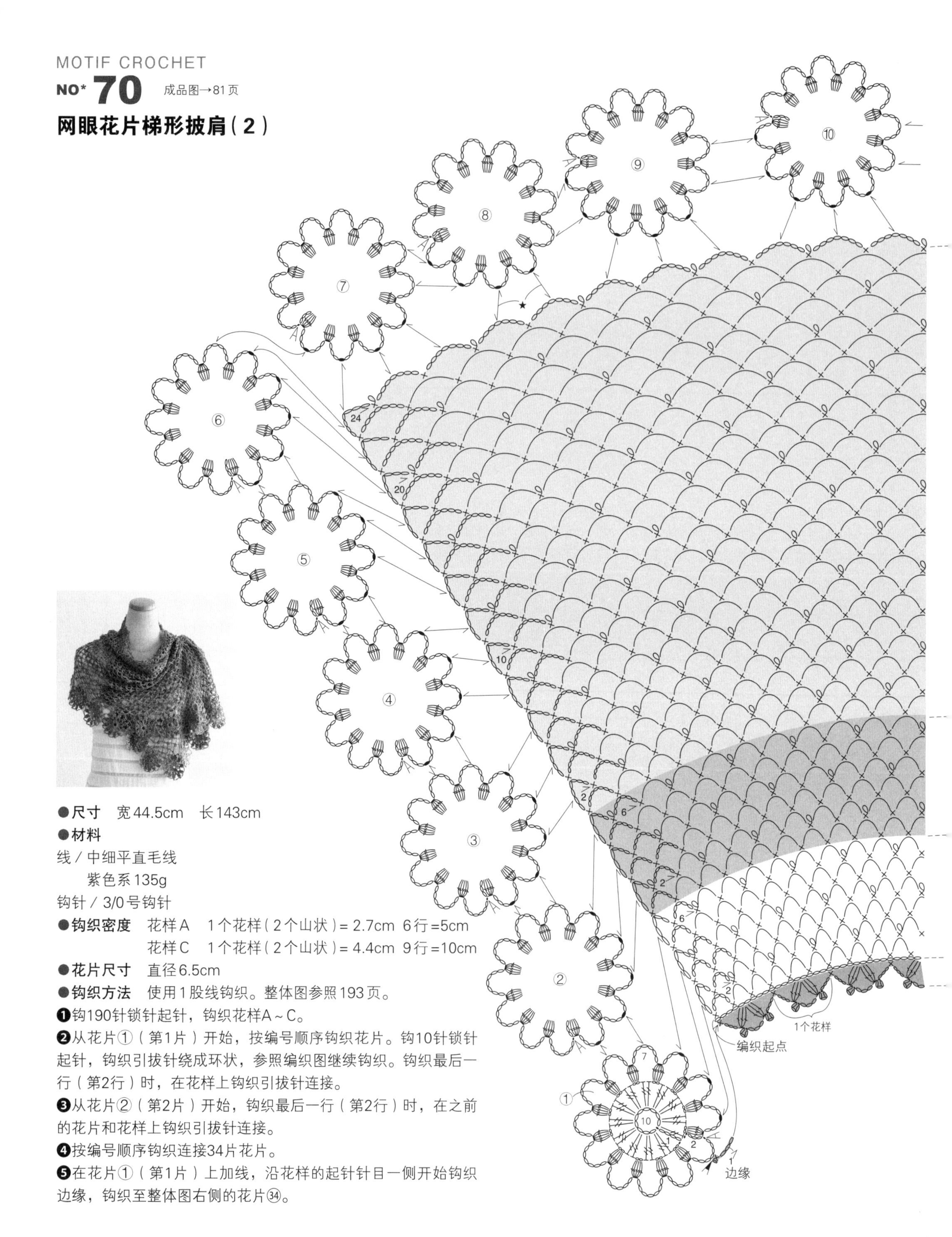

●**尺寸** 宽44.5cm 长143cm

●**材料**

线 / 中细平直毛线

紫色系135g

钩针 / 3/0号钩针

●**钩织密度** 花样A 1个花样（2个山状）= 2.7cm 6行 =5cm

花样C 1个花样（2个山状）= 4.4cm 9行 =10cm

●**花片尺寸** 直径6.5cm

●**钩织方法** 使用1股线钩织。整体图参照193页。

❶钩190针锁针起针，钩织花样A～C。

❷从花片①（第1片）开始，按编号顺序钩织花片。钩10针锁针起针，钩织引拔针绕成环状，参照编织图继续钩织。钩织最后一行（第2行）时，在花样上钩织引拔针连接。

❸从花片②（第2片）开始，钩织最后一行（第2行）时，在之前的花片和花样上钩织引拔针连接。

❹按编号顺序钩织连接34片花片。

❺在花片①（第1片）上加线，沿花样的起针针目一侧开始钩织边缘，钩织至整体图右侧的花片㉞。

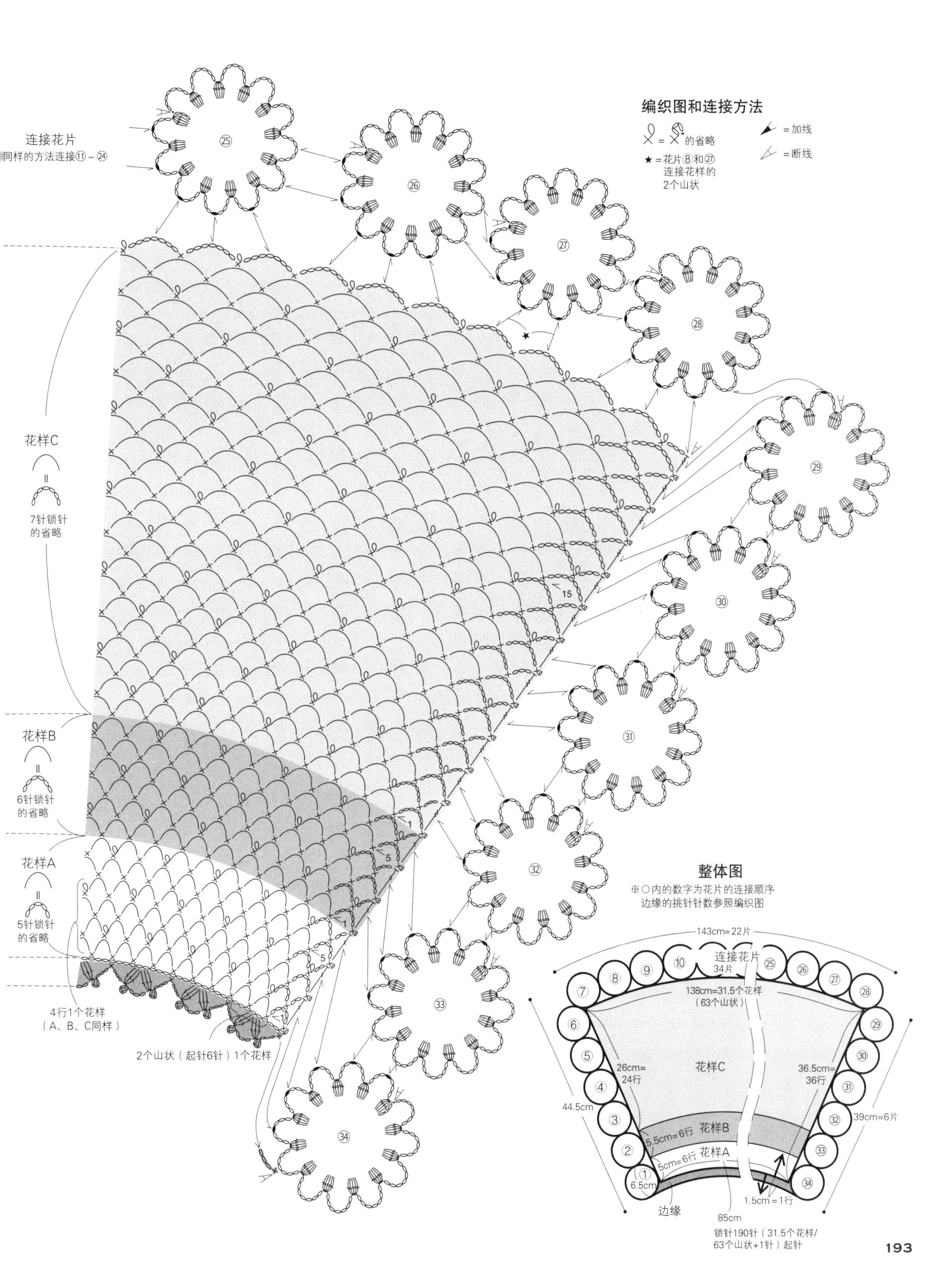
编织图和连接方法
=的省略
★=花片⑧和㉗连接花样的2个山状
=加线
=断线
连接花片
同样的方法连接⑪～㉔
㉕
㉖
㉗
㉘
㉙
㉚
㉛
㉜
㉝
㉞
15
1
5
1
5
花样C
7针锁针的省略
花样B
6针锁针的省略
花样A
5针锁针的省略
4行1个花样（A、B、C同样）
2个山状（起针6针）1个花样
整体图
※○内的数字为花片的连接顺序
边缘的挑针针数参照编织图
143cm=22片
连接花片
34片
138cm=31.5个花样（63个山状）
花样C
26cm=24行
36.5cm=36行
44.5cm
39cm=6片
5.5cm=6行
花样B
5cm=6行
花样A
6.5cm
1.5cm＝1行
边缘
85cm
锁针190针（31.5个花样/63个山状+1针）起针

NO* 71 拼接花样围巾

成品图→82页

●**尺寸**　宽39.5cm　长147.5cm

●**材料**

线 / 中粗平直毛线

　绿色系段染190g

　中细平直毛线

　草绿色80g

钩针 / 3/0号钩针

●**花片尺寸**　直径5.5cm

●**钩织密度**　花样

　1个花样=3.7cm　17行=10cm

●**钩织方法**　使用1股线，按照指定的配色钩织。整体图参照195页。

❶钩织条纹花样①，钩127针锁针起针，钩织19行，没有加减针，断线。

❷钩织条纹花样②～④，以步骤❶同样的方法起针，分别钩织指定的行数，断线。

❸从花片①（第1片）开始，按编号顺序钩织花片。绕线环起针，参照编织图继续钩织。钩织最后一行（第4行）时，在条纹花样①上钩织引拔针连接。

❹从花片②（第2片）开始，钩织最后一行（第4行）时，在之前的花片和条纹花样上钩织引拔针连接。

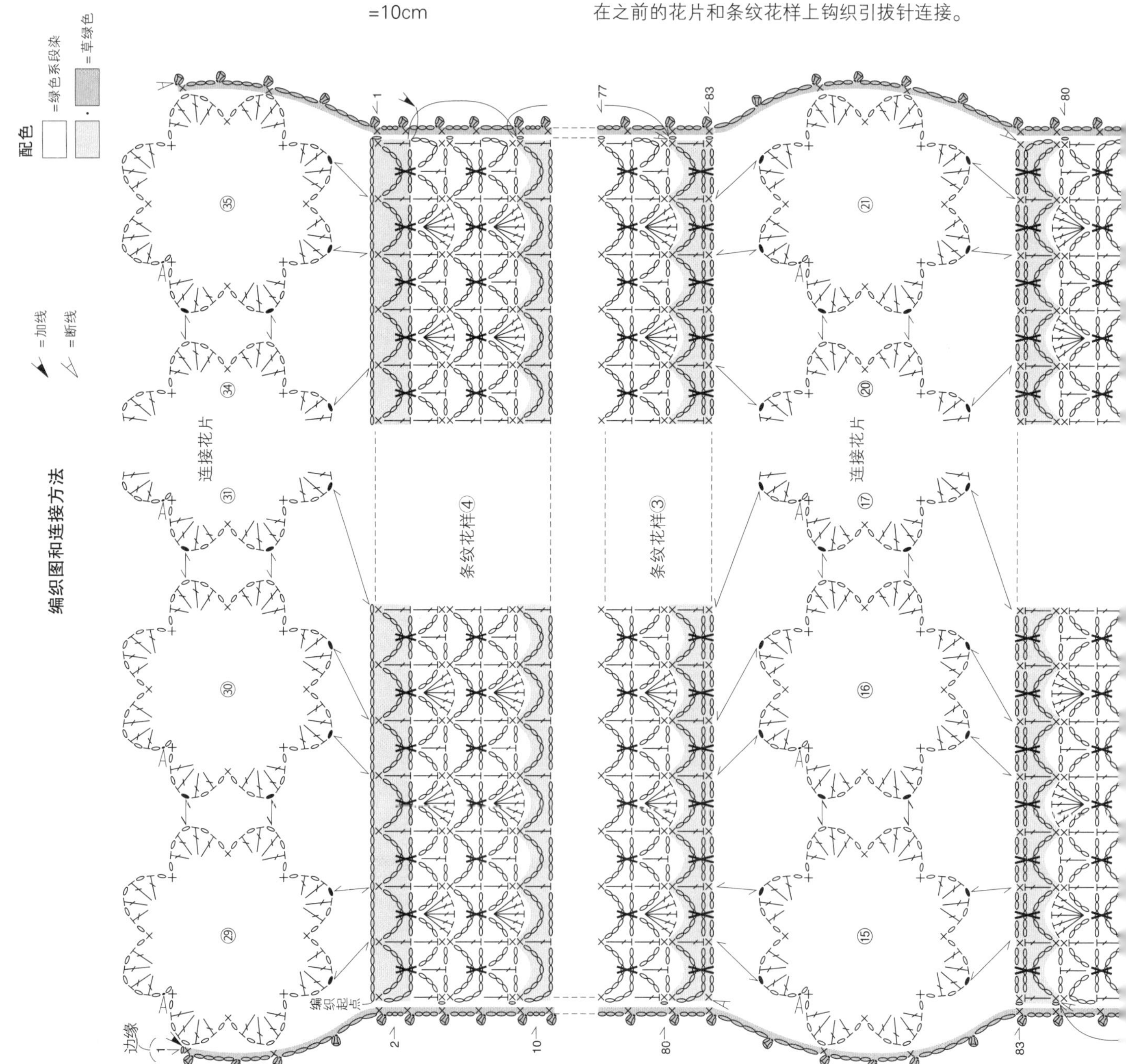

❺按编号顺序钩织连接5组花片，每组各7片（注意条纹③、④的方向）。
❻两侧边钩织边缘。

※为了便于理解，改变了图示的方向

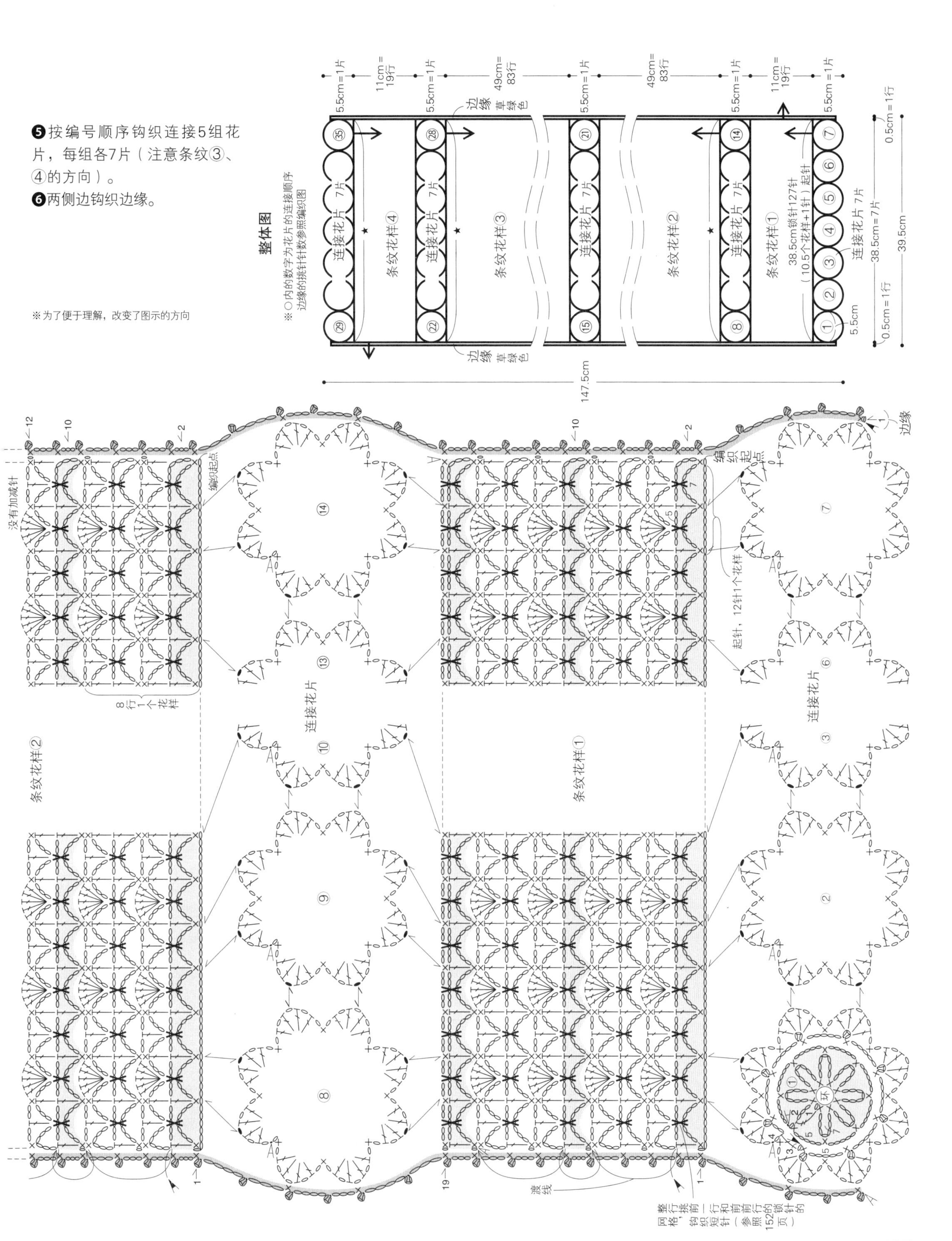

PATTERN CROCHET

NO* 72 成品图→84、85页 大型镂空花样梯形披肩

●**尺寸** 宽55cm 长145cm

●**材料**

线／粗平直毛线 杏黄色280g

钩针／5/0号钩针

●**钩织密度** 花样 1个花样（6个山状）=约9.6cm 14行=10cm

●**钩织方法** 使用1股线钩织。整体图参照197页。

❶钩357针锁针起针。

❷钩织75行花样，两端减针。

❸加线，一周钩织边缘。

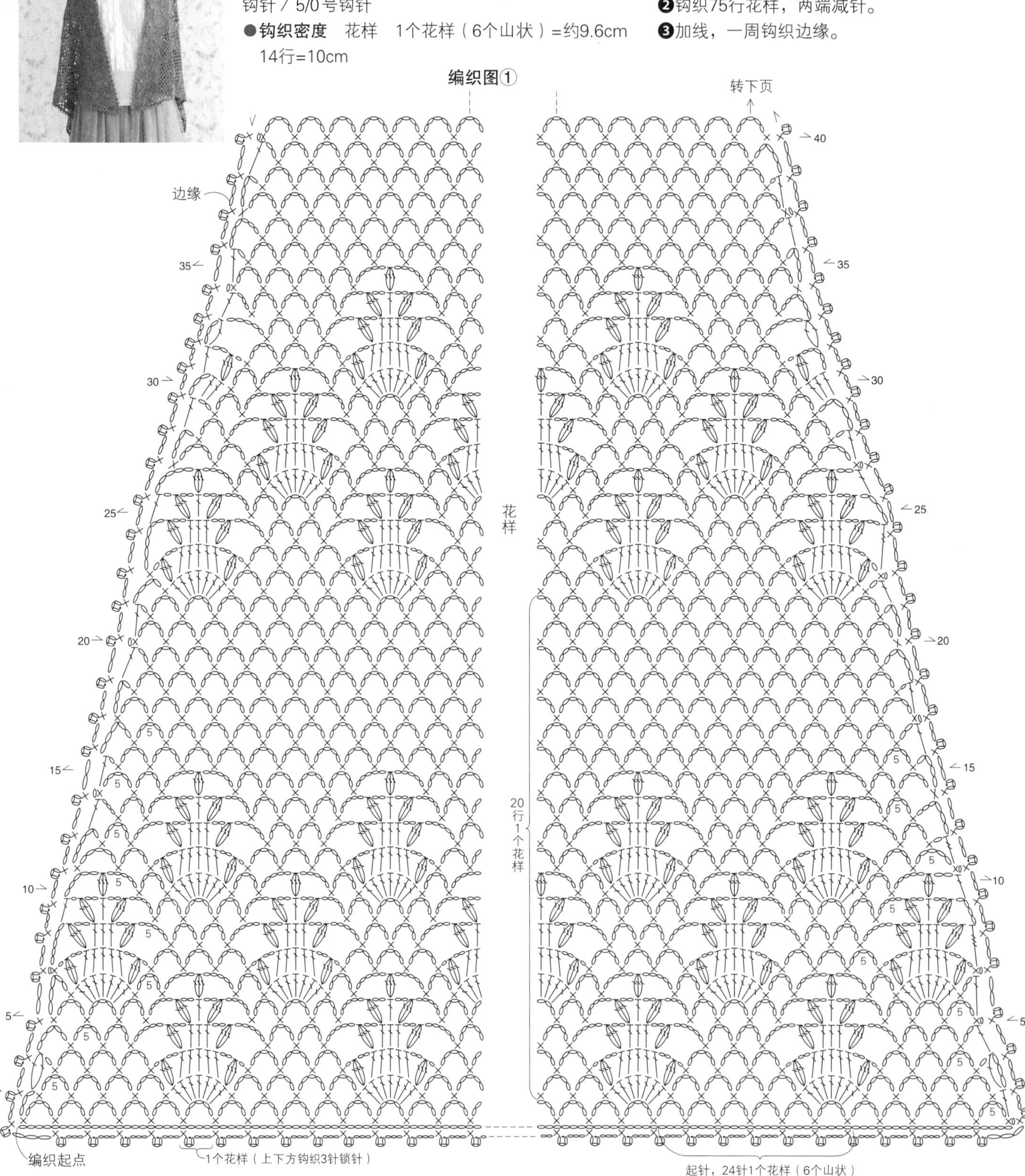

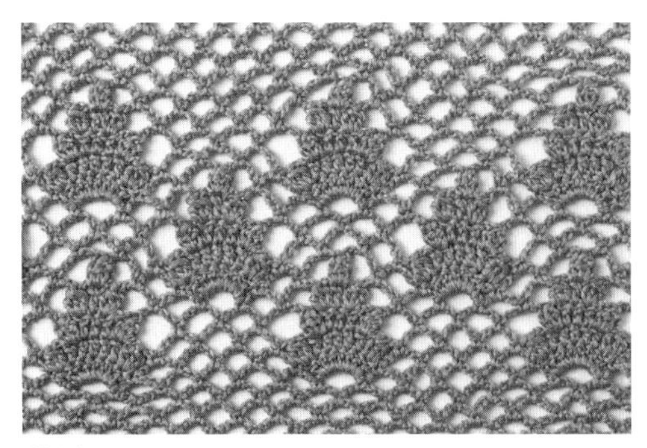

花样

先钩织7针长针，从下一行开始，两侧钩织3针的枣形针，完成立体轮廓的叶片图案。长针的针数分别为5针、3针等奇数，图案左右对称。

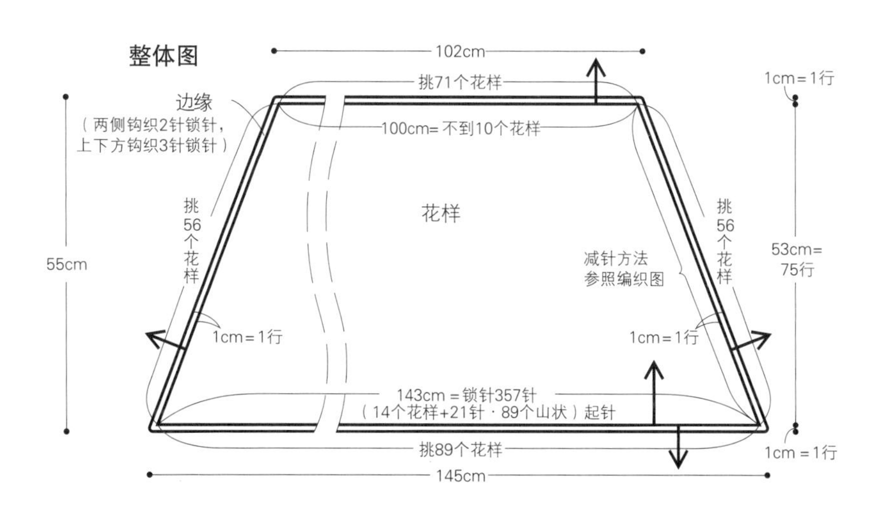

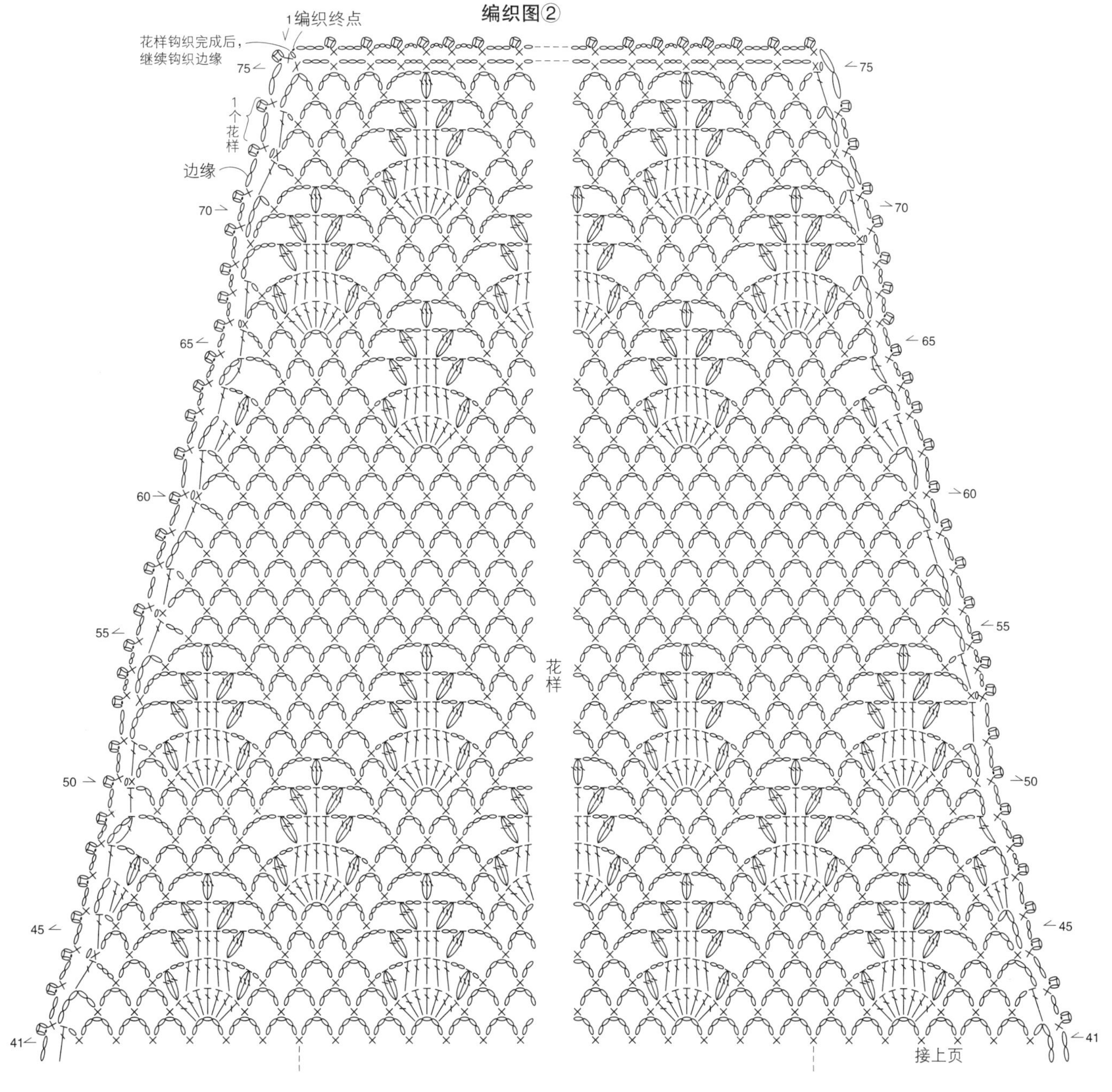

PATTERN CROCHET

NO* 73 方眼花样迷你围巾

成品图→86页

●**尺寸** 宽28cm 长141cm

●**材料**

线 / 中粗平直毛线

紫色115g

钩针 / 3/0号钩针

●**钩织密度**

花样 1个花样＝约3.3cm

9行＝10cm

●**钩织方法** 使用1股线钩织。

❶钩74针锁针起针。

❷按照指定的行数钩织花样和边缘A，断线。

❸在起针针目的另一侧加线，钩织整体图下方的花样和边缘A。

❹加线，钩织整体图右侧的边缘B，断线。

❺在整体图左侧加线，钩织边缘B。

整体图

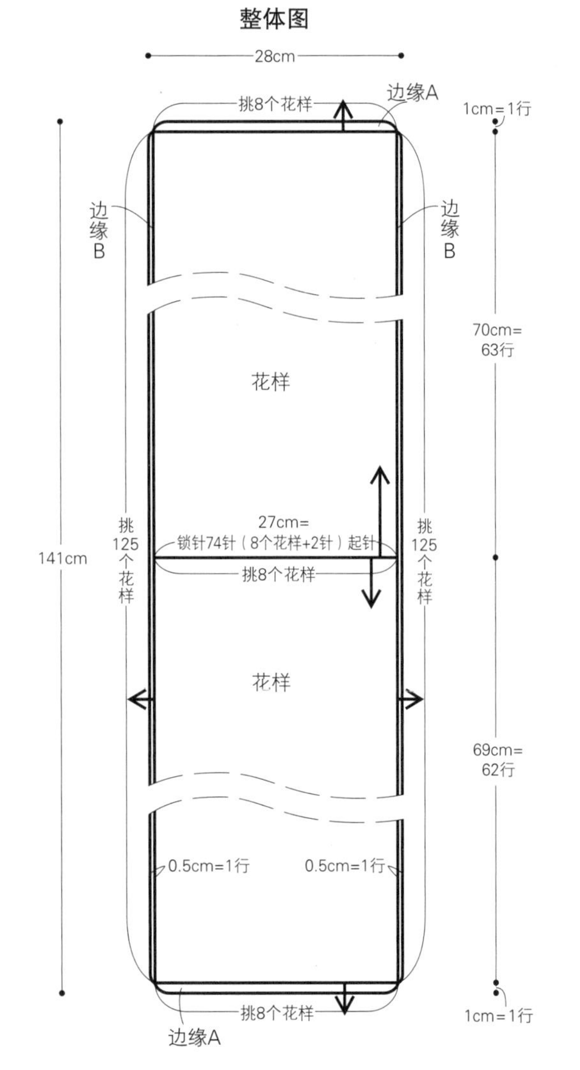

编织图

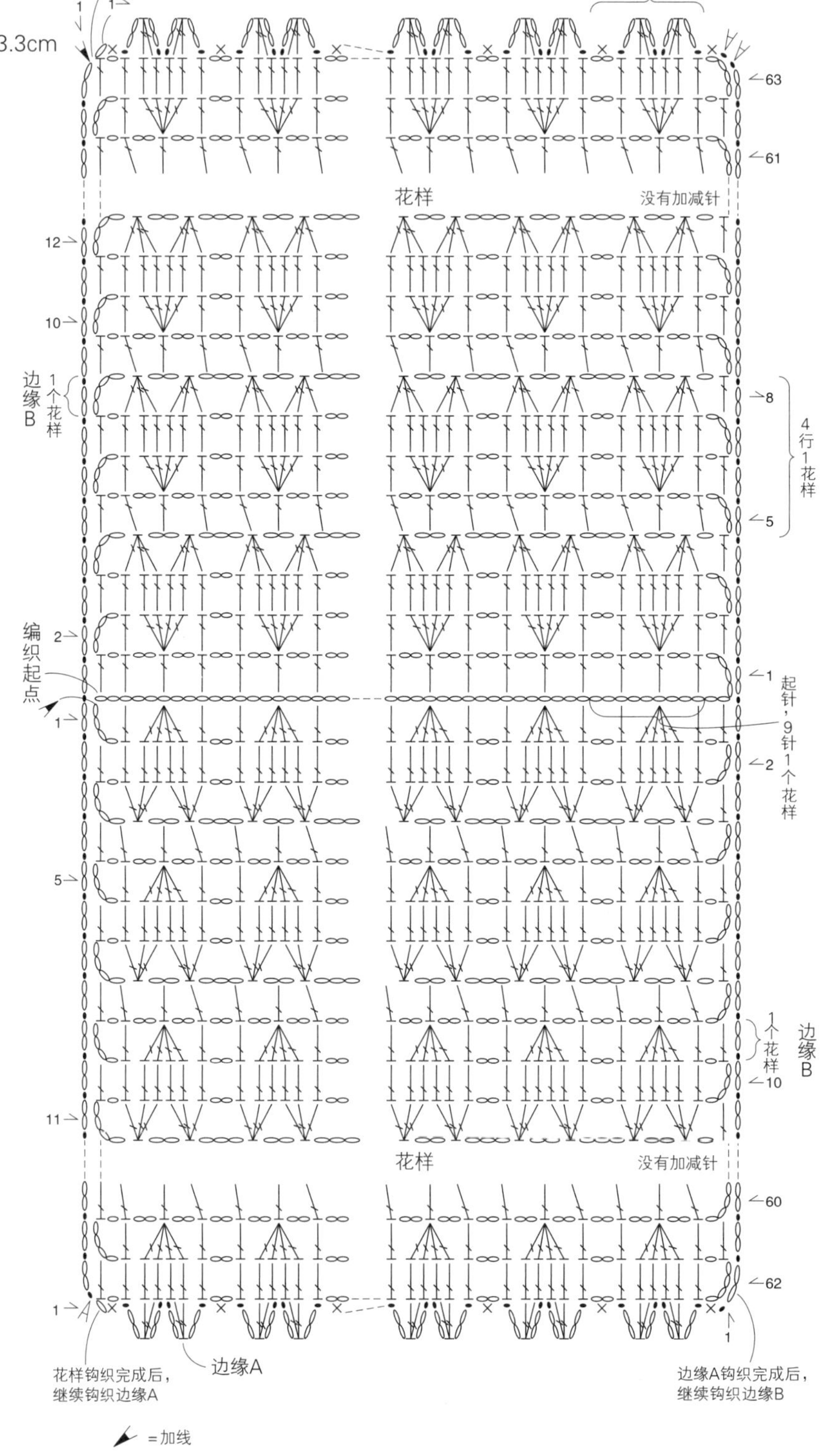

NO* 74 成品图→87页 简单花样围巾

●**尺寸** 宽48cm 长160cm

●**材料**

线／中粗平直毛线

白色195g

钩针／6/0号钩针

●**钩织密度**

花样 1个花样＝约3.7cm 9.5行＝10cm

●**钩织方法** 使用1股线钩织。

❶钩97针锁针起针。

❷钩织149行花样，没有加减针。

❸加线，一周钩织边缘。

整体图

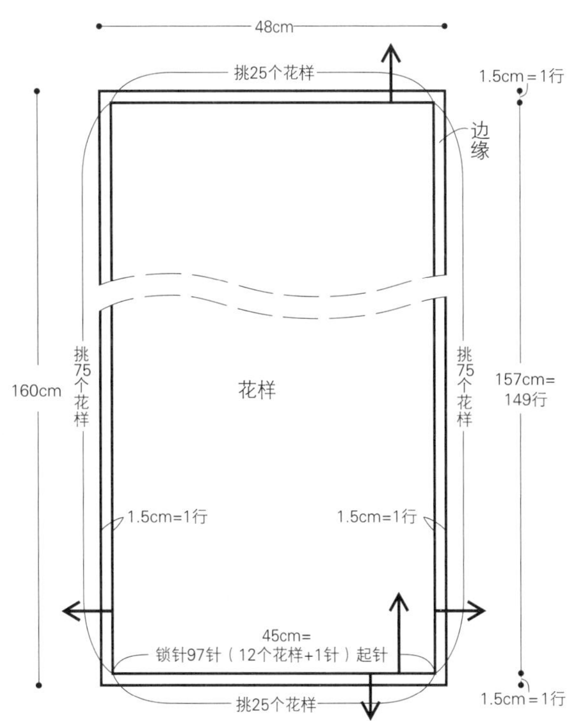

编织图

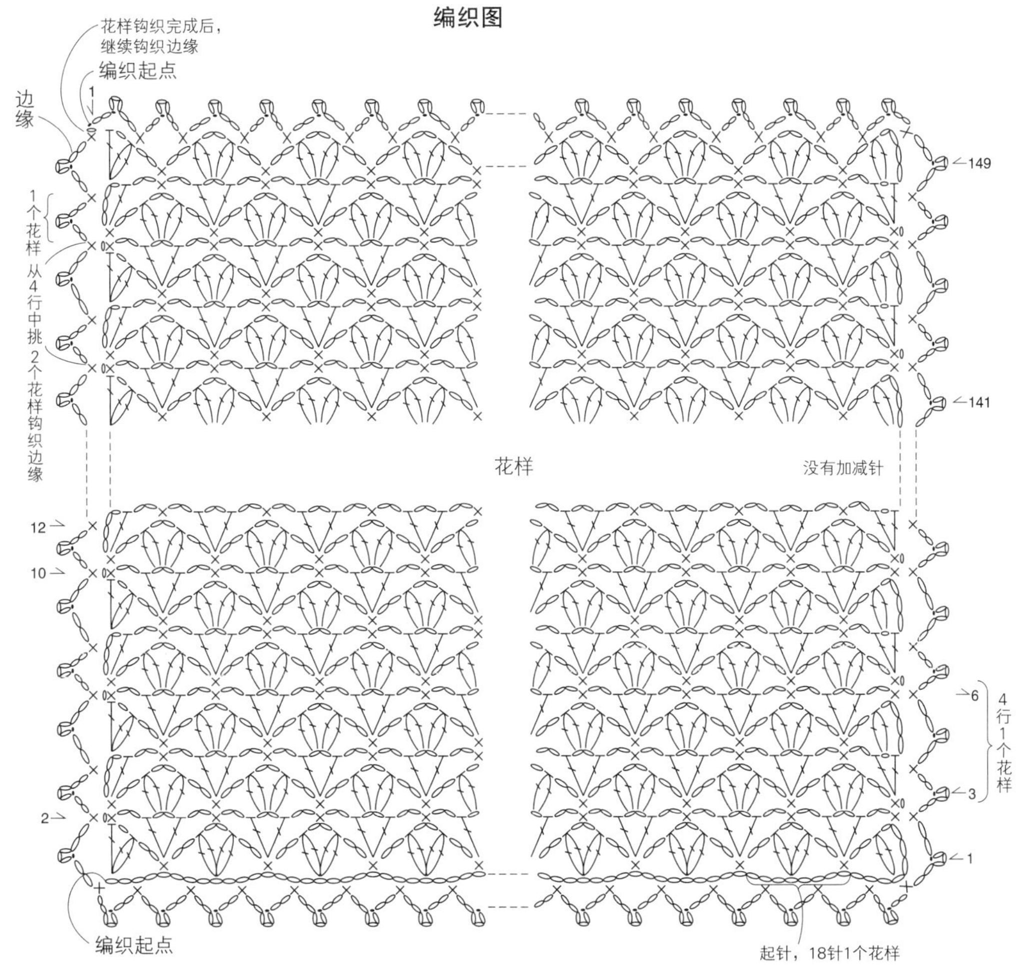

PATTERN CROCHET

NO* 75 成品图→88页 贝壳形边缘三角披肩

●尺寸 宽41cm 长156cm

●材料

线 / 粗平直毛线

粉色175g

钩针 / 4/0号钩针

●钩织密度

花样 边长10cm正方形=5.3个山状、11行

●钩织方法 使用1股线钩织。

❶钩305针锁针起针。

❷钩织40行花样，两端减针，断线。

❸在起针针目的左侧加线，在两条短边（花样的两侧）钩织边缘A。

❹加线，在起针针目一侧钩织边缘B。

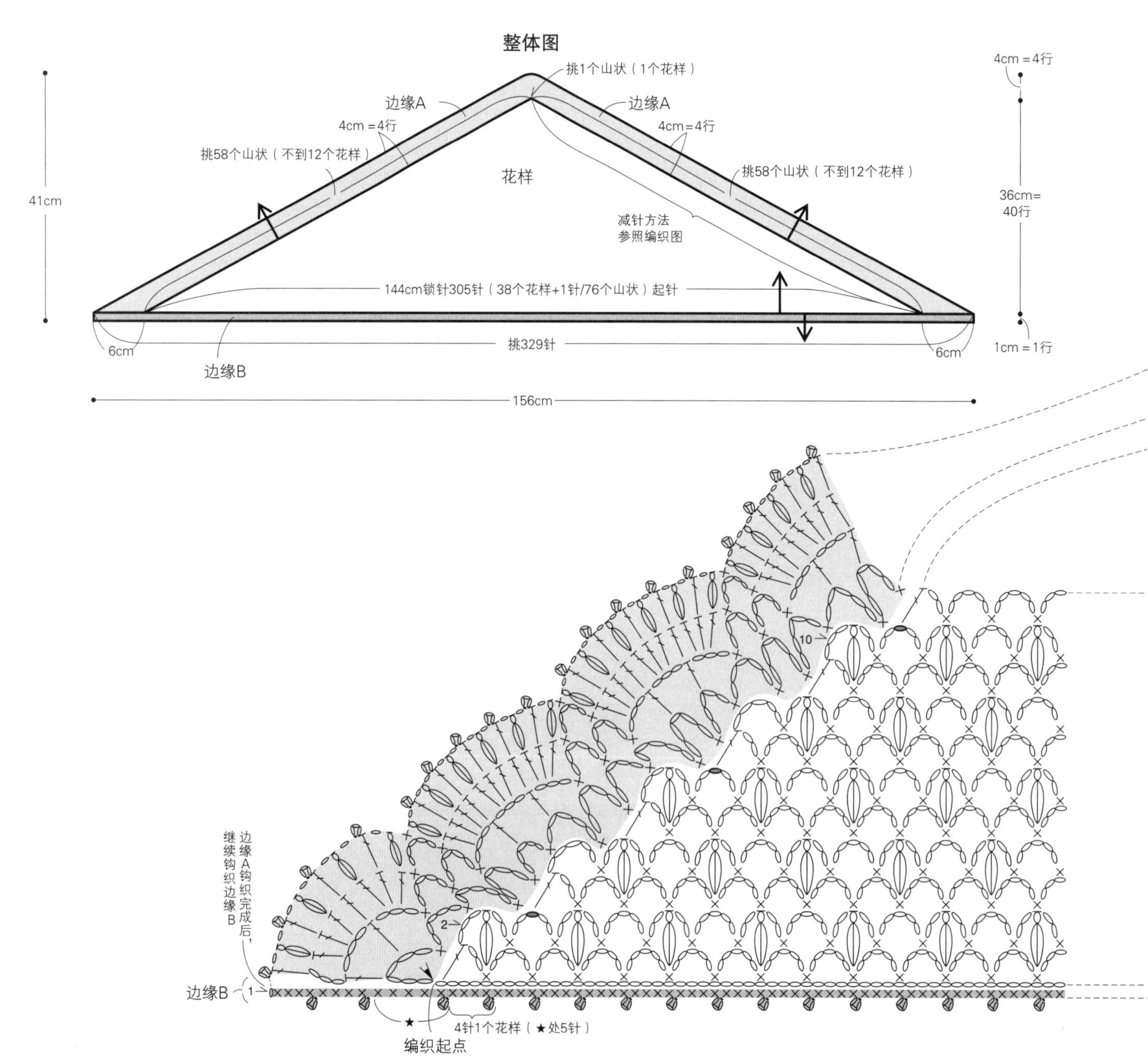

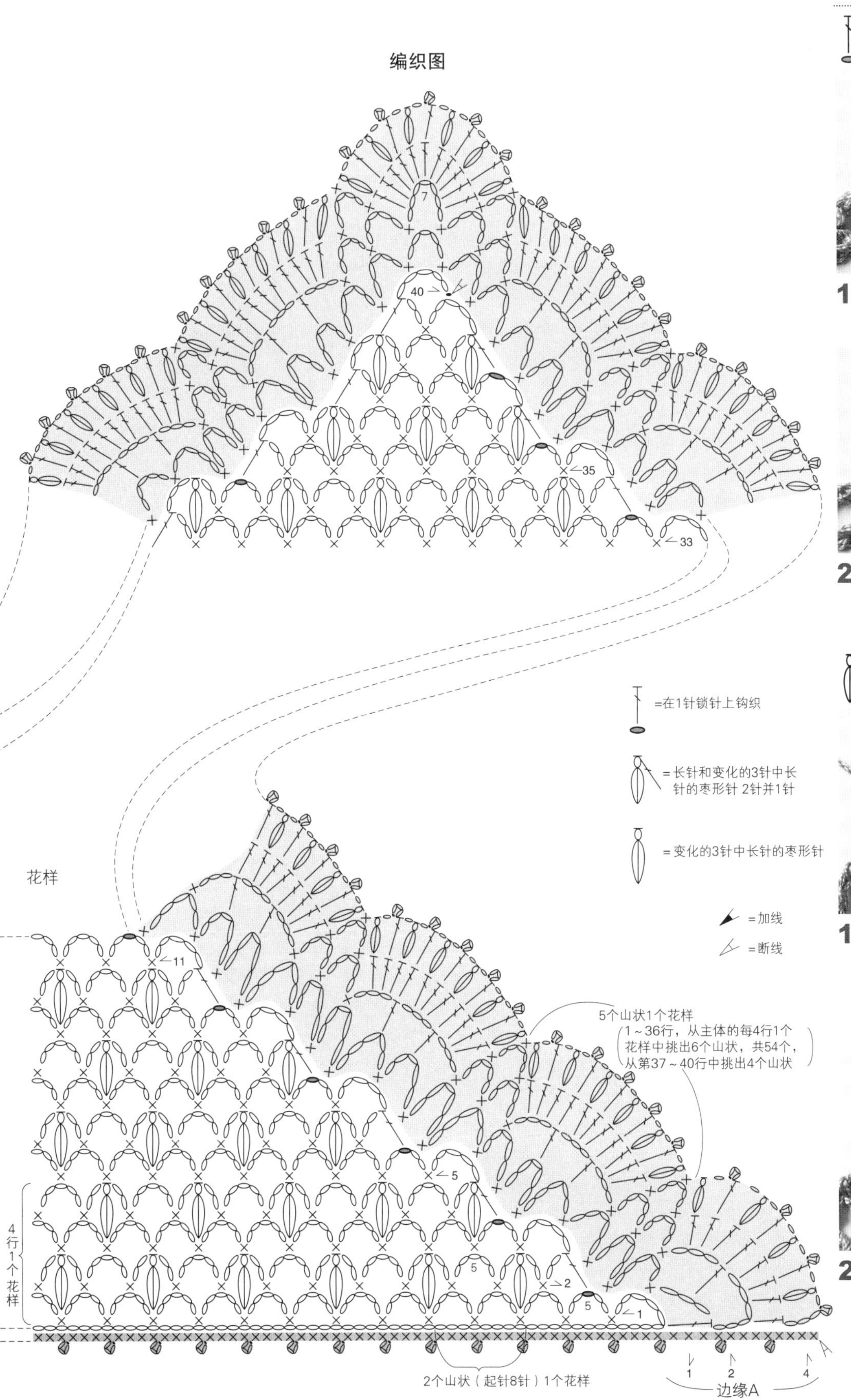

的钩织方法

1 钩针挂线，沿箭头方向插入5针锁针中间的1针（挑锁针的半针和里山2根线），钩织长针。

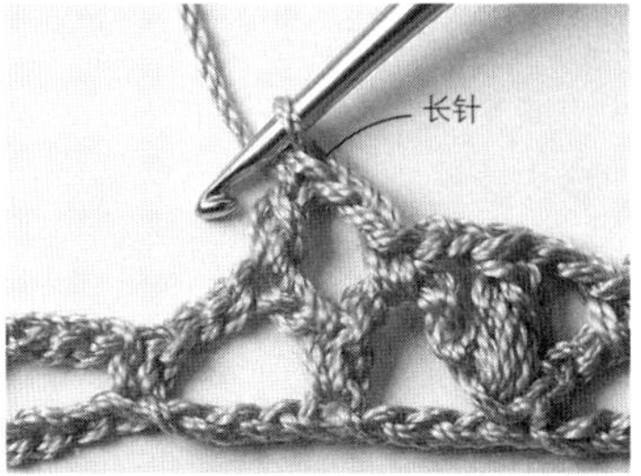

2 完成长针，根部固定在锁针上。

的钩织方法

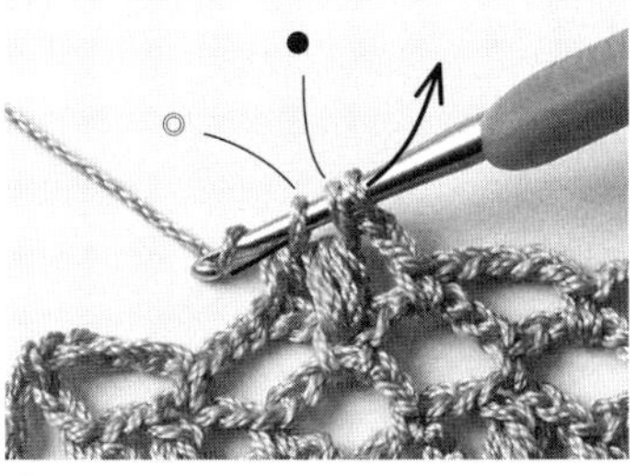

1 钩织未完成的变化的3针中长针的枣形针（图示的●，钩织至221页的步骤**1**），在同一锁针上钩1针未完成的长针（图示的◎，钩织至218页的步骤**3**），钩针挂线，一次钩过针上的3个线圈。

2 完成长针和变化的3针中长针的枣形针2针并1针。

PATTERN CROCHET

NO* 76 成品图→89页

简单花样梯形披肩

●**尺寸** 宽46cm 长142cm

●**材料**

线 / 中粗平直毛线

紫色190g

钩针 / 3/0号钩针

●**钩织密度** 花样 2个花样＝约5.9cm

12行＝10cm

●**钩织方法** 使用1股线钩织。

❶钩471针锁针起针。

❷钩织52行花样，两端减针，断线。

❸在起针针目的另一侧加线，钩织边缘A。

❹在花样的右侧加线，两侧和上方钩织边缘B。

整体图

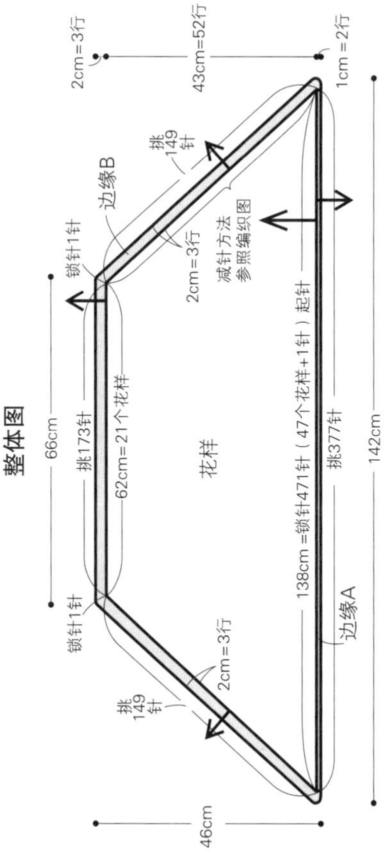

2cm＝3行 43cm＝52行 1cm＝2行

挑149针 边缘B 锁针1针 2cm＝3行 减针方法参照编织图

66cm 挑173针 62cm＝21个花样 花样 138cm＝锁针471针（47个花样＋1针）起针 挑377针 142cm

锁针1针 2cm＝3行 挑149针 边缘A

46cm

编织图

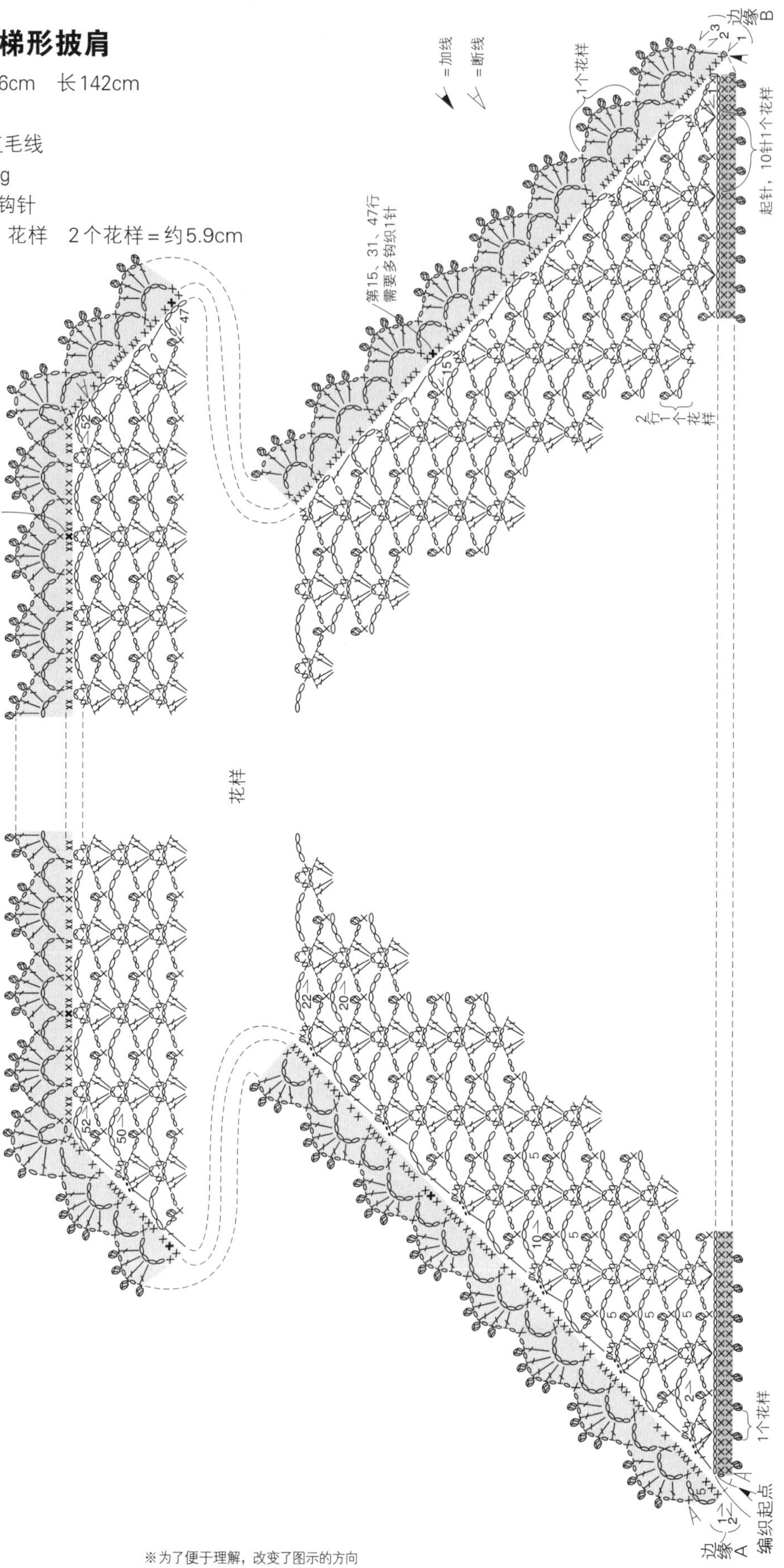

花样

＝加线 ＝断线

1个花样 边缘B 起针，10针1个花样

第15、31、47行需要多钩织1针

上方的2针锁针部分，有5处需要多钩织1针

2行1个花样

1个花样 边缘A 编织起点

※为了便于理解，改变了图示的方向

PATTERN CROCHET

NO* 77 成品图→90页 扇形花样围巾

●**尺寸** 宽43cm 长147cm

●**材料**

线 / 中细平直毛线

藏青色295g

钩针 / 3/0号钩针

●**钩织密度**

花样

1个花样＝约3.2cm

13.5行＝10cm

●**钩织方法** 使用1股线钩织。

❶钩157针锁针起针。

❷按照指定的行数钩织花样和边缘A，暂时不断线。

❸在起针针目的另一侧加线，钩织整体图下方的花样和边缘A。

❹加线，钩织整体图右侧的边缘B，断线。

❺使用步骤❷留出的线，钩织整体图左侧的边缘B。

整体图

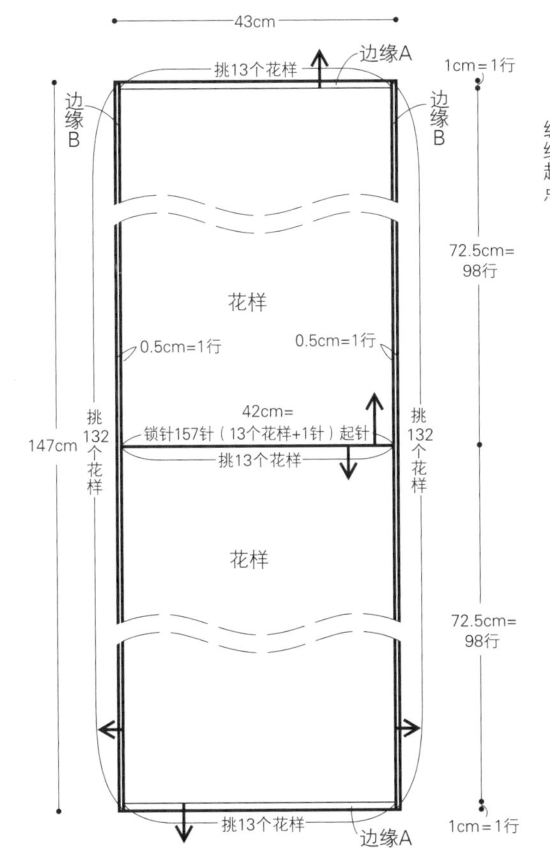

编织图

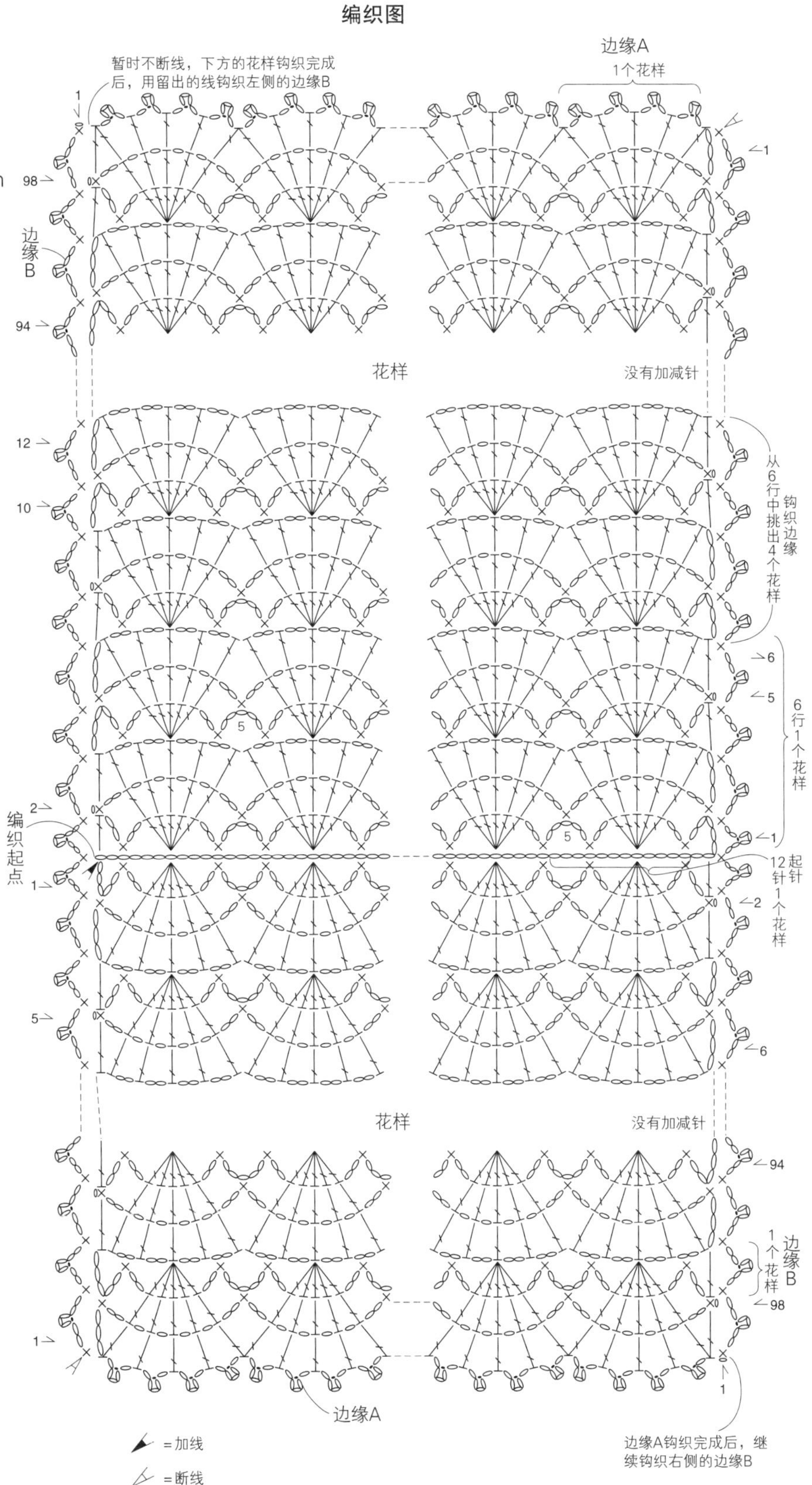

PATTERN CROCHET

NO* 78 成品图→91页

镂空花样三角披肩（1）

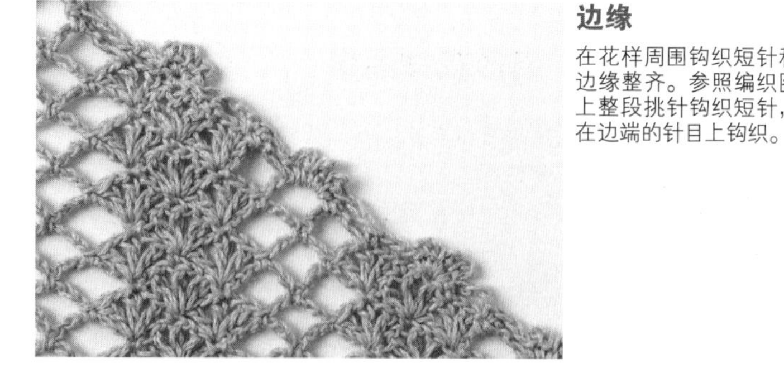

边缘

在花样周围钩织短针和锁针，使边缘整齐。参照编织图，在锁针上整段挑针钩织短针，有时也会在边端的针目上钩织。

●**尺寸** 宽40cm 长129cm

●**材料**

线 / 中粗平直毛线

粉色100g

钩针 / 3/0号钩针

●**钩织密度**

花样 1个花样＝约6.3cm 15.5行＝10cm

●**钩织方法** 使用1股线钩织。

❶钩346针锁针起针。

❷钩织61行花样，两端减针，断线。

❸在起针针目的另一侧加线，一周钩织边缘。

整体图

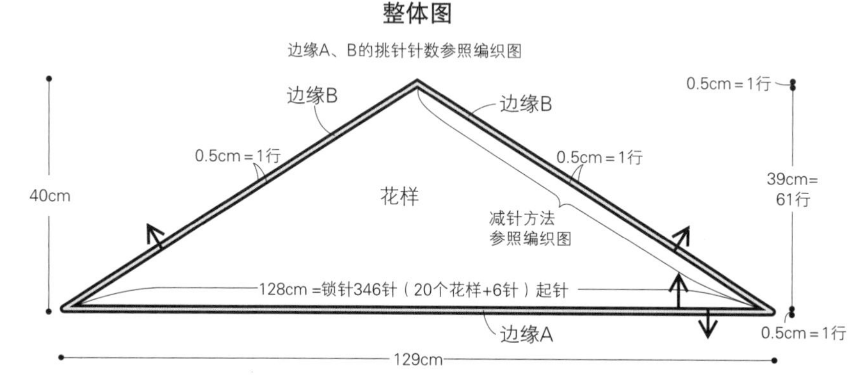

编织图

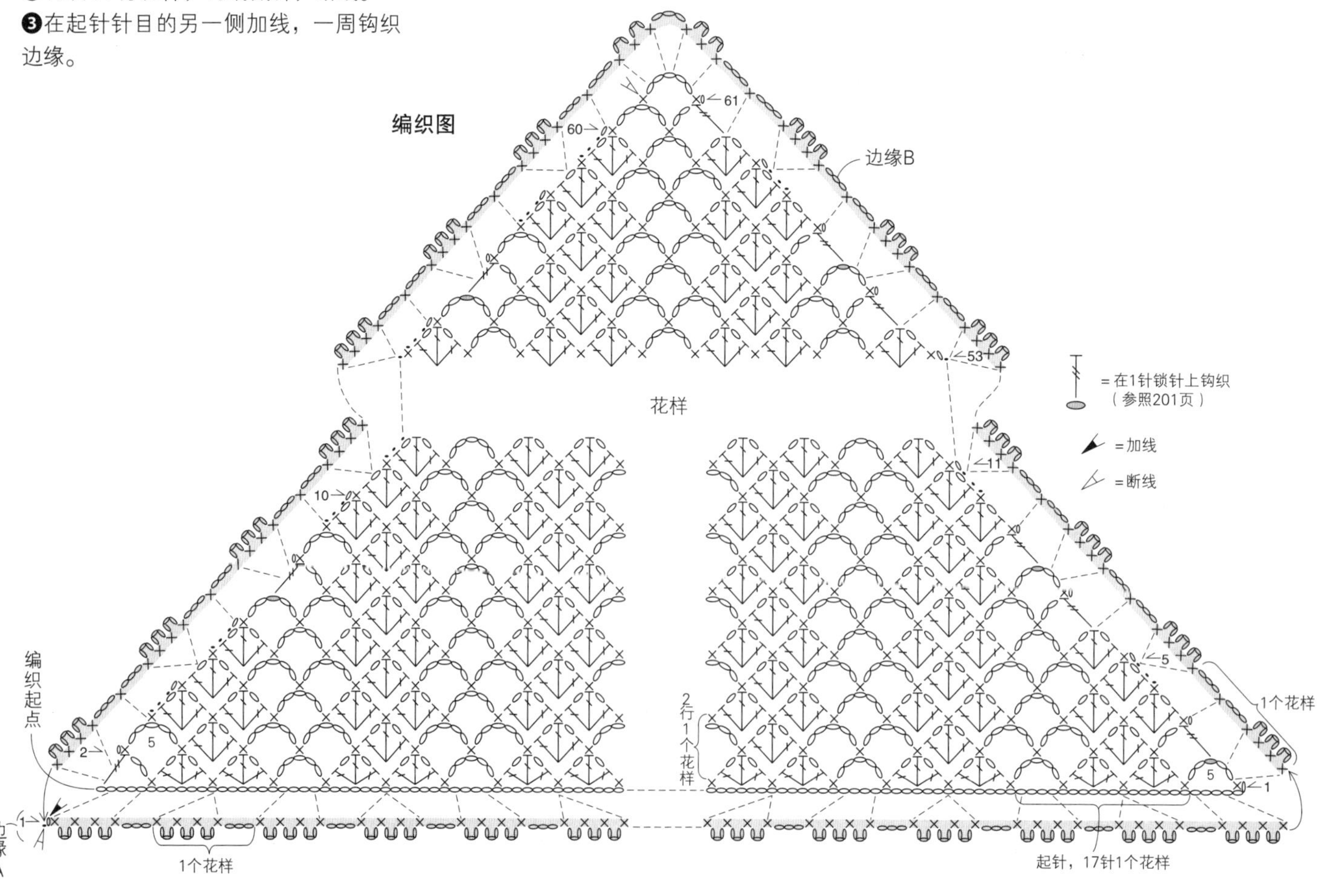

PATTERN CROCHET

NO* 79

成品图→92页

花朵梯形披肩

●**尺寸**　宽50cm　长151cm

●**材料**

线／中粗平直毛线

　米黄色220g

钩针／3/0号钩针

●**钩织密度**

花样　边长10cm正方形=37针（偶数行）、10行

●**钩织方法**　使用1股线钩织。

❶钩169针锁针起针。

❷钩织48行花样，两端加针。

❸继续钩织边缘。

整体图

1cm=1行　48cm=48行　1cm=1行

151cm　挑92个花样　149cm=553针（23个花样+1针）

1cm=1行　挑48个花样　边缘　加针方法参照编织图

花样

45cm=锁针169针（7个花样+1针）起针　挑28个花样　47cm

挑48个花样　1cm=1行　1cm=1行　50cm

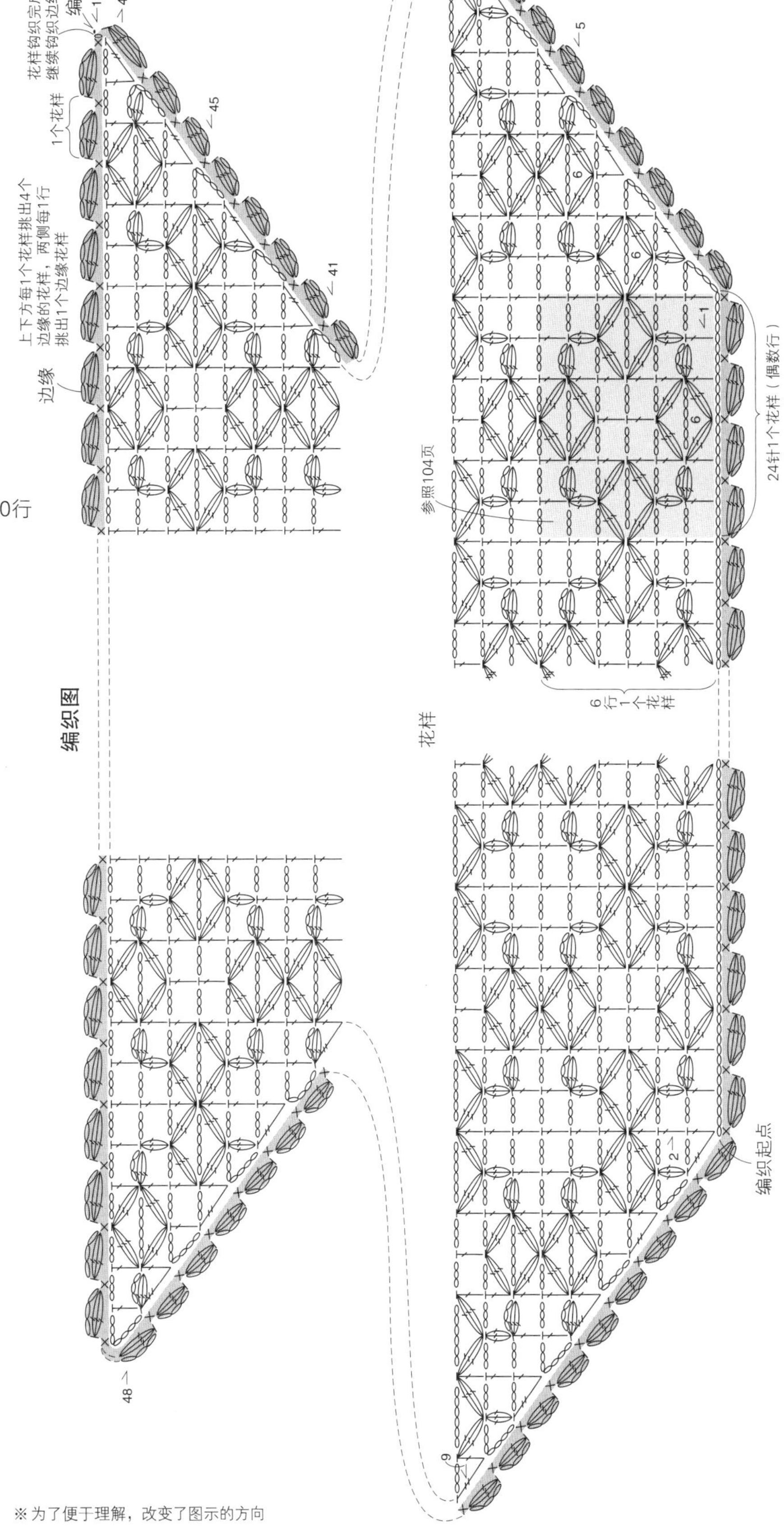

※为了便于理解，改变了图示的方向

PATTERN CROCHET

NO* 80 成品图→93页

镂空花样大围巾

●**尺寸** 宽46cm 长192cm

●**材料**

线／中粗平直毛线

原白色325g

钩针／3/0号钩针

●**钩织密度**

花样 1个花样=4.5cm 1个花样（6行）= 9cm

●**钩织方法** 使用1股线钩织。

❶一边起针，一边钩织第1行的10个花样（参照图示）。

❷钩织63行花样，没有加减针，继续钩织边缘A，暂时不断线。

❸在起针针目的另一侧加线，钩织整体图下方的花样和边缘A，继续钩织右侧的边缘B。

❹使用步骤❷留出的线，钩织整体图左侧的边缘B。

整体图

※边缘A、B的挑针针数参照编织图

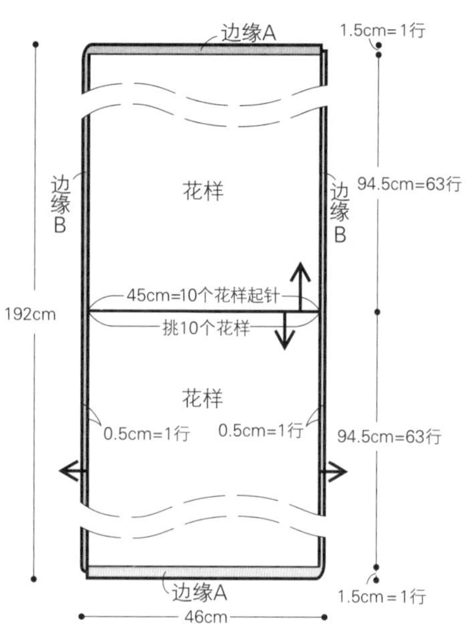

编织图（上方）

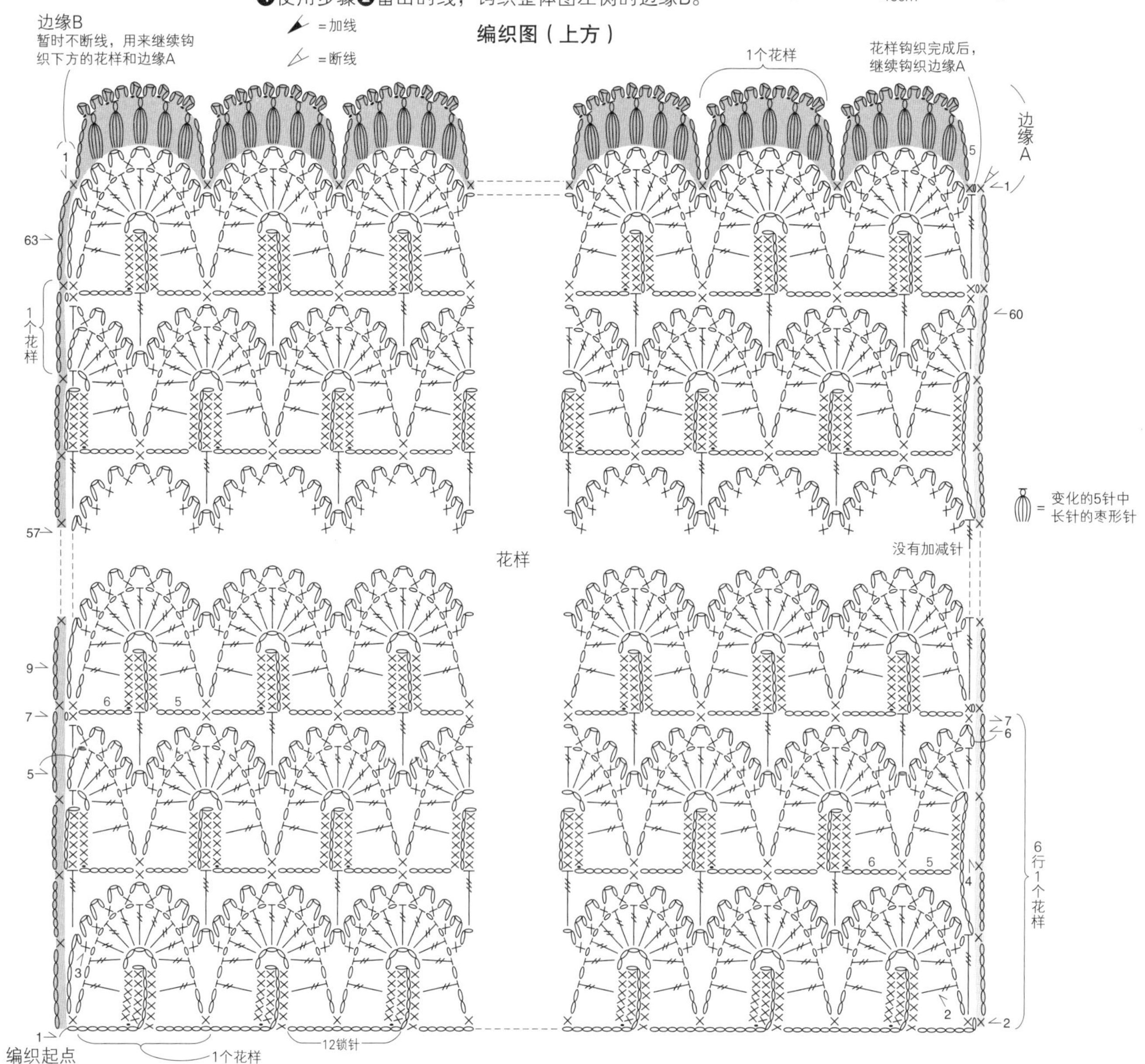

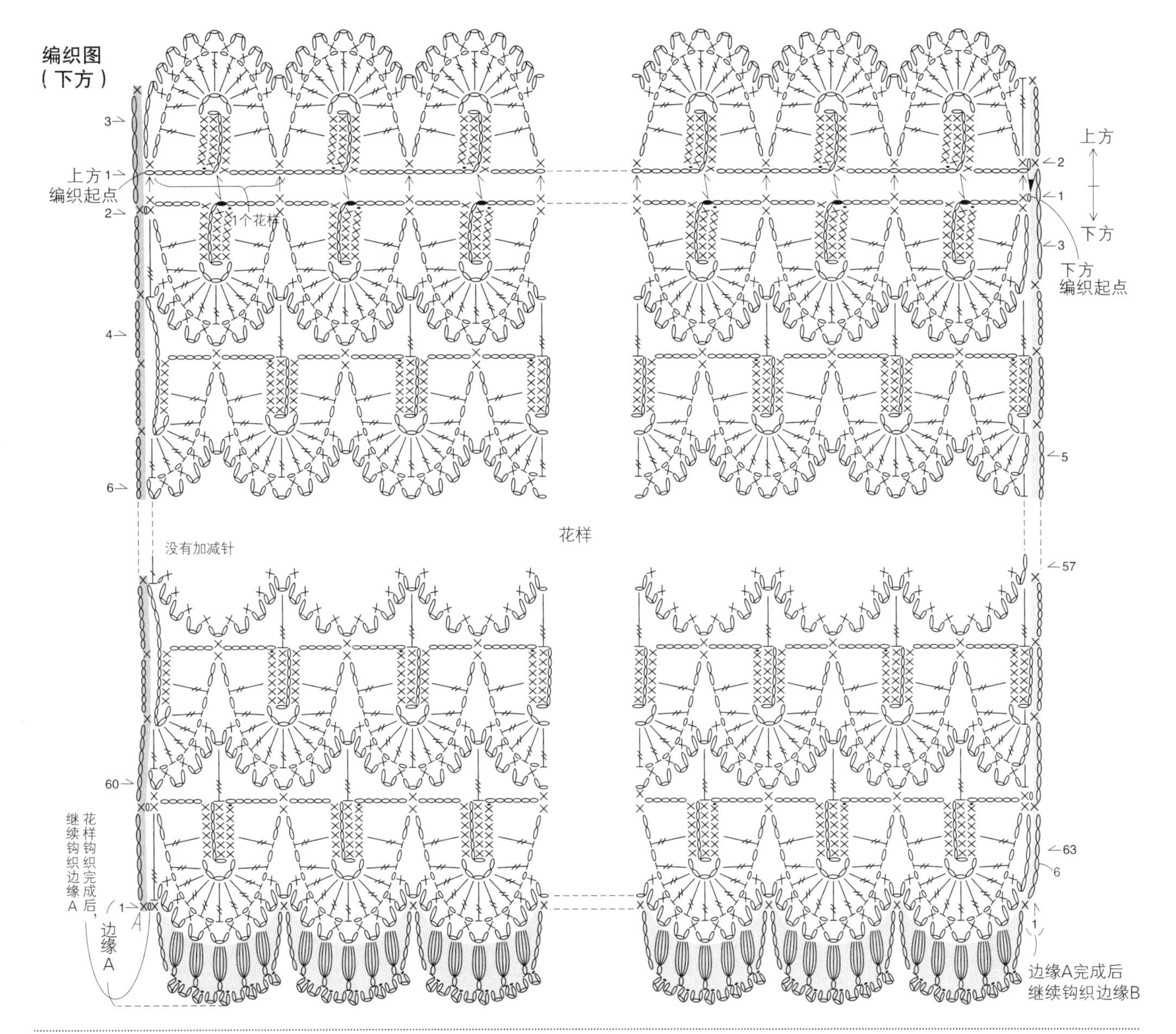

花样的钩织方法（整体图的上方）

钩针挑锁针的里山，钩织文中的（*）部分。为了便于理解，减少了针数进行示范（参照编织图）。

1

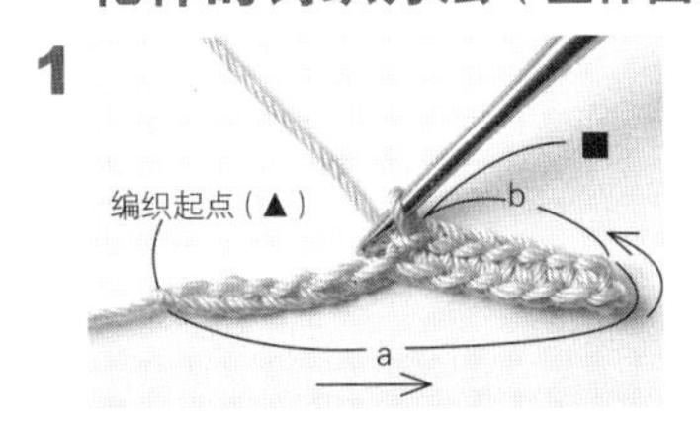

第1行。钩14针锁针（a），6针短针（*）（b），钩织引拔针（■）。

2

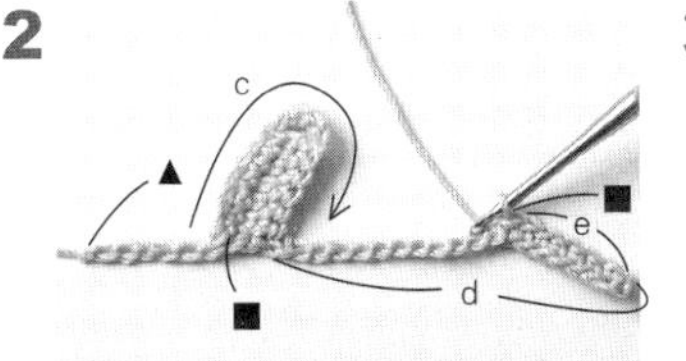

翻转织物，在b的一周钩6针短针、5针锁针、6针短针（c）。继续钩19针锁针（d），以b同样的方法，钩6针短针（*）（e），钩织引拔针（■）。

3

重复步骤**2**，钩织指定数目的花样。第1行的右端钩6针锁针（f）。第2行参照编织图，沿箭头方向继续钩织（g）（挑里山钩织短针）。

4

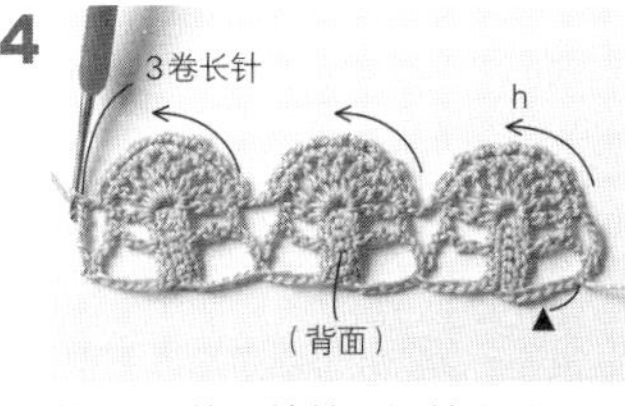

第3行。钩织锁针和短针（h），一行完成钩织3卷长针（*）。

5

第4行。以第1行同样的方法，朝j方向钩15针锁针（i）（挑里山钩6针短针）。

6

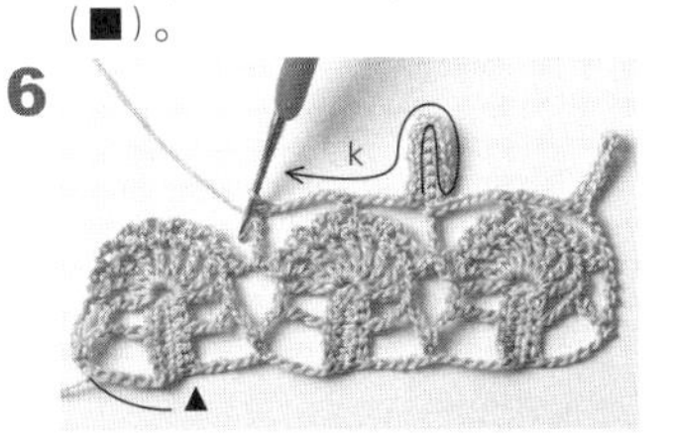

以b、c同样的方法，和j同样的方向，向左钩织k。

7

重复步骤**6**，左端沿箭头方向钩织（l）。一行完成钩织中长针。

8

第5行朝m方向、第6行朝n方向钩织（以第2、3行同样的方法钩织花样）。第7行以第4行同样的方法钩织。接着重复第2~7行。

NO* 81 成品图→94页 变化的松叶针梯形披肩

●**尺寸** 宽41cm 长138.5cm

●**材料**

线／粗平直毛线
米黄色系230g

钩针／5/0号钩针

●**钩织密度**

花样 3个花样＝约8.9cm 14行＝10cm

●**钩织方法** 使用1股线钩织。

❶钩265针锁针起针。

❷钩织55行花样，两端加针。

❸不断线，继续钩织除了最长边外其余3条的边缘。

整体图

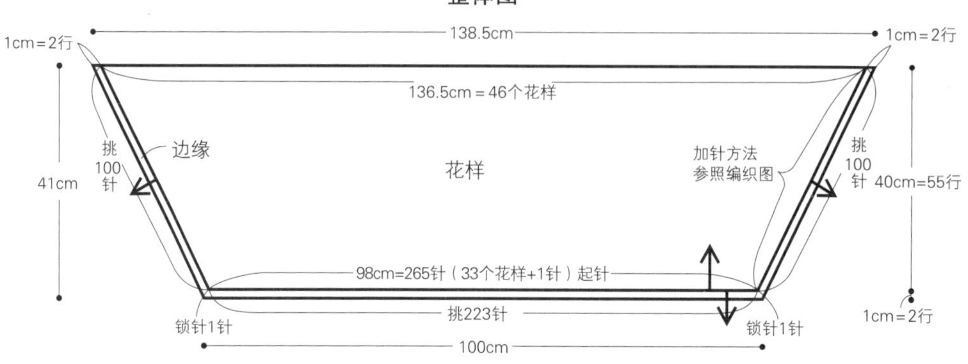

编织图

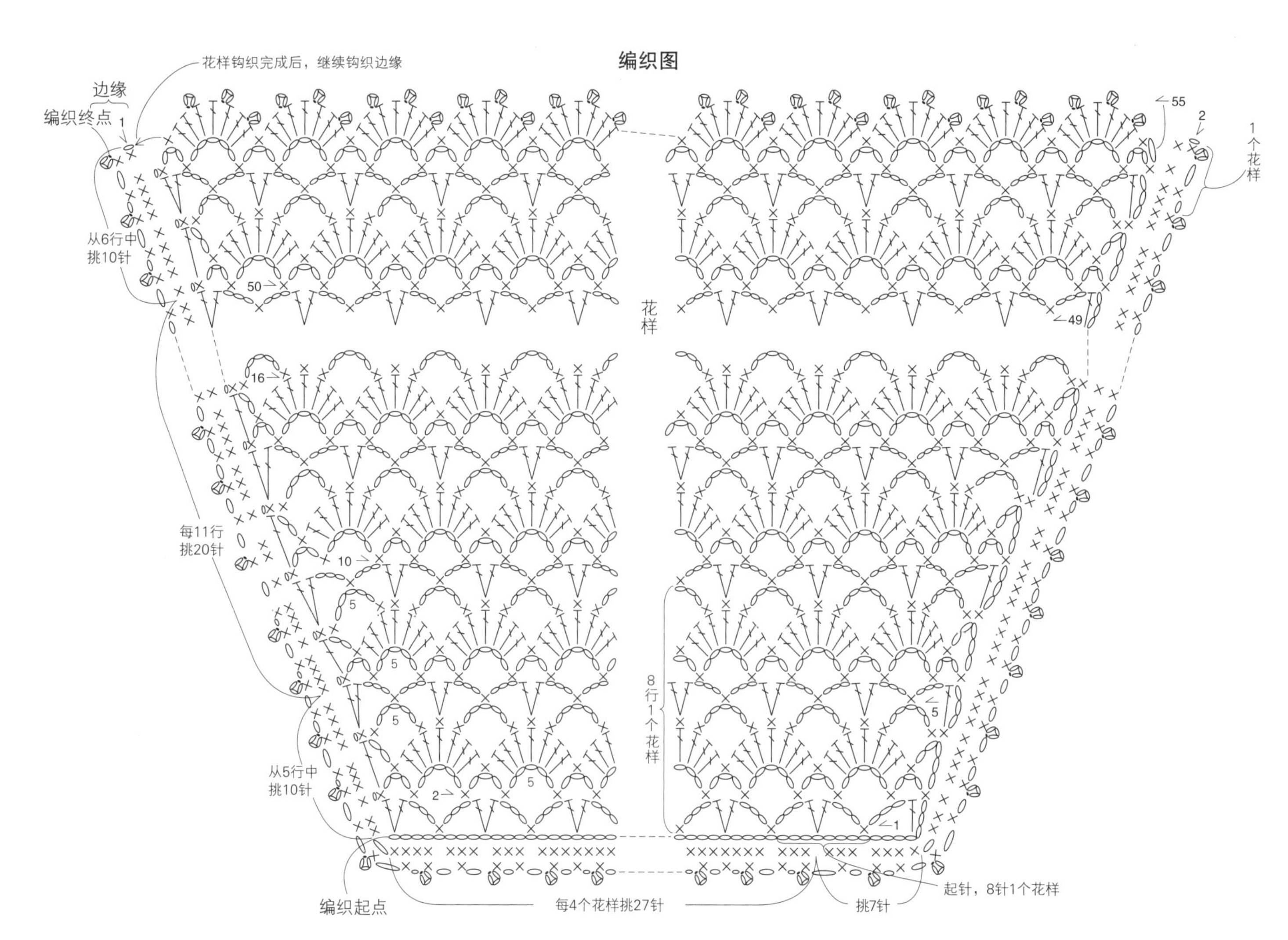

PATTERN CROCHET

NO* 82 成品图→95页

之字形花样三角披肩

●**尺寸**　宽55cm　长132cm

●**材料**

线 / 中粗平直毛线

　　粉色170g

钩针 / 4/0号钩针

●**钩织密度**

花样

1个花样=5cm　0.5个花样（3行）=约3.1cm

●**钩织方法**　使用1股线钩织。

❶钩365针锁针起针。

❷钩织51行花样，两端减针。

❸不断线，继续一周钩织边缘。

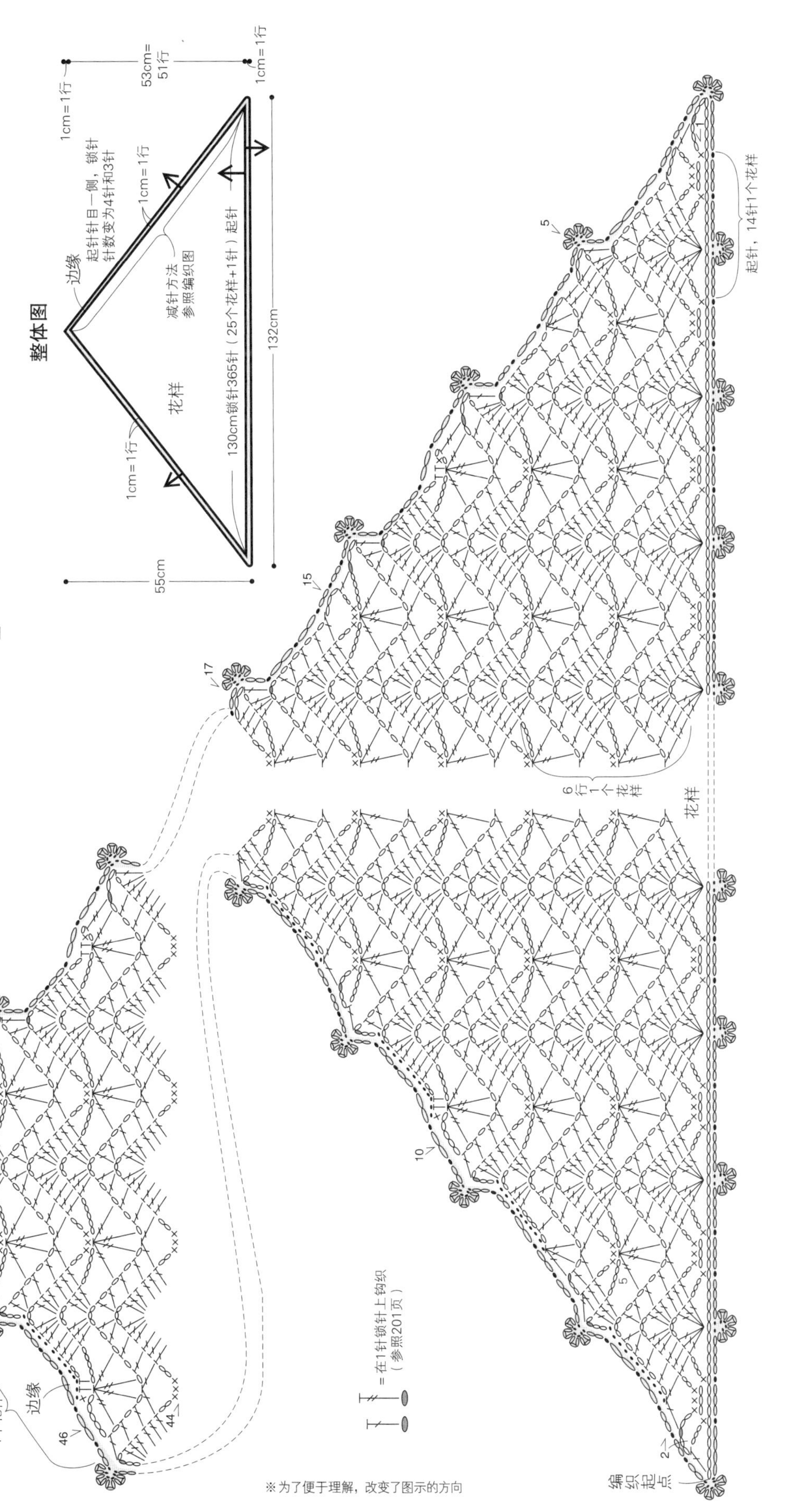

NO* 84 自然风彩色条纹围巾

成品图→97页

●尺寸　宽37cm　长174cm

●材料

线 / 中粗平直毛线

　　浅茶色115g、白色和米黄色各85g

钩针 / 3/0号钩针

●装饰边尺寸

1条宽=3.6cm　2个花样（4行）=3.5cm

●钩织方法　使用1股线，按照指定的配色钩织。

❶从装饰边①（第1片）开始，按编号顺序钩织。①钩199针锁针起针，参照211页的编织图钩织100行共50个花样（参照图示）。

❷从装饰边②（第2片）开始，一边钩织，一边钩织引拔针连接（参照图示）。装饰边⑩（第10片）钩织完成后，暂时不断线。

❸以步骤❶、❷同样的方法，钩织装饰边⑪（第11片）~⑳（第20片），一边钩织，一边在①~⑩（第1~10片）上钩织引拔针连接。

❹全部20片钩织连接完成后，使用装饰边⑳（第20片）的线，继续钩织整体图左侧的边缘。

❺使用步骤❷留出的线，钩织整体图右侧的边缘。

整体图

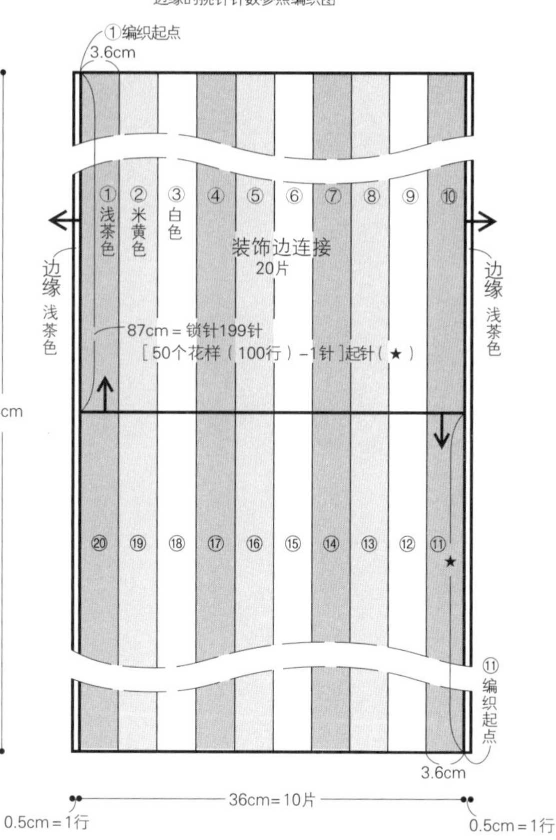

装饰边的钩织方法

钩针挑锁针的里山，钩织文中的（*）部分。为了便于理解，步骤**5**、**9**减少了钩织的针数进行示范（参照编织图）。

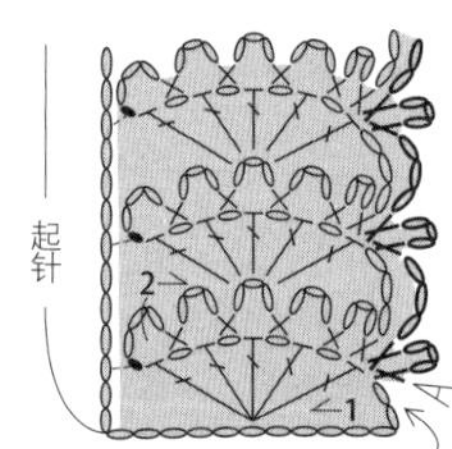
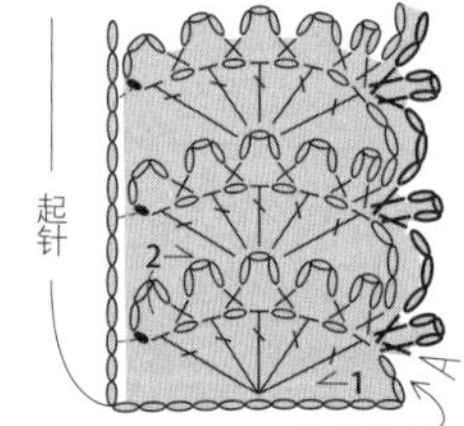

1

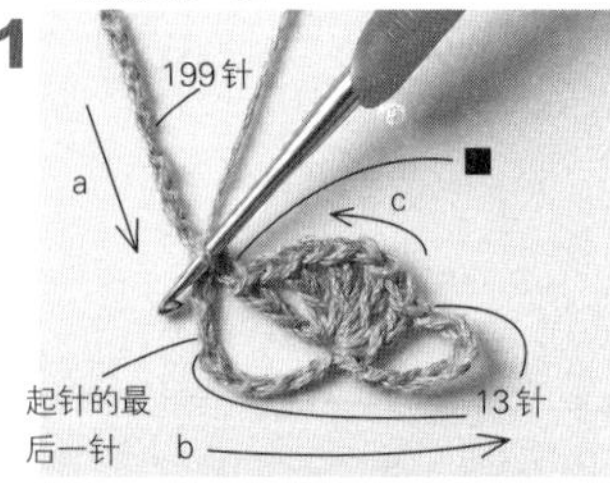

钩织装饰边①。使用浅茶色的线，钩织锁针起针（a），继续钩织b和c的13针锁针。使用长针（*）和锁针钩织花样，在起针针目上钩织引拔针（图示的■、*）。

2

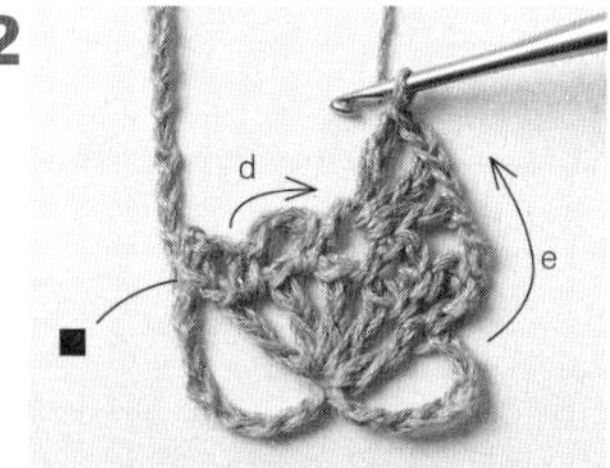

织物背面朝前钩织d，正面朝前钩织e。

3

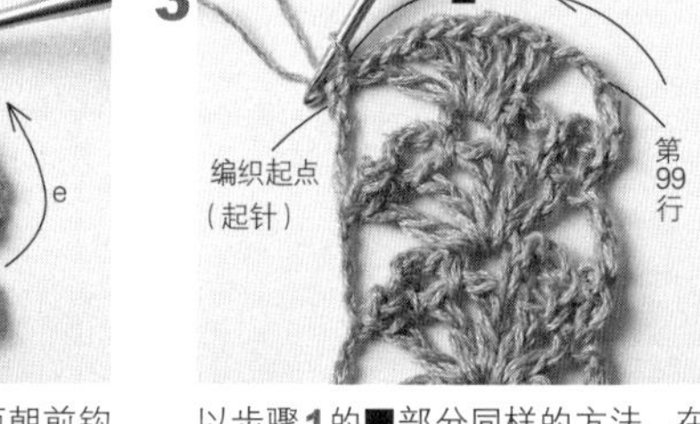

以步骤**1**的■部分同样的方法，在起针针目上钩织引拔针，重复d、e，钩织99行，回到编织起点处。

4

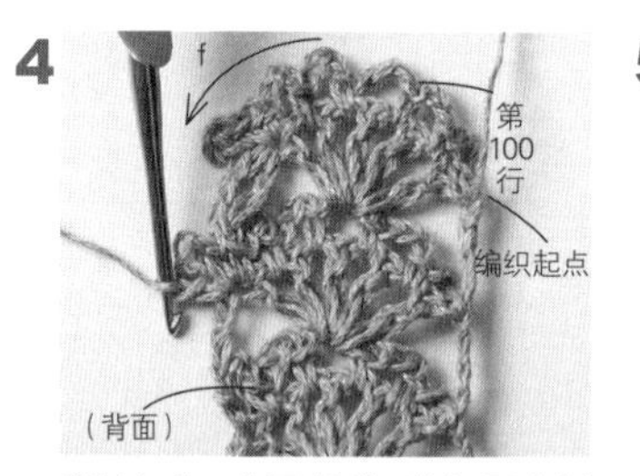

翻转织物，背面朝前，编织图右侧（粗线表示部分）的花样（f）。

5

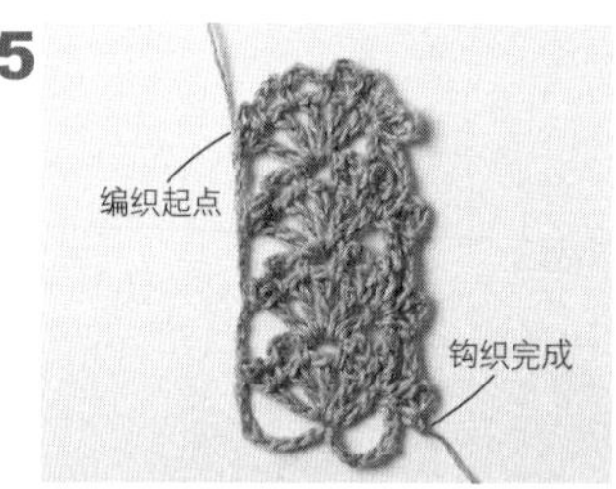

装饰边①钩织完成。

6

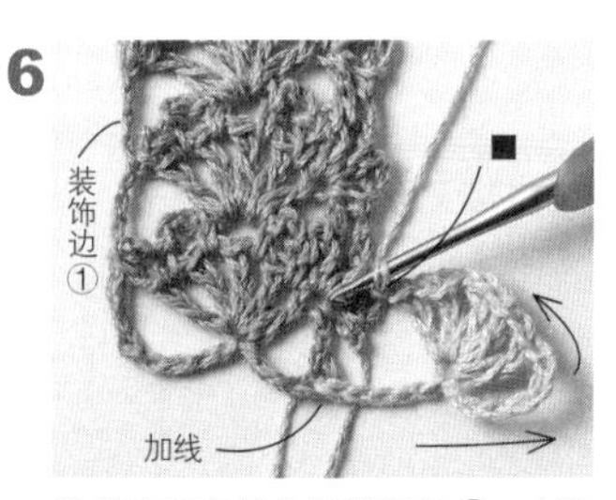

使用米黄色线钩织装饰边②。在装饰边①的指定位置加线，以步骤**1**的b、c同样的方法钩织花样，在①上钩织引拔针（■）连接。

7

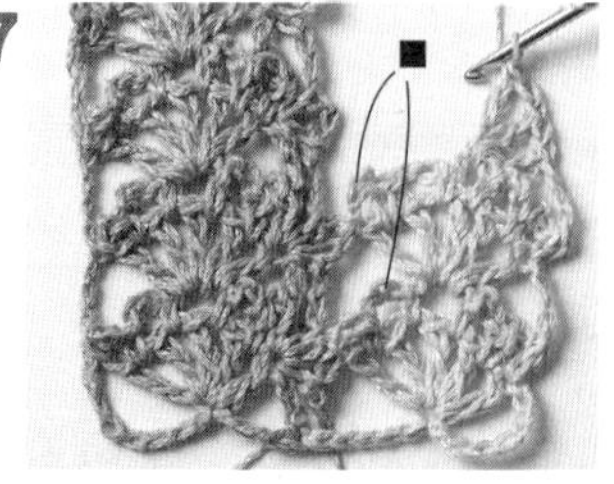

重复"以步骤**2**的d、e同样的方法钩织，以步骤**6**同样的方法钩织引拔针连接"。

8

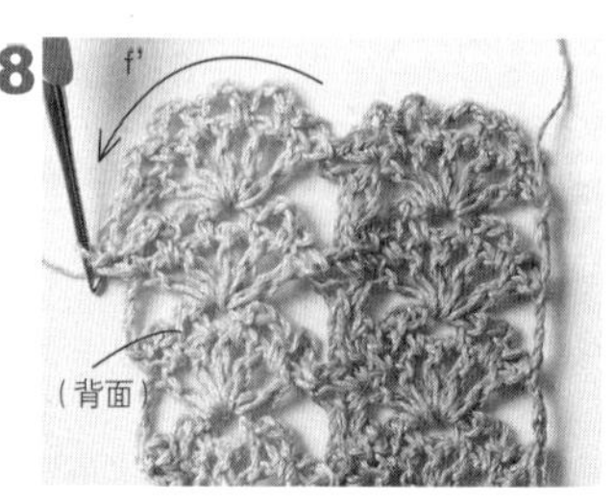

完成与装饰边①的连接，以步骤**4**同样的方法钩织右侧的花样（f'）。

9

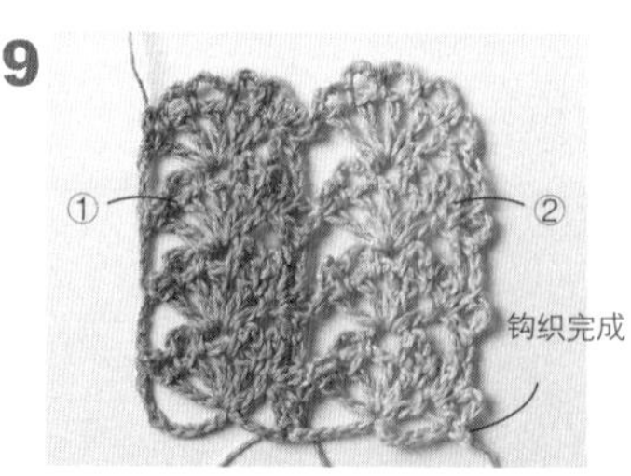

装饰边②钩织完成。其余的装饰边，都以装饰边②同样的方法钩织（钩织⑪~⑳时，一边钩一边与①~⑩连接）。

编织图和连接方法

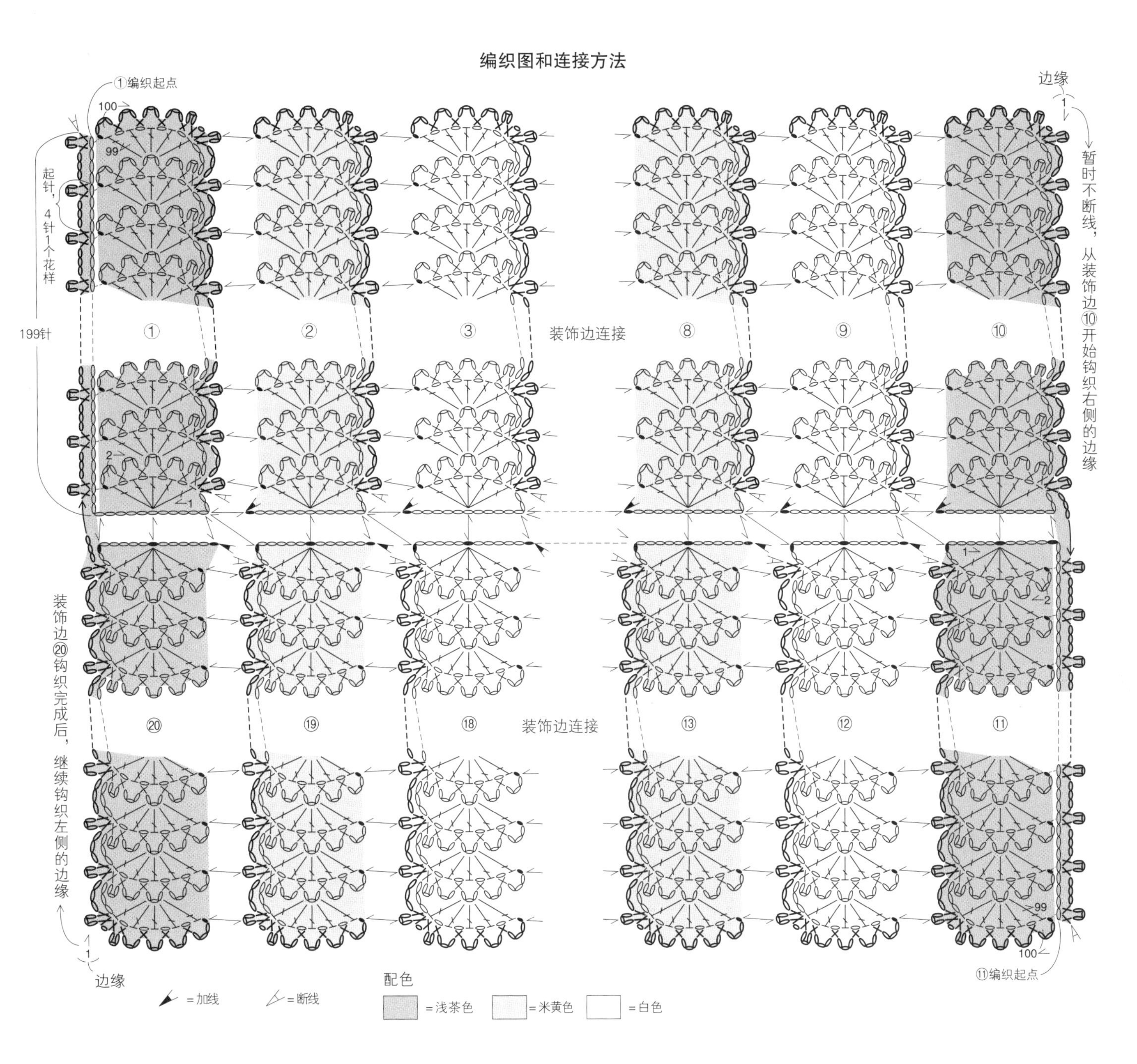

●上接215页

的钩织方法

1

钩10针锁针，在第6针上钩织引拔针，形成环状。

2

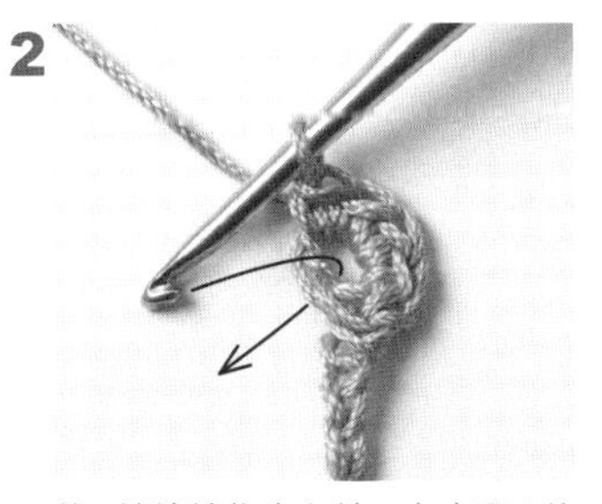

钩1针锁针作为立针，在步骤**1**的环中钩织短针。

3

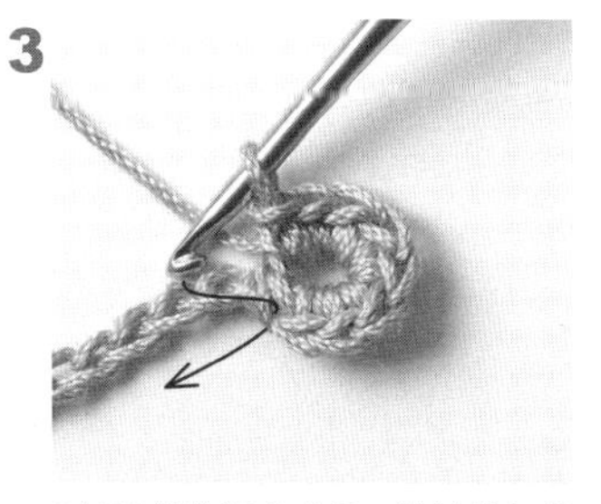

8针短针钩织完成后，钩针插入第1针的针目，钩织引拔针。

4

钩5针锁针。

PATTERN CROCHET

NO* 83 成品图→96页

镂空花样梯形披肩

●**尺寸** 宽35.5cm 长122cm

●**材料**

线 / 中细平直毛线

粉色系155g

钩针 / 3/0号钩针

●**钩织密度**

花样 1个花样=约6cm 12行=10cm

●**钩织方法** 使用1股线钩织。

❶钩317针锁针起针。

❷钩织40行花样，两端减针，断线。

❸在起针针目的右侧加线，一周钩织边缘A、B。

※为了便于理解，改变了图示的方向

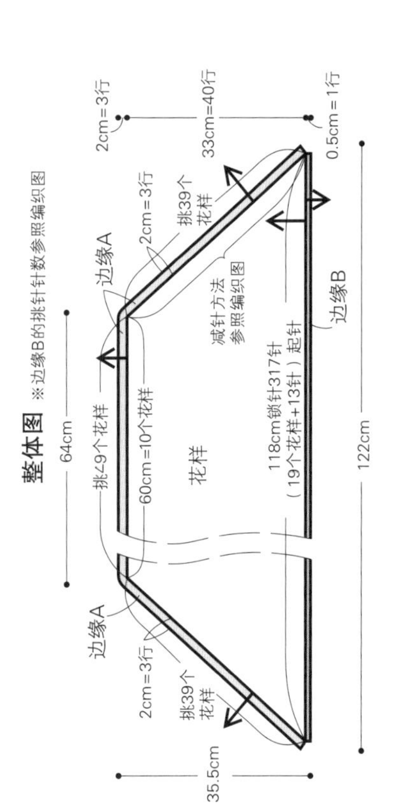

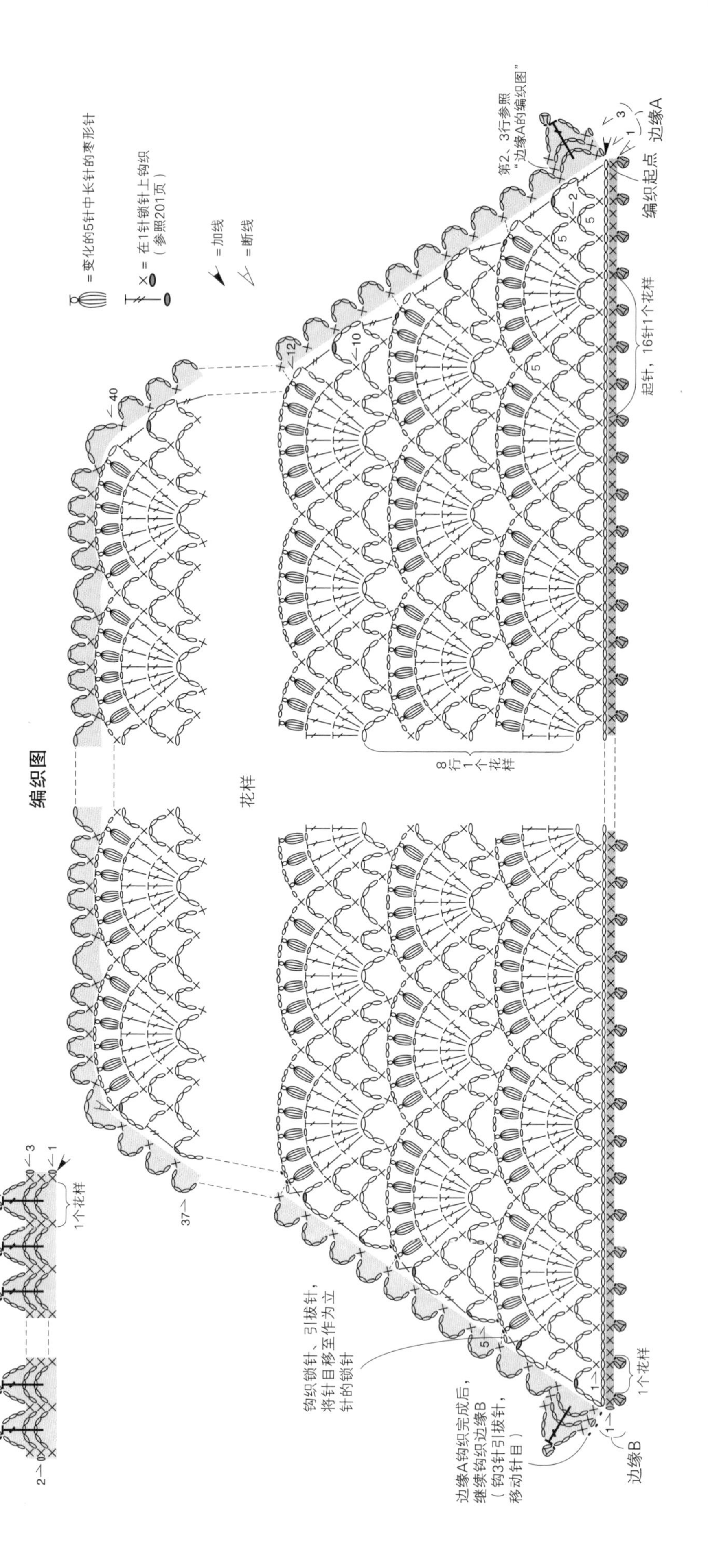

NO* 85

成品图→98页

带立体花饰的迷你围巾

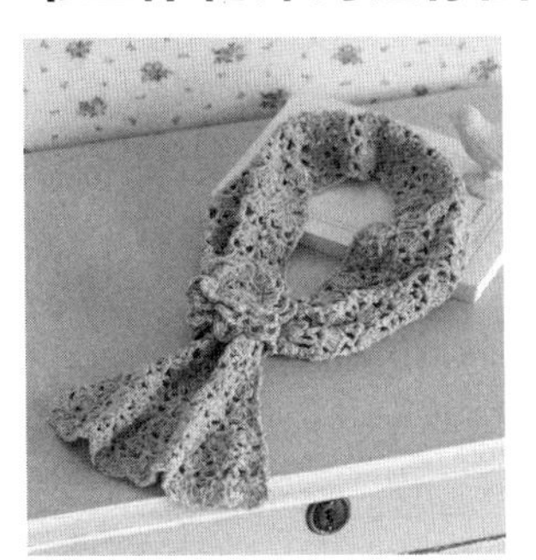

●**尺寸** 宽15cm 长72.5cm

●**材料**

线／中粗平直毛线

粉色系60g

钩针／4/0号钩针

●**钩织密度**

花样 1个花样＝约2.5cm 13行＝10cm

●**钩织方法** 使用1股线钩织。

❶参照整体图，钩织主体。钩37针锁针起针，钩织78行花样，没有加减针，继续钩织7行，按照编织图加针，断线。

❷在起针针目的另一侧加线，使用长针钩织穿围巾口，留出约30cm的线，断线。

❸花饰绕线环起针，按照编织图钩织。

❹参照组合方法，将穿围巾口对折，使用留出的线锁缝。在穿围巾口的正面缝制花饰。

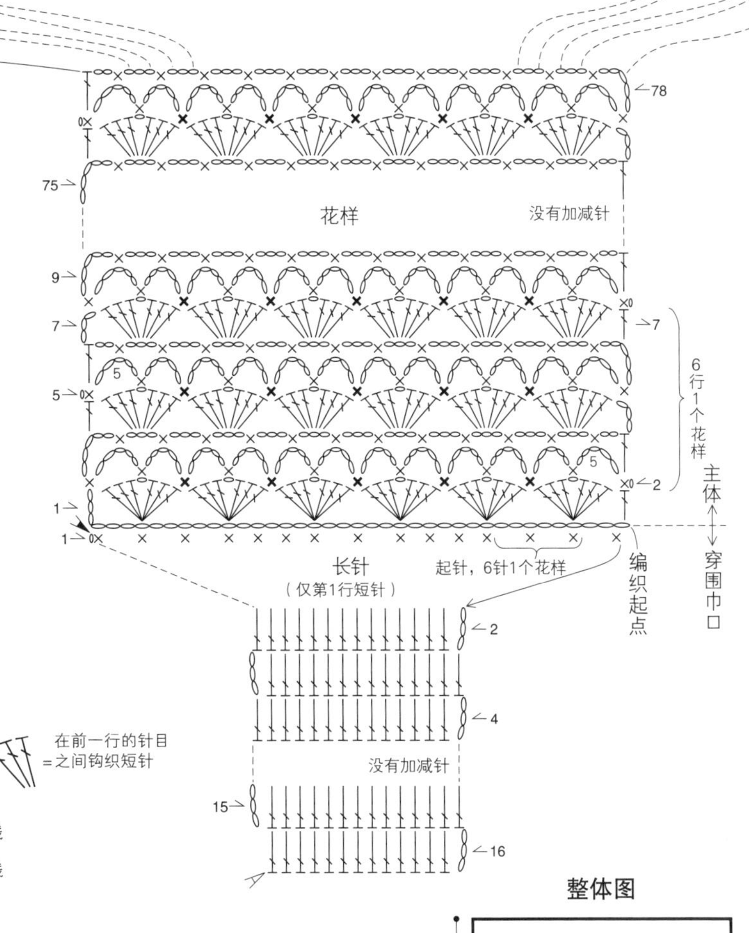

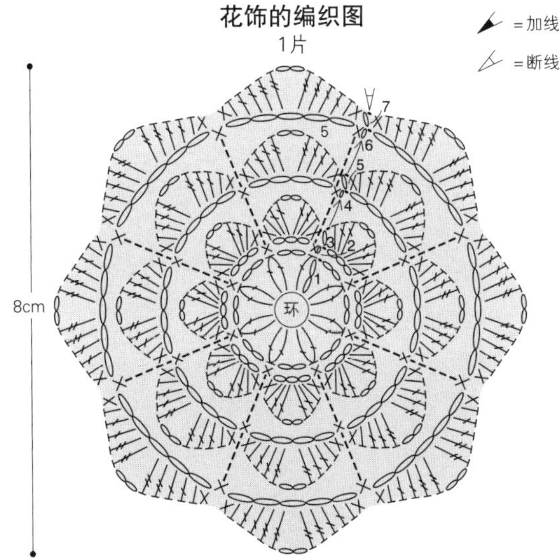

※钩织第4、6行时，将前一行倒向面前，在前前行的短针上钩织短针（参照109页）

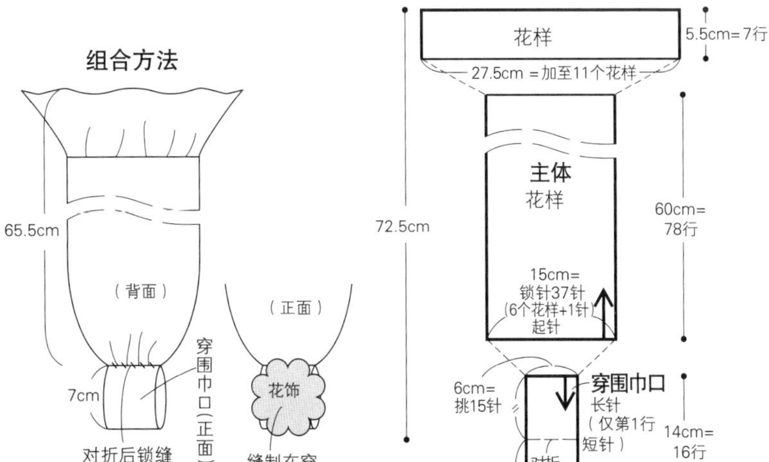

PATTERN CROCHET

NO* 86

成品图→99页

镂空花样迷你围巾

●**尺寸** 宽24cm 长138cm

●**材料**

线／中粗平直毛线

橙色系140g

钩针／4/0号钩针

●**钩织密度**

花样 边长10cm正方形=25.5针、8行

●**钩织方法** 使用1股线钩织。

❶钩61针锁针起针。

❷钩织55行花样，没有加减针，断线。

❸在起针针目的另一侧加线，钩织整体图下方的花样。

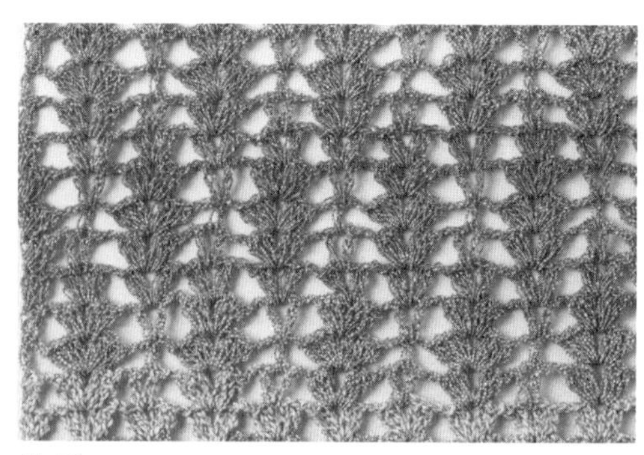

花样

除了最后一行钩织锁针的狗牙拉针外，花样全部由锁针和长针组成。钩织时注意调整长针的高度保持一致，使花样更整齐美观。

编织图

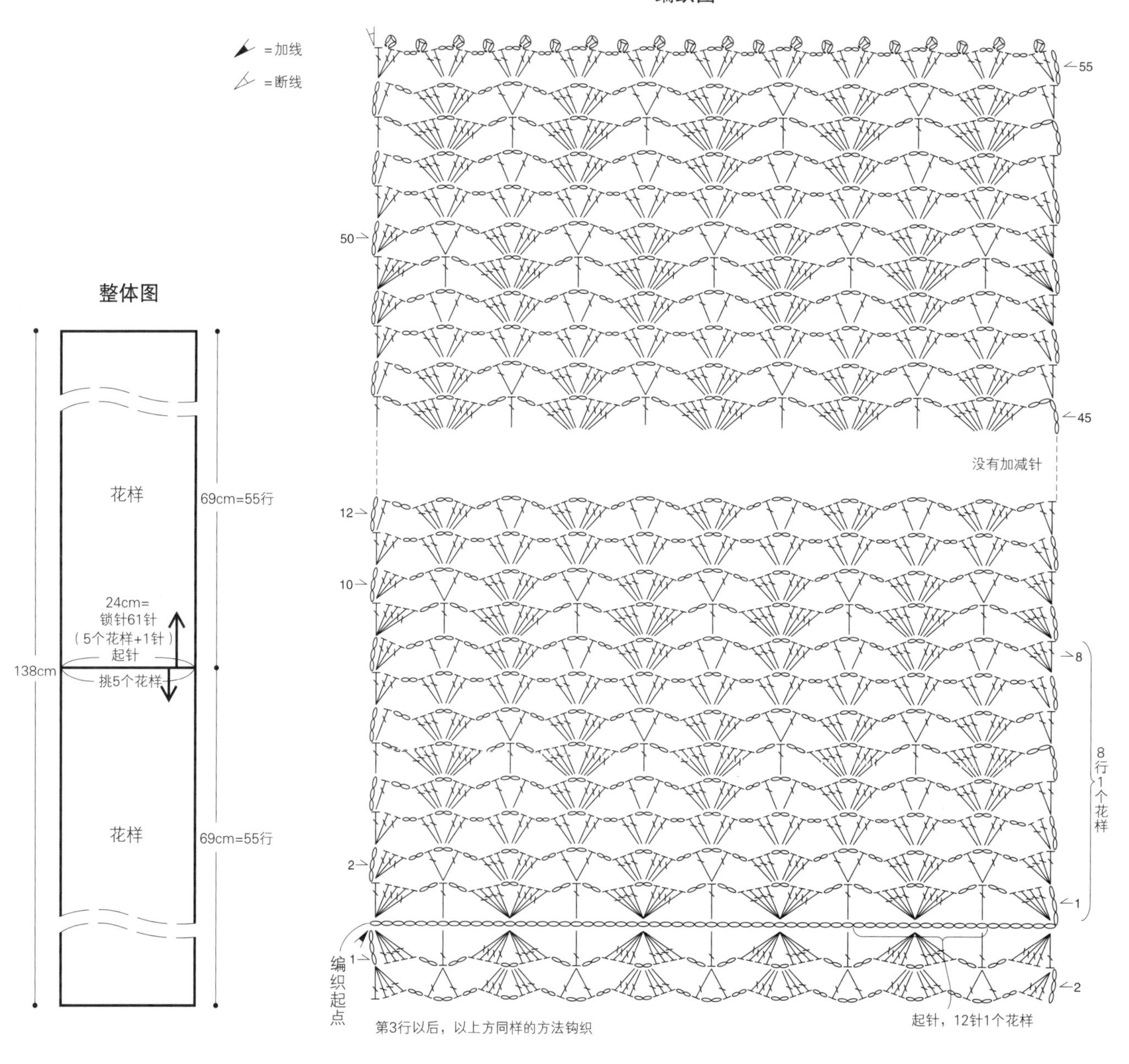

PATTERN CROCHET

NO* 87 成品图→100页 方眼花样三角披肩

※为了便于理解，改变了图示的方向

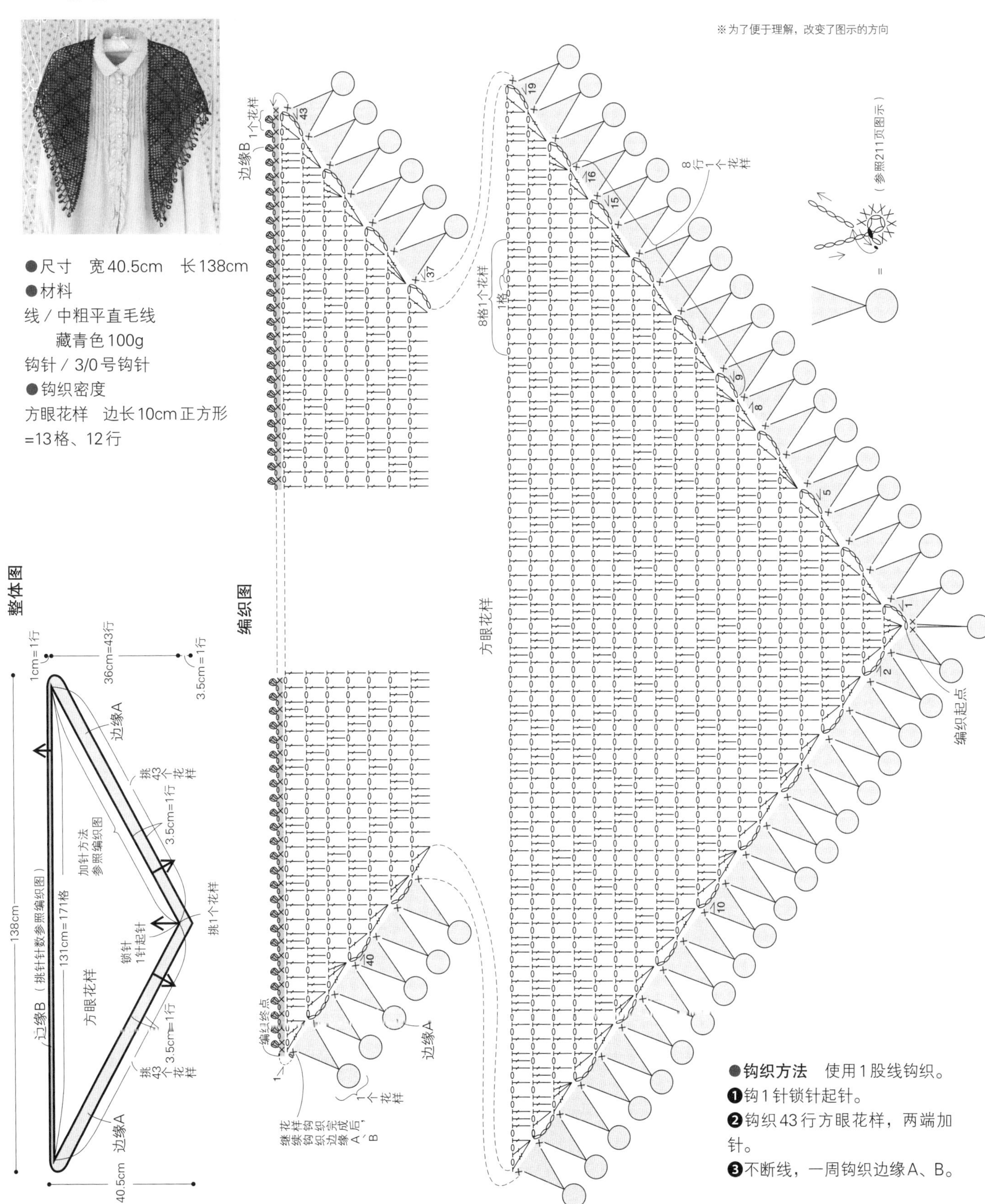

●**钩织方法**　使用1股线钩织。

❶钩1针锁针起针。

❷钩织43行方眼花样，两端加针。

❸不断线，一周钩织边缘A、B。

NO* 89 成品图→102页 简约怀旧风围巾

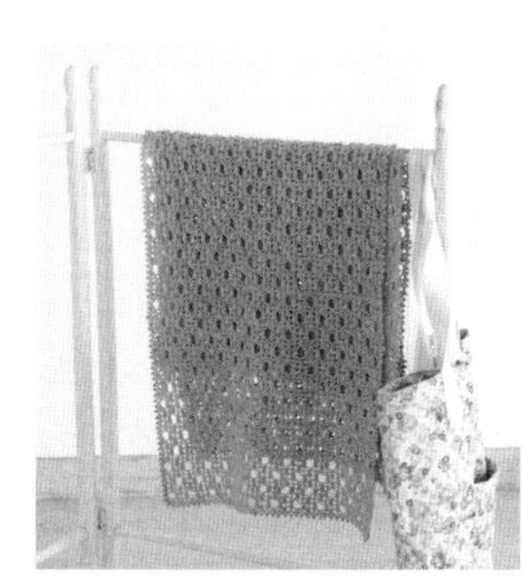

●**尺寸** 宽44cm 长162cm

●**材料**

线 / 中细平直毛线

灰绿色320g

钩针 / 3/0号钩针

●**钩织密度**

花样 1个花样＝约3.4cm

13.5行＝10cm

●**钩织方法** 使用1股线钩织。

❶钩151针锁针起针。

❷钩织216行花样，没有加减针，断线。

❸一周钩织边缘。

整体图

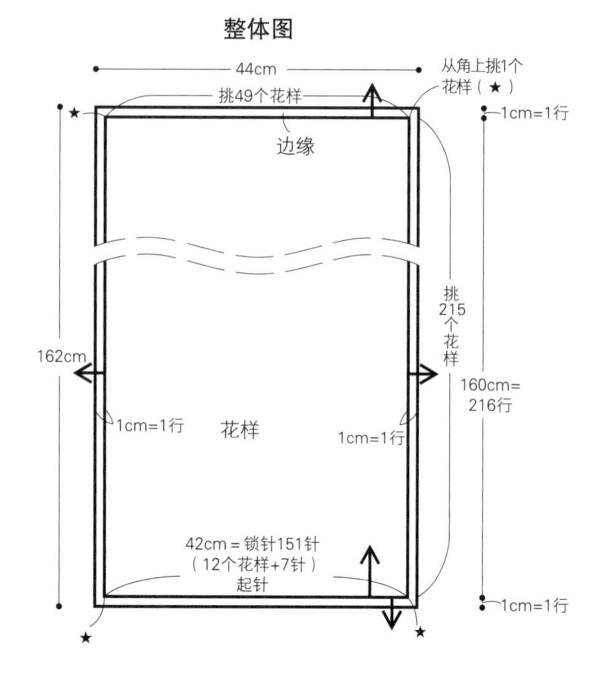

编织图

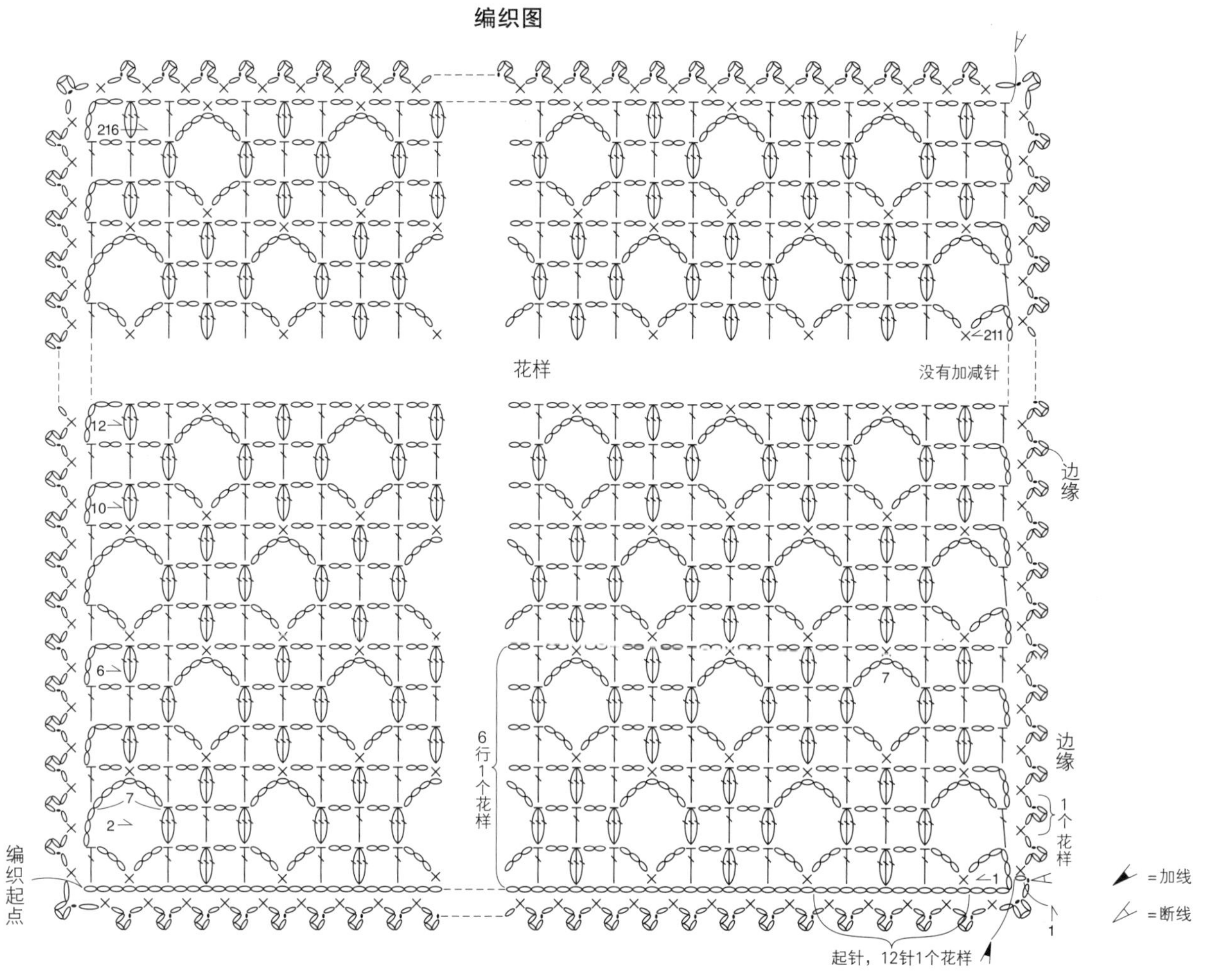

NO* 90 成品图→103页 镂空花样三角披肩(2)

●**尺寸** 宽62.5cm 长150cm

●**材料**

线/中粗平直毛线

浅茶色320g

钩针/3/0号钩针

●**钩织密度**

花样 1个花样(25针)=约8.3cm、6.5行=10cm

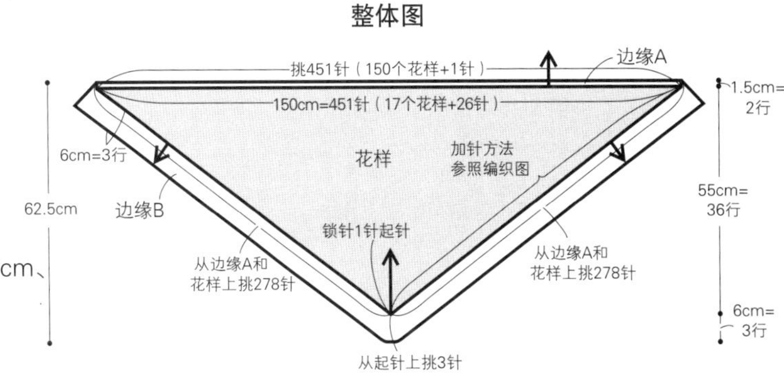

●**钩织方法** 使用1股线钩织。

❶钩1针锁针起针。

❷钩织36行花样，两端加针，断线。

❸长边(花样的上方)钩织边缘A，断线。

❹两条短边(花样的两侧)钩织边缘B。

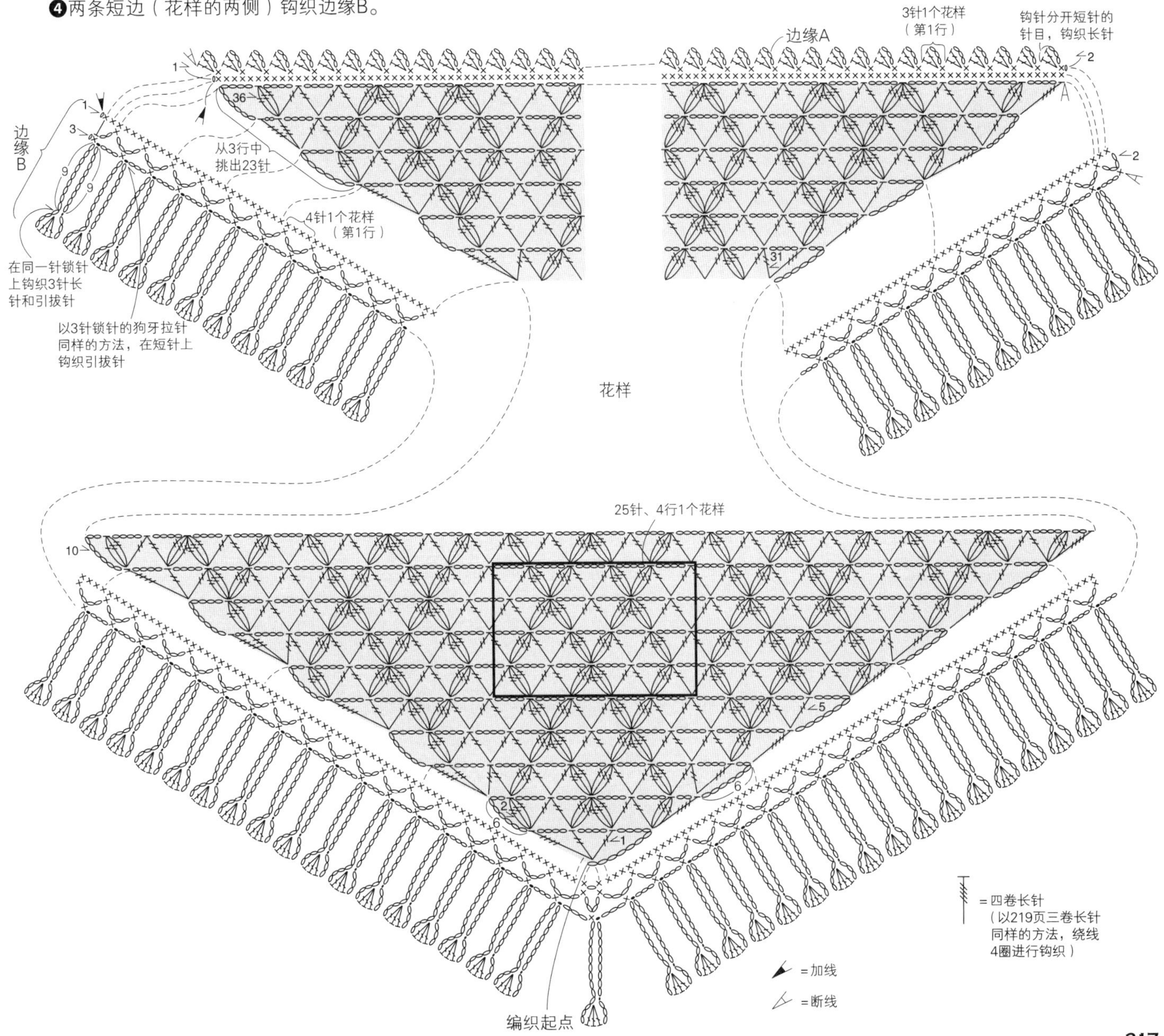

钩织针法指南

锁针

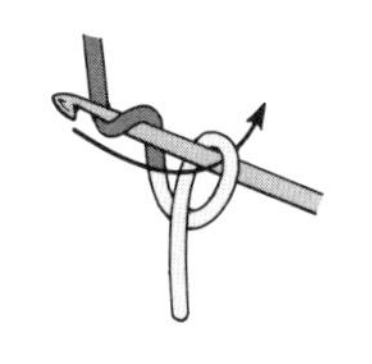

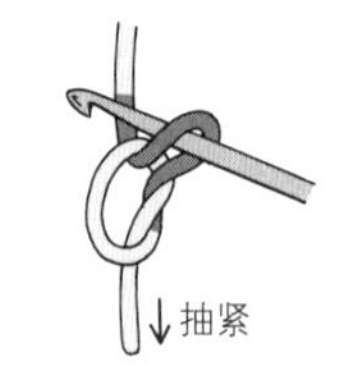

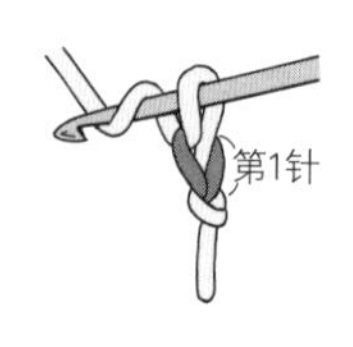

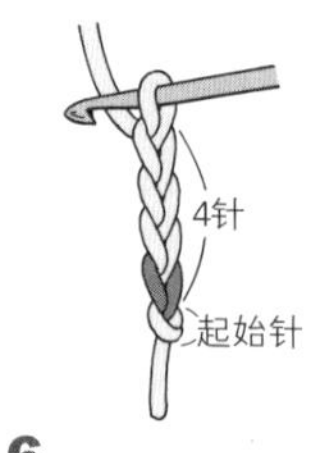

1 钩针沿箭头方向绕一圈挂线。

2 钩针挂线，沿箭头方向引拔。

3 抽紧线头，完成锁针的起始针。

4 钩针挂线，沿箭头方向引拔。完成1针锁针。

5 重复步骤**4**，继续钩织。

6 除线材比较粗或其他的特殊情况外，起始针不计入针数。

短针

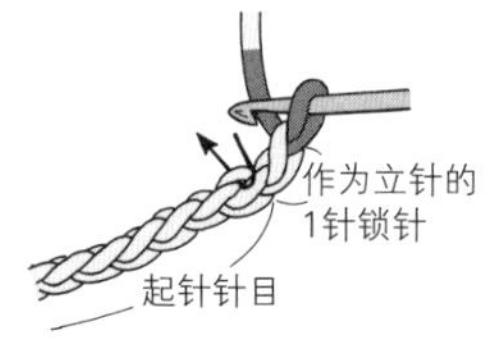

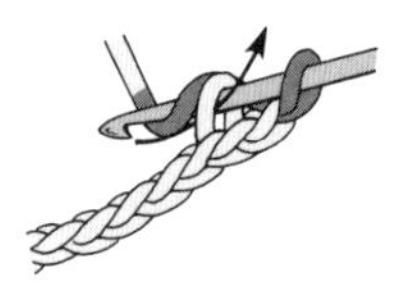

1 钩1针锁针作为立针，挑起针针目的第1针。

2 钩针挂线，沿箭头方向引拔。

3 钩针挂线，一次钩过针上的2个线圈。

4 完成1针短针。重复步骤**1～3**，继续钩织。

5 立针不计入针数。

中长针

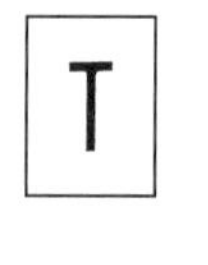

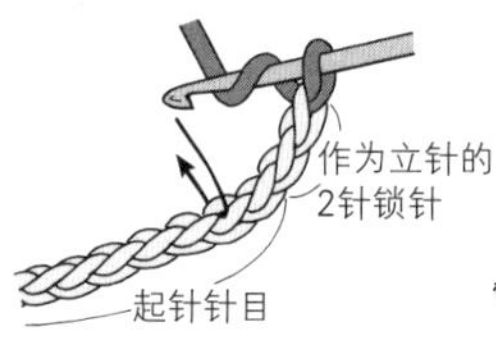

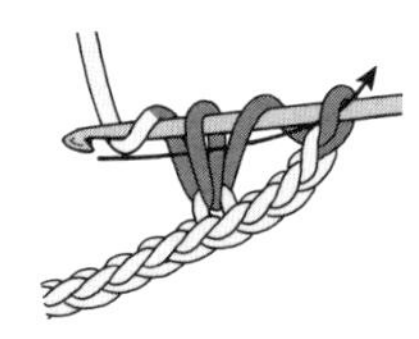

1 钩2针锁针作为立针。钩针挂线，挑起针针目的第2针。

2 钩针挂线，沿箭头方向引拔，钩至2针锁针的高度。

3 这被称为“未完成的中长针”。钩针挂线，一次钩过针上的所有线圈。

4 完成1针中长针。重复步骤**1～3**，继续钩织。

5 立针计为第1针。

长针

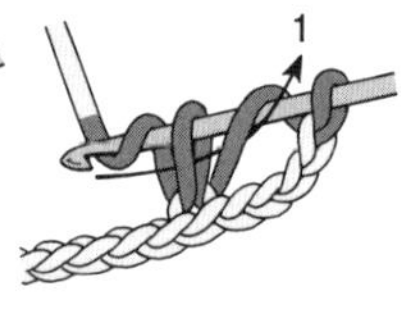

1 钩3针锁针作为立针。钩针挂线，挑起针针目的第2针。

2 钩针挂线，沿箭头方向引拔。

3 钩针挂线，沿箭头方向，一次钩过针上的2个线圈。

4 这被称为“未完成的长针”。钩针再一次挂线，一次钩过针上的2个线圈。

5 完成1针长针。重复步骤**1～4**，继续钩织。

6 立针计为第1针。

长长针

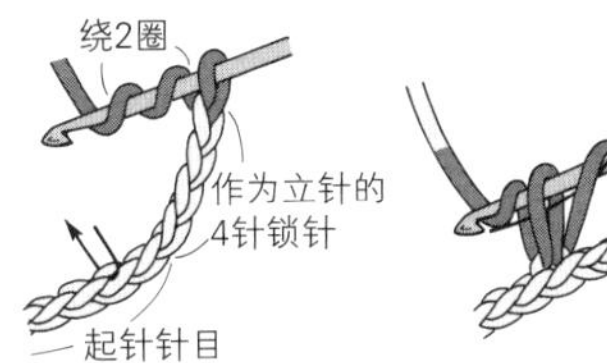

1

钩4针锁针作为立针。钩针绕线2圈，挑起针针目的第2针，引拔。

2

钩针挂线，沿箭头方向，一次钩过针上的2个线圈。

3

钩针挂线，一次钩过针上接着的2个线圈。

4

这被称为“未完成的长长针”。钩针再一次挂线，一次钩过针上剩余的2个线圈。

5

完成1针长长针。重复步骤**1～4**，继续钩织。

6

立针计为第1针。

三卷长针

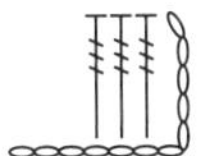

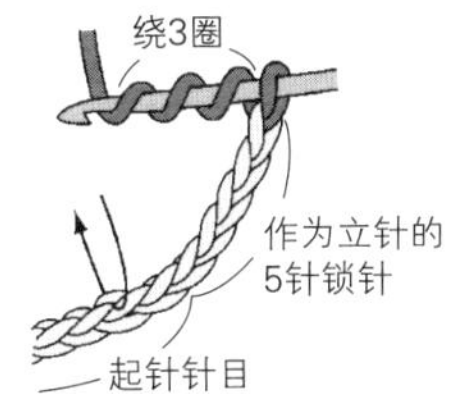

1

钩5针锁针作为立针。钩针绕线3圈，挑起针针目的第2针，引拔。

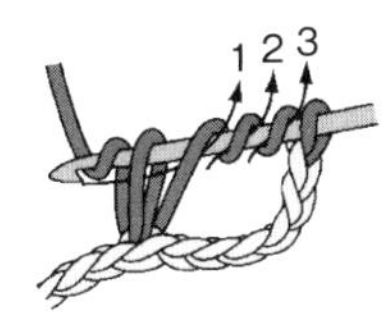

2

重复3次“钩针挂线，一次钩过针上的2个线圈”。

3

钩针挂线，一次钩过针上剩余的2个线圈。

4

完成1针三卷长针。重复步骤**1～3**，继续钩织。

5

立针计为第1针。

引拔针（在长针上钩织）

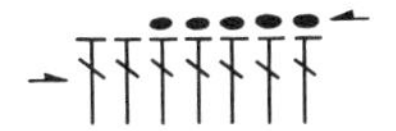

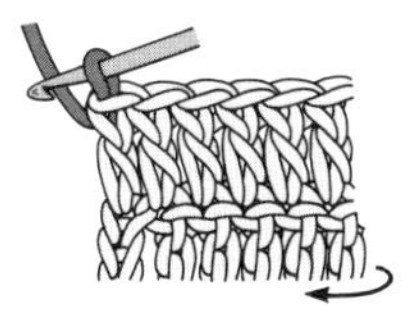

1

沿箭头方向，从右侧向前翻转织物。

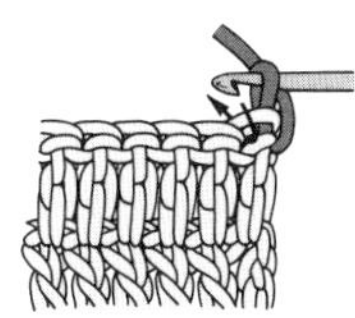

2

不用钩织作为立针的锁针，直接挑边端的针目。

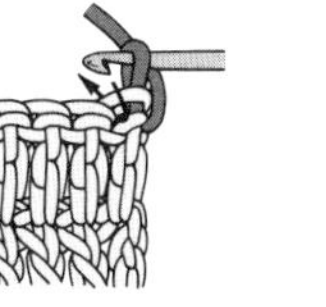

3

钩针挂线，沿箭头方向引拔。

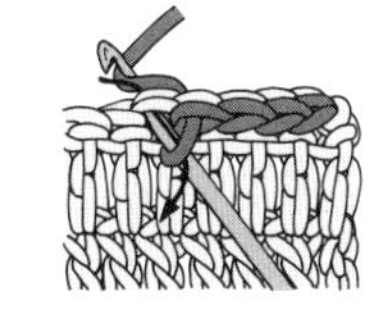

4

重复步骤**2～3**，继续钩织。注意调整引拔线圈的长度，不使织物起皱。

1针放2针短针

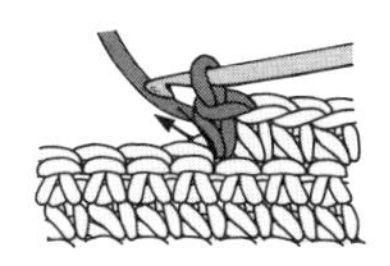

1

钩1针短针，钩针再次插入同一位置。

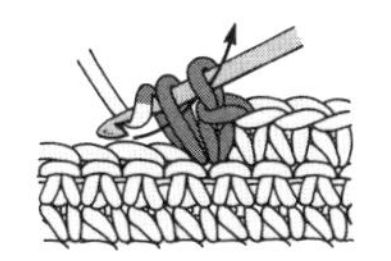

2

再钩织1针短针。

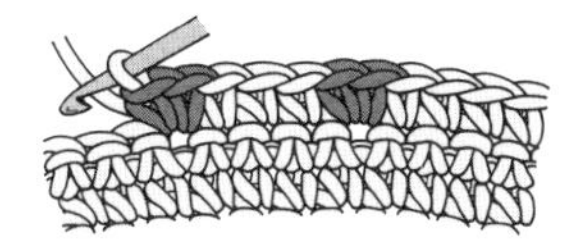

3

完成。

1针放3针短针

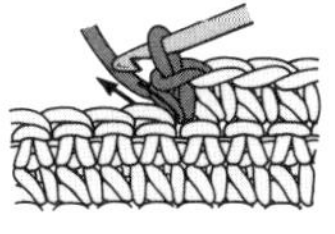

1

钩1针短针，在同一位置再钩1针短针。

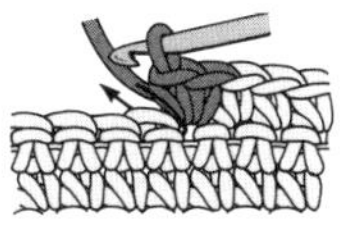

2

在同一位置再钩1针短针。

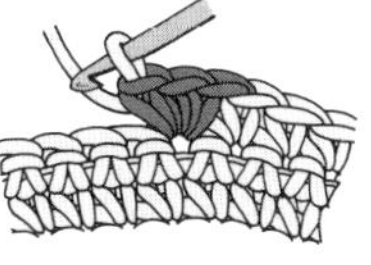

3

完成。加了2针。即为在前一行的同一针目中钩织3针短针。

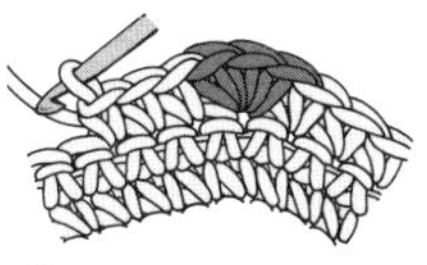

4

钩织3针的位置形成折角。

1针放2针长针

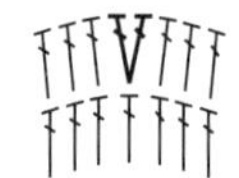

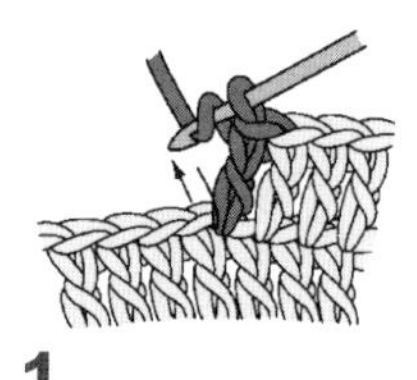

1

钩织1针长针，钩针再次插入同一针目。

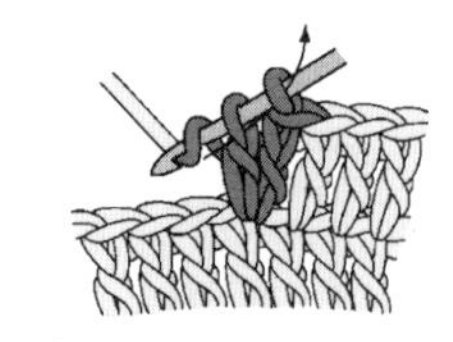

2

钩针挂线，一次钩过针上剩余的2个线圈。注意调整2针的高度一致。

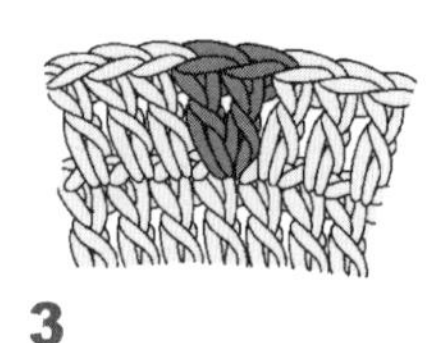

3

完成。

1针放3针长针

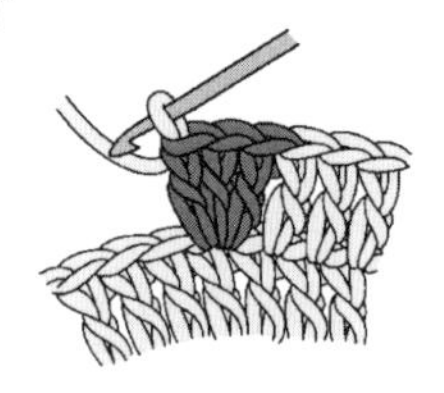

在同一针目中钩织3针长针，高度一致。

2针短针并1针

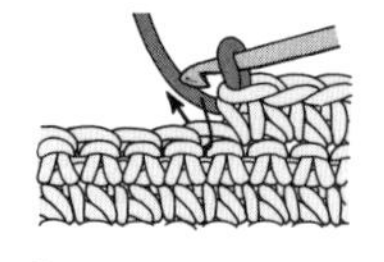

1

以钩织短针同样的方法引拔。

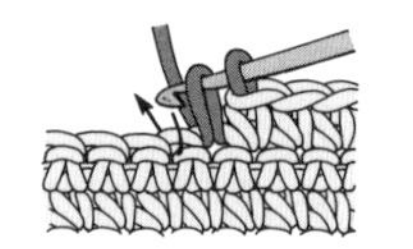

2

以步骤**1**同样的方法，引拔下一针。

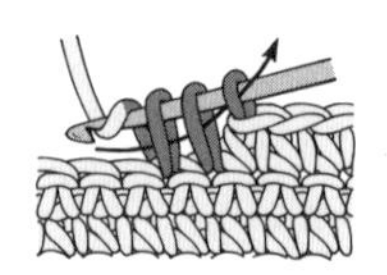

3

一次钩过2针。

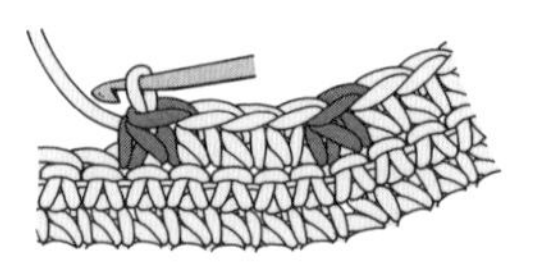

4

右边的针目盖在上方，减少了1针。

2针长针并1针

※针数不同时，以同样的方法钩织

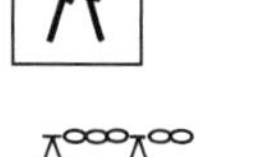

1

钩针挂线，沿箭头方向挑线引拔。

2

钩针挂线，钩织未完成的长针（218页）。

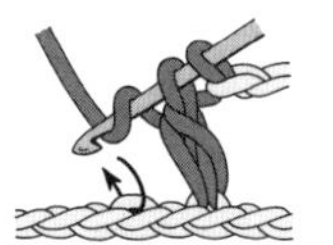

3

钩针挂线，以步骤**1**同样的方法挑线引拔。

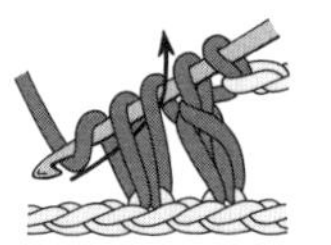

4

钩织未完成的长针，和第1针的高度一致。

5

钩针挂线，一次钩过针上的全部线圈。

6

完成。

3针长针并1针

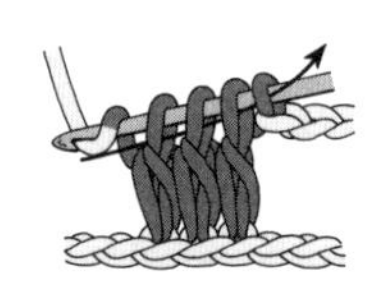

以2针长针并1针同样的方法，钩3针未完成的长针，一次钩过针上的全部线圈。

交叉长针

1

在后一针的针目上钩织长针，钩针挂线，从长针前侧插入前一针针目。

2

钩针挂线引拔，钩织长针。

3

完成。

短针棱针

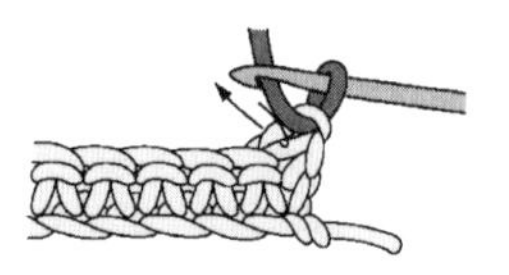

1

仅挑前一行锁针针目的上半针。

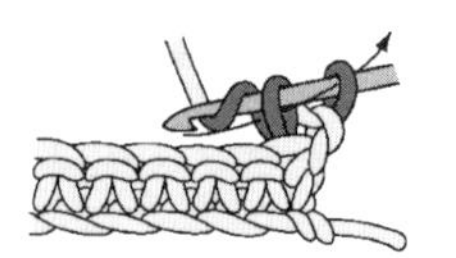

2

钩织短针。

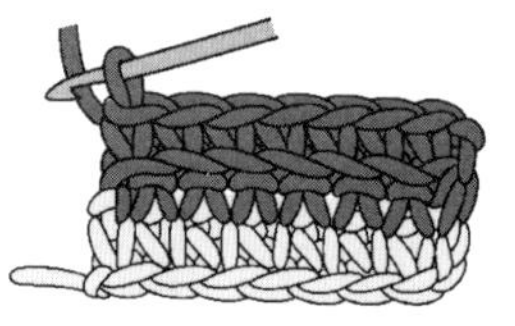

3

每一行翻转方向，往返钩织。2行完成1条棱纹。

3针中长针的枣形针

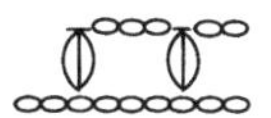

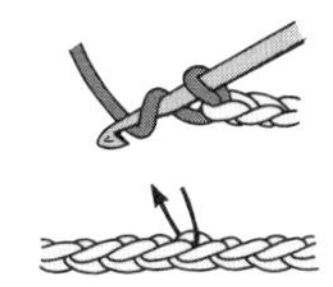

1

钩针挂线，以钩织中长针同样的方法，将线圈引拔得稍长一些，钩织未完成的中长针（218页）。

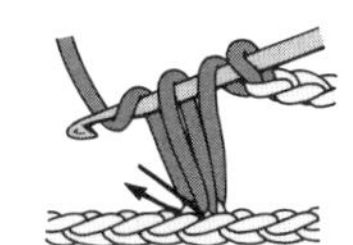

2

钩针挂线，挑同样的位置，以步骤**1**同样的方法引拔（第2针）。

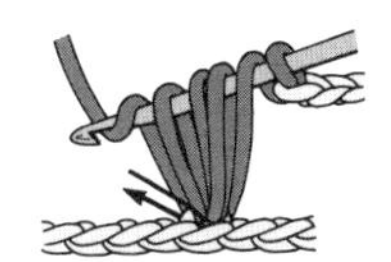

3

以同样的方法，引拔第3针的线圈，注意保持第1针、第2针的高度。

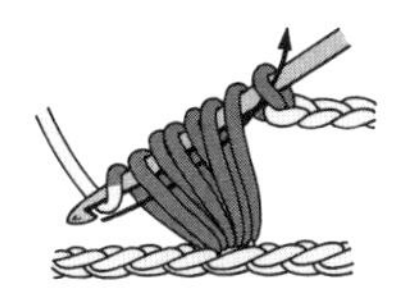

4

钩针挂线，左手捏住线圈的根部，一次钩过针上的全部线圈。

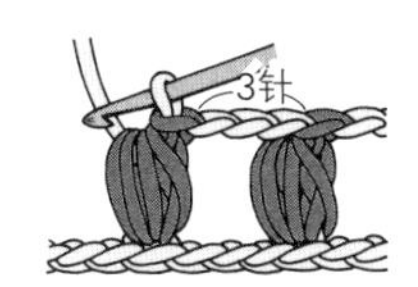

5

完成。枣形部分和上方锁针部分稍微错开。

变化的3针中长针的枣形针

※针数不同时，以同样的方法钩织

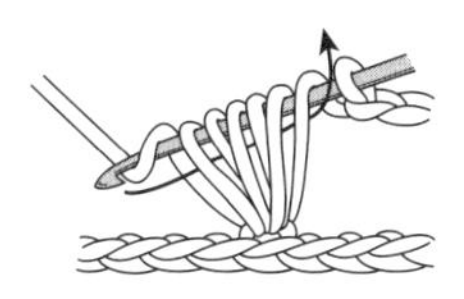

1

以3针中长针的枣形针步骤**1**、**2**同样的方法，钩针挂线引拔。

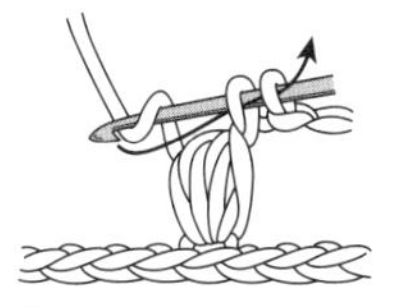

2

钩针再次挂线，一次钩过针上的2个线圈。

3

完成。

3针长针的枣形针

※针数不同时，以同样的方法钩织

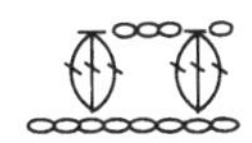

1

钩织未完成的长针（218页）（第1针）。

2

在同样的位置钩织未完成的长针（第2针）。

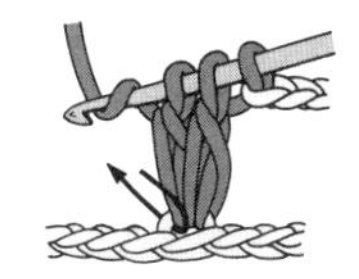

3

以同样的方法钩织第3针。

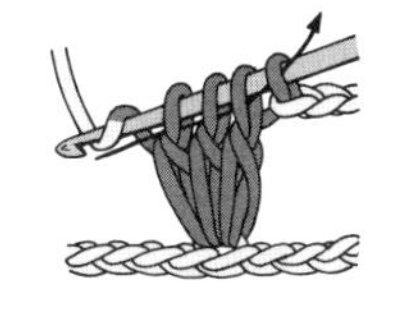

4

钩针挂线，一次钩过针上的全部线圈。

5

完成。

3针长长针的枣形针

钩织3针未完成的长长针（219页），钩针挂线，一次钩过针上的全部线圈。

5针长针的爆米花针

※针数不同时，以同样的方法钩织

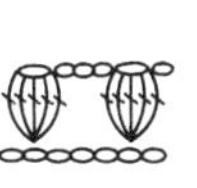

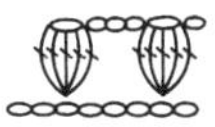

1

钩织长针。

2

在同一位置钩织5针长针。

3

退出钩针，沿箭头方向插入第1针。

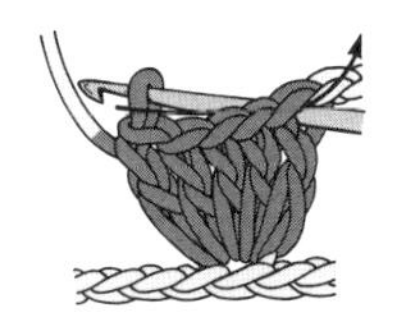

4

沿箭头方向引拔。

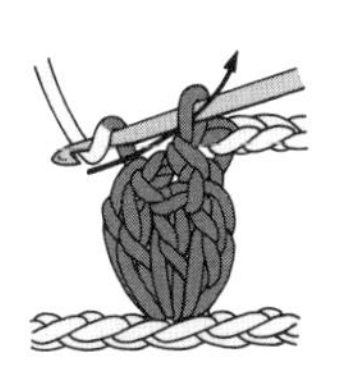

5

钩针挂线，以钩织锁针同样的方法钩织1针。这一针即为爆米花针的针目。

6

完成。

3针锁针的狗牙拉针（在短针上钩织）

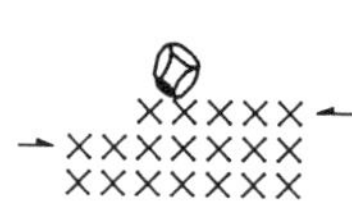

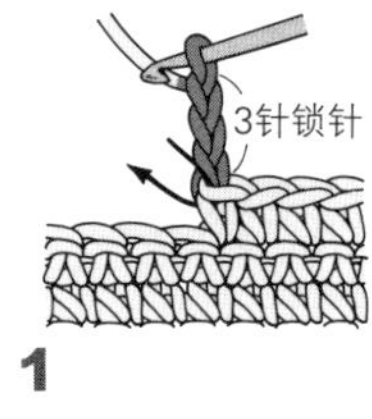

1 钩织3针锁针。沿箭头方向，挑短针针目的半针和纵向的1根线。

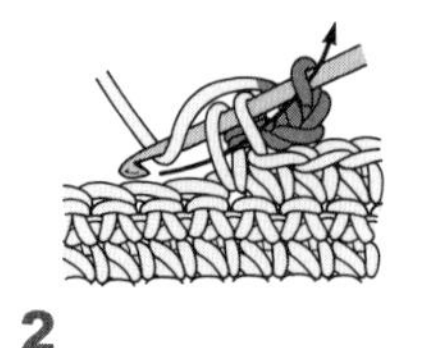

2 钩针挂线，一次钩过针上的全部线圈固定。

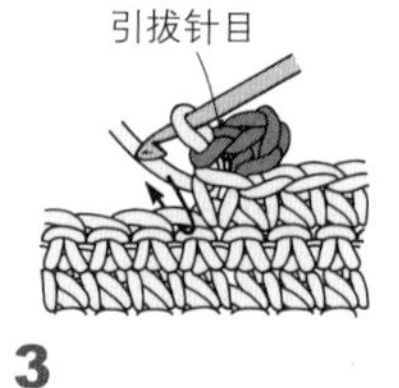

3 完成。在下一针目中钩织短针。

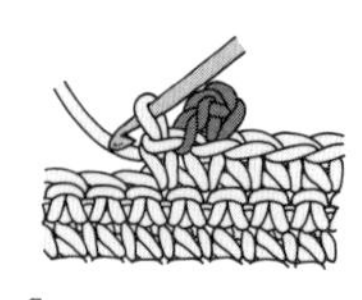

4 完成在前一针的短针上钩织狗牙拉针。

3针锁针的狗牙拉针（在锁针上钩织）

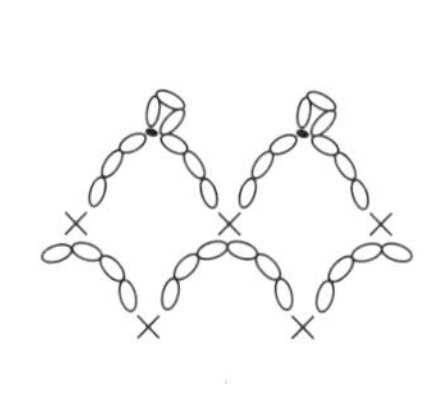

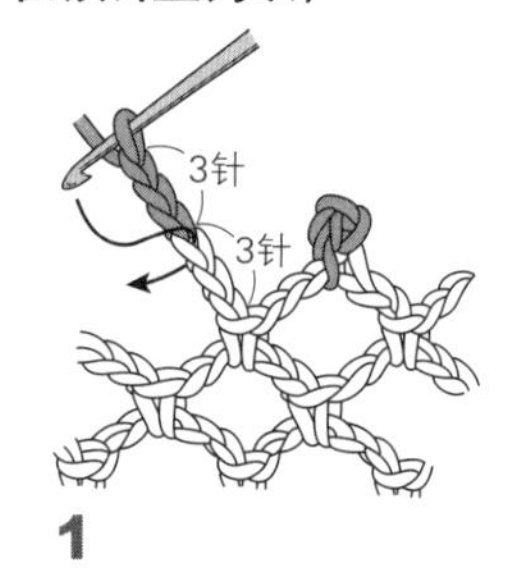

1 挑第3针锁针针目的半针和里山共2根线。

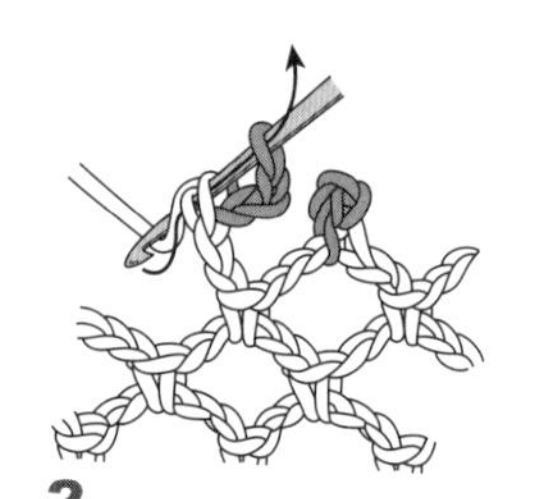

2 钩针挂线引拔。

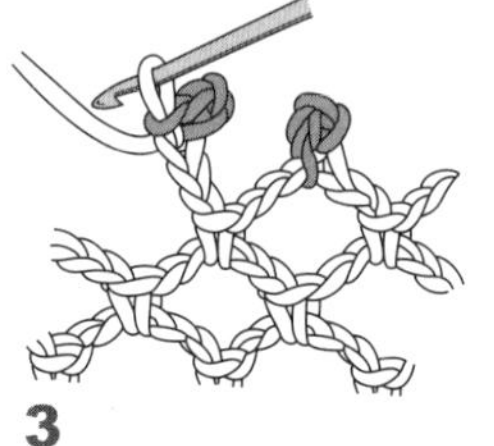

3 钩织3针锁针的狗牙拉针。

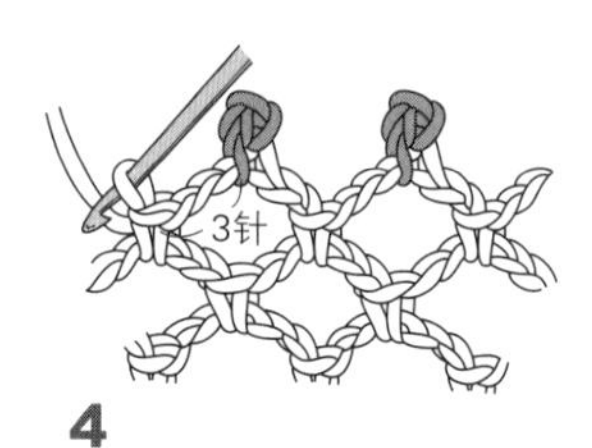

4 继续钩织3针锁针，再钩织短针。

圆形编织起点 ●钩织锁针绕成环状

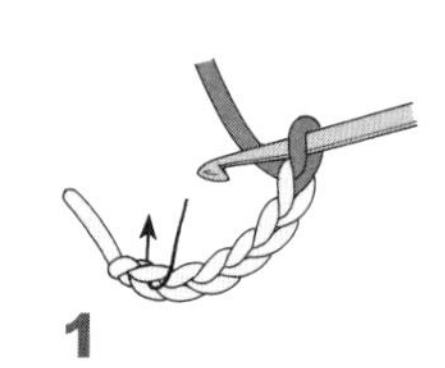

1 钩织指定针数的锁针，沿箭头方向插入钩针。

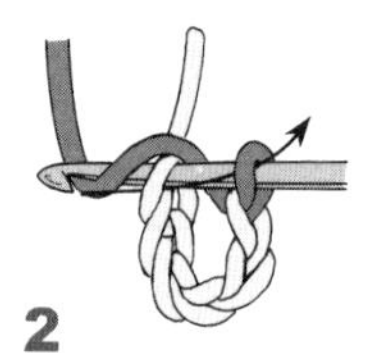

2 引拔形成环状。

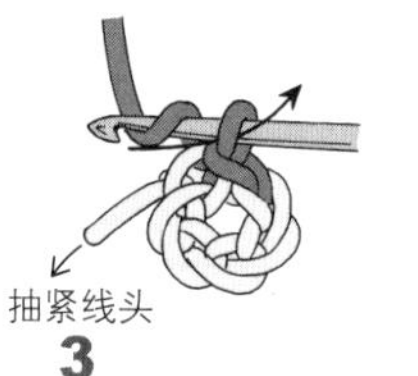

3 钩织作为立针的锁针。

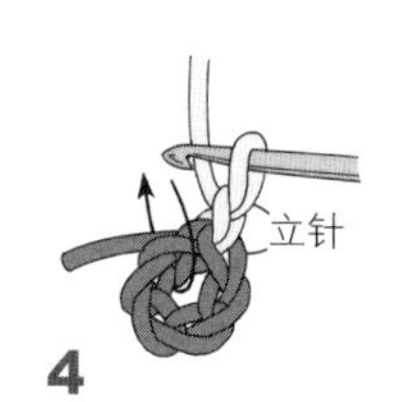

4 锁针和线头一起整段挑针，钩织需要针数的短针。

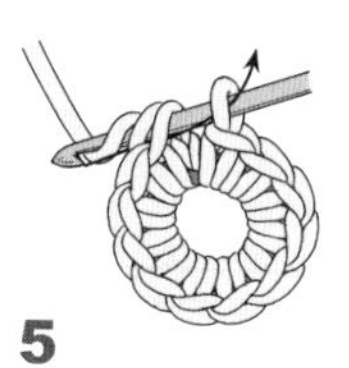

5 在第1针上引拔。

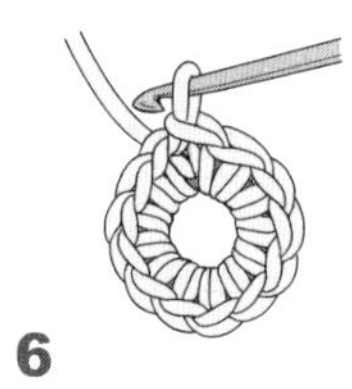

6 完成。环状中心空出孔洞，适用于第1行针数比较多的场合。

●绕线头成环状（卷2圈）

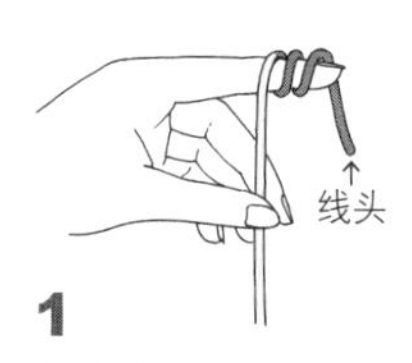

1 将线在手指上绕2圈，形成线环。

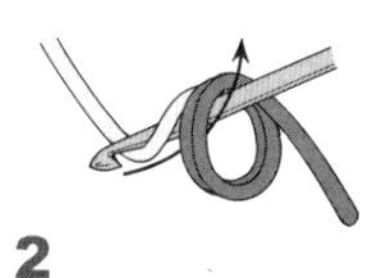

2 手指退出线环，钩针沿箭头方向引拔。

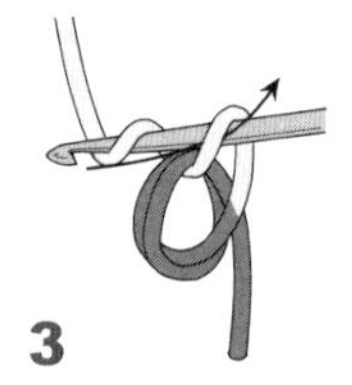

3 钩织作为立针的锁针。

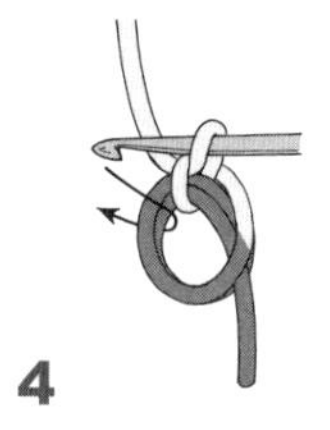

4 整段挑线环，钩织需要的针数。

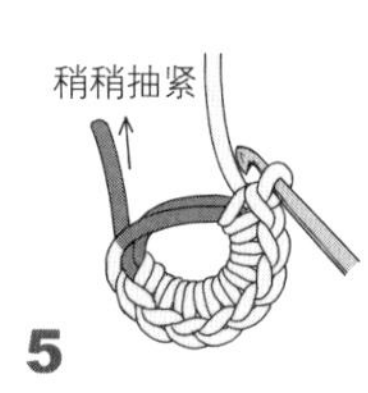

5 稍微抽紧线头。

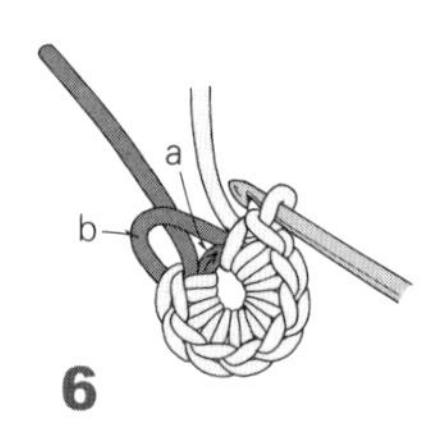

6 将a线沿箭头方向抽拉。

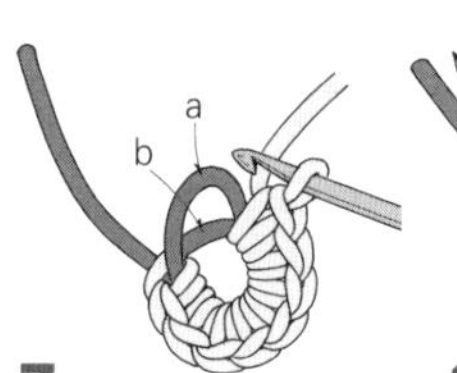

7 拉长a线，抽紧b线。

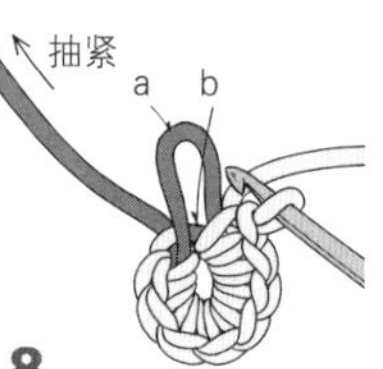

8 抽拉线端，抽紧a线。

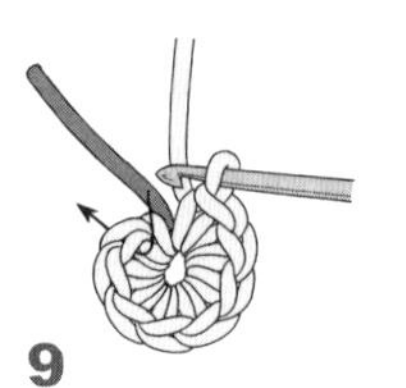

9 挑第1针的针目。

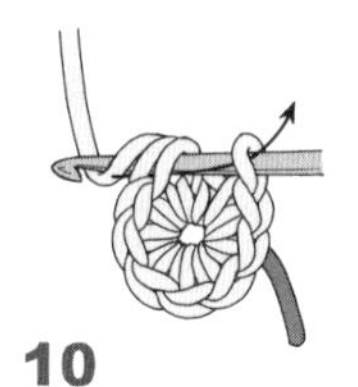

10 引拔得稍微紧一些。

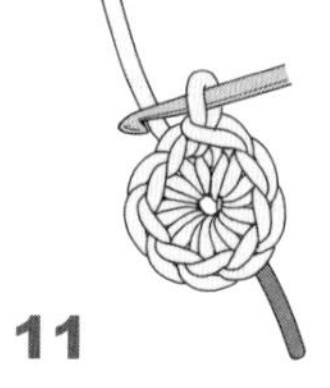

11 完成。线环中心没有孔洞，不会被拉松。

更换线的方法

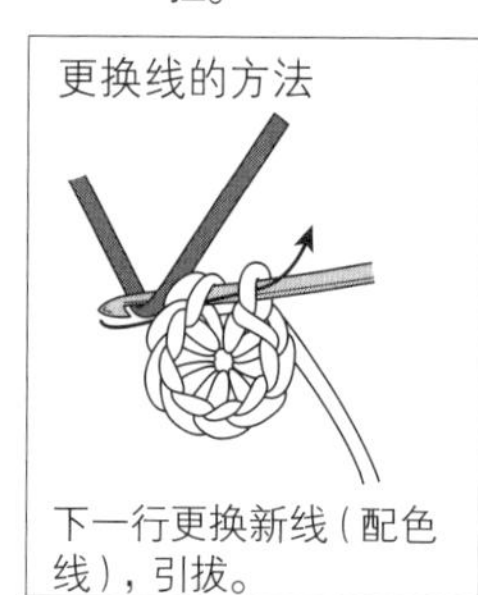

下一行更换新线（配色线），引拔。

起针

●挑锁针半针和里山

挑锁针针目的上半针和里山2根线。

●挑锁针里山

挑锁针针目的里山1根线。锁针针目出现在正面。

钩织引拔针的连接方法

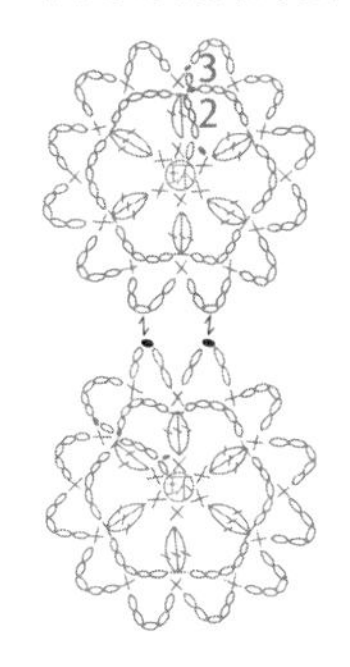

1
钩针插入第1片花片，钩织引拔针，稍微紧一些。

2
钩织锁针。

3
继续钩织。

4
完成。

渡线方法

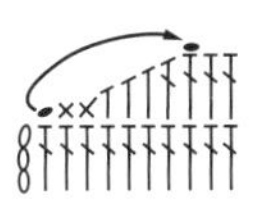

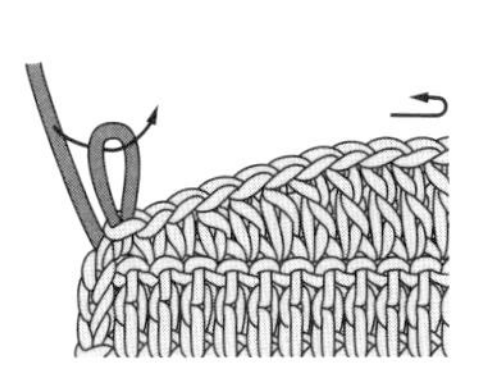

1
拉大针目，穿过钩织的线材，将织物翻至背面。

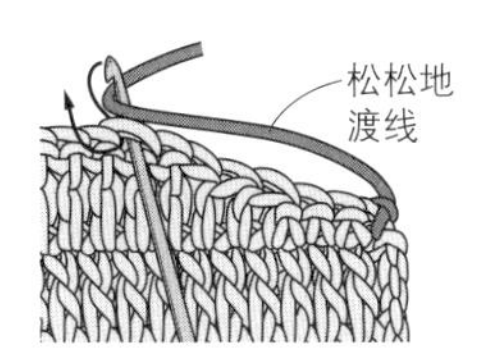

2
钩针插入下一行编织起点的位置，松松地渡线。

和 的区别

根部闭合的情况

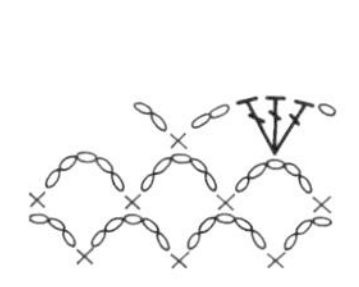
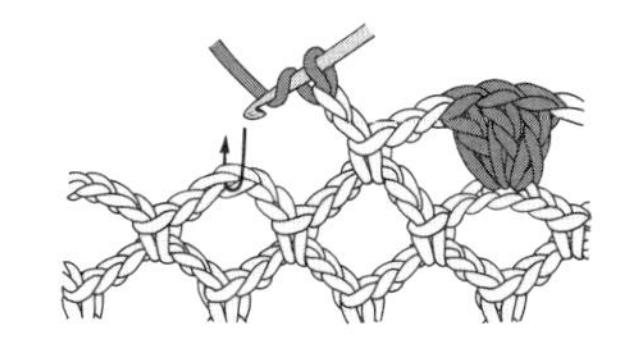

针目全部钩织在前一行的同一针目上，符号的根部是闭合的。前一行是锁针的情况下，挑锁针针目的半针和里山钩织。

根部分开的情况

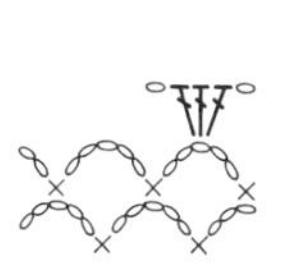
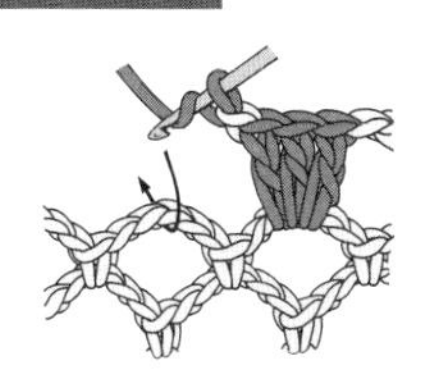

前一行是锁针的情况下，一般挑全部的锁针进行钩织（称为“整段挑针”）。符号的根部是分开的。

作品设计

冈本启子
钩针编织设计师，Atelier K's K网站负责人，参与指导日本神户、大阪、东京、横滨等地Atelier K's K编织教室的教学。发表了一系列引领潮流的作品，主张自由的想象，突破"织物"的限制。在日本拥有大量的粉丝。在神户、大阪、东京、横滨、名古屋等钩针编织教室担任讲师。公益财团法人日本手艺普及协会理事。

风工房
钩针编织设计师。武藏野美术大学舞台美术专业毕业。自学钩针编织，二十多岁开始作为钩针编织作家活动。从学习设德兰群岛编织、伦敦的传统钩针编织开始，逐渐创作出独立的钩针编织设计。近年来，为多个国家的出版物提供设计作品，作为教师传播钩针编织的乐趣。

河合真弓
钩针编织设计师。日本宝库钩针编织指导培训学校毕业后，担任莺内荣子主理的"莺内工房"助理，而后独立。从钩针编织的样本手册开始，在手工杂志、各线材制造商的手编作品集中发表作品。

川路祐三子
钩针编织设计师，出生于京都。结婚后正式学习钩针编织，生育后开始了设计师的工作。除了出版钩针编织的书籍，也常作为演员参演电视节目等。

图书在版编目（CIP）数据

典藏版蕾丝披肩和围巾精选90款 / 日本主妇之友社编著；项晓笈译. —郑州：河南科学技术出版社，2024.6
ISBN 978-7-5725-1511-8

Ⅰ. ①典… Ⅱ. ①日… ②项… Ⅲ. ①披肩—绒线—编织—图集 ②围巾—绒线—编织—图集 Ⅳ.①TS941.763.8-64

中国国家版本馆CIP数据核字（2024）第091910号

出版发行：河南科学技术出版社
地址：郑州市郑东新区祥盛街27号　邮编：450016
电话：（0371）65737028　65788613
网址：www.hnstp.cn
策划编辑：梁莹莹
责任编辑：梁莹莹
责任校对：刘逸群
封面设计：张　伟
责任印制：徐海东
印　　刷：河南瑞之光印刷股份有限公司
经　　销：全国新华书店
开　　本：889 mm × 1 194 mm　1/16　印张：14　字数：360千字
版　　次：2024年6月第1版　2024年6月第1次印刷
定　　价：98.00元

如发现印、装质量问题，影响阅读，请与出版社联系并调换。

策划编辑　梁莹莹
责任编辑　梁莹莹
责任校对　刘逸群
封面设计　张　伟
责任印制　徐海东

河南科学技术出版社
抖音账号

河南科学技术出版社
天猫旗舰店

手工图书百花园
微信公众号

分类建议：生活 / 手工

ISBN 978-7-5725-1511-8

9 787572 515118 >

定价：98.00 元